国家出版基金项目
NATIONAL PUBLICATION FOUNDATION

有色金属理论与技术前沿丛书

金属陶瓷惰性阳极低温铝电解

LOW TEMPERATURE ALUMINUM ELECTROLYSIS OF CERMET INERT ANODE

田忠良　赖延清　编著
Tian Zhongliang　Laí Yanqing

中南大學出版社
www.csupress.com.cn

中国有色集团

内容简介

Introduction

基于惰性电极的铝电解新技术，采用惰性(不消耗)阳极、可润湿性阴极、低温电解质，有望从根本上解决现行碳素电极使用时产生的高排放、高能耗等问题，能够实现铝电解过程的零排放，有效降低能耗，因而备受关注。本书概述了铝电解用惰性阳极材料近年来的研究与发展趋势，重点介绍了金属陶瓷惰性阳极的低温铝电解技术，主要包括新型低温电解质 $Na_3AlF_6-K_3AlF_6-AlF_3$ 熔体的初晶温度、氧化铝的溶解度与溶解速率和熔体电导率等物理化学性质，以及 $NiFe_2O_4$ 基金属陶瓷惰性阳极在新型低温铝电解质中的电解腐蚀行为与低温电解新工艺等方面的研究进展，特别是中南大学研究团队的最新研究成果。

本书主要适合从事铝电解技术和电极材料的研究与开发人员阅读，也可供高校冶金工程专业的师生参考。

作者简介

About the Authors

田忠良　1973 年 1 月生，有色金属冶金工学博士，中南大学副教授、硕士研究生导师，美国矿物、金属及材料学会(TMS)会员。主要从事铝电解基础理论与工艺、固废资源的综合回收与利用的研究工作，先后主持、参与多项国家科技计划课题，获教育部科技进步奖二等奖 1 项，发表 SCI 和 EI 论文 50 余篇，获得授权专利 10 项。

赖延清　1974 年 10 月生，有色金属冶金工学博士，中南大学教授、博士研究生导师，中国有色金属学会轻金属冶金学术委员会委员、副秘书长，中国金属学会熔盐化学学术委员会委员，美国矿物、金属及材料学会(TMS)会员、国际电化学会(IES)会员、美国化学会(ACS)会员。教育部“新世纪优秀人才支持计划”“国家优秀青年科学基金”资助对象。一直从事电化学冶金与材料电化学的研究工作，先后主持多项国家科技计划课题，获省部级科技进步一等奖 2 项、二等奖 1 项，发表 SCI 和 EI 论文 100 余篇，获得授权发明专利 30 余项。

学术委员会

Academic Committee

国家出版基金项目
有色金属理论与技术前沿丛书

总序 / Preface

当今有色金属已成为决定一个国家经济、科学技术、国防建设等发展的重要物质基础，是提升国家综合实力和保障国家安全的关键性战略资源。作为有色金属生产第一大国，我国在有色金属研究领域，特别是在复杂低品位有色金属资源的开发与利用上取得了长足进展。

我国有色金属工业近30年来发展迅速，产量连年来居世界首位，有色金属科技在国民经济建设和现代化国防建设中发挥着越来越重要的作用。与此同时，有色金属资源短缺与国民经济发展需求之间的矛盾也日益突出，对国外资源的依赖程度逐年增加，严重影响我国国民经济的健康发展。

随着经济的发展，已探明的优质矿产资源接近枯竭，不仅使我国面临有色金属材料总量供应严重短缺的危机，而且因为“难探、难采、难选、难冶”的复杂低品位矿石资源或二次资源逐步成为主体原料后，对传统的地质、采矿、选矿、冶金、材料、加工、环境等科学技术提出了巨大挑战。资源的低质化将会使我国有色金属工业及相关产业面临生存竞争的危机。我国有色金属工业的发展迫切需要适应我国资源特点的新理论、新技术。系统完整、水平领先和相互融合的有色金属科技图书的出版，对于提高我国有色金属工业的自主创新能力，促进高效、低耗、无污染、综合利用有色金属资源的新理论与新技术的应用，确保我国有色金属产业的可持续发展，具有重大的推动作用。

作为国家出版基金资助的国家重大出版项目，“有色金属理论与技术前沿丛书”计划出版100种图书，涵盖材料、冶金、矿业、地学和机电等学科。丛书的作者荟萃了有色金属研究领域的院士、国家重大科研计划项目的首席科学家、长江学者特聘教授、国家杰出青年科学基金获得者、全国优秀博士论文奖获得者、国家重大人才计划入选者、有色金属大型研究院所及骨干企业的顶尖专家。

国家出版基金由国家设立，用于鼓励和支持优秀公益性出版项目，代表我国学术出版的最高水平。“有色金属理论与技术前沿丛书”瞄准有色金属研究发展前沿，把握国内外有色金属学科的最新动态，全面、及时、准确地反映有色金属科学与工程技术方面的新理论、新技术和新应用，发掘与采集极富价值的研究成果，具有很高的学术价值。

中南大学出版社长期倾力服务有色金属的图书出版，在“有色金属理论与技术前沿丛书”的策划与出版过程中做了大量极富成效的工作，大力推动了我国有色金属行业优秀科技著作的出版，对高等院校、研究院所及大中型企业的有色金属学科人才培养具有直接而重大的促进作用。

王淀佐

2010年12月

前言

Foreword

铝电解工业在国民经济与社会发展中具有重要的战略地位，是世界各国关注的重要基础材料产业。多年来，我国都是全球最大的原铝生产国与消费国。但原铝冶炼一直沿用1886年提出的Hall－Héroult电解方法，以碳素材料作为阳极，在高达950℃的强腐蚀性Na_3AlF_6熔盐中进行，不仅存在高能耗、高温室效应气体排放等问题，而且该技术节能减排的潜力也已经接近极限。

基于“惰性电极（惰性阳极和可润湿性阴极）的铝电解新工艺”因有望从根本上解决上述问题，实现电解过程的零排放与低能耗，成为国际铝业界和材料界的研究焦点。美国能源部公布的2003年度《铝工业技术指南》中将其列为今后20年的首要研发课题，并与美国铝业公司一道给予了巨大关注与科研投入。俄罗斯铝业公司也在Krasnoyarsk地区大力开展惰性阳极材料的开发工作。我国的中南大学、东北大学、中铝郑州研究院等高等学校和科研院所针对铝电解用惰性电极（特别是惰性阳极材料）及其电解新工艺开展了大量研究工作。

本书概述了惰性阳极材料近年来的发展与趋势，重点介绍了中南大学研究团队在新型低温电解质$Na_3AlF_6-K_3AlF_6-AlF_3$熔体的初晶温度、氧化铝的溶解度与溶解速率和熔体电导率等物理化学性质方面的最新研究成果，以及$NiFe_2O_4$基金属陶瓷惰性阳极在新型低温电解质熔体中的电解腐蚀行为以及低温电解新工艺等方面的研究。本书专业性强，主要适合从事铝电解技术和电极材料研究与开发的大学生、研究生以及教师和其他科研人员阅读，也可供高校冶金工程专业的师生参考。

中南大学近年来在铝电解惰性阳极方面的研究进展不仅是

刘业翔院士及其团队的研究成果，也包含了与周科朝教授科研团队合作取得的成绩，金属陶瓷惰性阳极的工程化试验更是得到了中铝郑州研究院相关技术人员的大力支持，在此要给以特别感谢。同时，也要感谢王家伟、黄有国、魏琛娟、陈端、张腾等在本书写作过程中所作的贡献。

作者衷心希望本书的出版能推动铝电解用惰性阳极的研究，能为铝电解节能减排技术的开发与应用作出贡献。但由于作者水平有限，书中难免存在不妥之处，敬请读者给予批评指正。

作　者

2016年4月

目录

Contents

第1章 绪 论

1.1 引 言

铝是一种轻金属，其化合物在自然界中分布极广，地壳中铝的含量约为8.31%(质量)，仅次于氧和硅，居第三位。铝被世人称为第二金属，其产量及消费量仅次于钢铁。铝具有特殊的化学、物理特性，它不仅质量轻、质地坚，而且具有良好的延展性、导电性、导热性、耐热性和耐核辐射性，是当今最常用的工业金属之一，是国民经济发展的重要基础原材料。

自1886年Hall－Héroult法问世至今130多年来，全球铝工业已经形成了从铝土矿开采，到氧化铝、电解铝生产，直至挤压、轧制、铸造等铝板材加工的完整产业链。近十几年来，电解铝工业的技术得到了极大的发展，装备水平更是得到了极大的提高。由此伴随而来的便是原铝产量急剧飙升。2013年，全球原铝产量约4652万吨，同比增长4.10%。我国作为铝业大国，2013年日均产原铝在6万吨左右，原铝总产量更是高达2193万吨，占全球总量的近1/2。同时，大型铝工业电解槽更是风起云涌，美国铝业公司(Alcoa)、法国彼施涅公司和巴林铝公司等数年前便开始采用300 kA预焙阳极电解槽。法国彼施涅公司研制的500 kA特大型预焙铝电解槽，电流效率达95%，它的成功标志着世界铝工业进入一个新的发展时期。

我国铝电解工业是新中国成立后逐渐发展起来的。1954年，我国第一个电解铝厂——抚顺电解铝厂建成并投产，标志着我国铝电解工业的开始。但与当时世界铝工业主要国家相比在技术和装备等方面还存在较大的差距。20世纪90年代以来，我国铝工业进入了一个高速发展的时期，大型预焙铝电解企业在国内各地兴建并投产，原铝产量自2002年来一直保持世界第一，自2005年来原铝消耗位居世界第一。2008年，中国原铝产量达到1477万吨，比2006年增长了57%。2015年中国原铝产量达到33167万吨，约占全球总产量(5789万吨)的54.7%。与此相应，我国的铝电解技术也获得了长足的进步。在预焙铝电解技术发展的基础上，国内大容量铝电解槽开发技术取得了多项成果。如云铝CHYG－30型预焙铝电解槽、河南神火集团350 kA特大型预焙阳极铝电解槽、中铝兰州企业的400 kA特大型预焙阳极铝电解槽相关技术指标都达到国际先进水平，这标志着我国大型预焙铝电解槽技术已经走向成熟，达到或接近世界先进水平。中铝郑州研究院和中南大学合作进行了600 kA超大型铝电解槽的前期研究，它的研制成功推动着我国铝工业向前发展。

然而，近些年伴随着我国铝工业的急速发展，铝价低迷、下游消费疲软等状况开始出现，而产能过剩和原铝成本的不断上升更是使得当今的铝行业雪上加霜。据统计，2013年，我国电解铝产能开工率在82%左右，但实际的消费量却远远达不到这些，产能过剩已经成为铝行业最严重的问题。2013年12月23日国家发改委公布的《关于电解铝企业用电实行阶梯电价政策的通知》决定从2014年1月1日开始对电解铝企业实施阶梯电价政策更是使得已经岌岌可危的国内电解铝生产企业不得不面临重新洗牌，结构性调整、节能降耗势在必行。

1.2 Hall-Héroult炼铝工艺的不足

当前，采用碳素电极的Hall-Héroult的熔盐电解炼铝工艺，在直流电的作用下，含铝配合离子在阴极(或金属铝液)表面放电并析出金属铝；含氧配合离子在浸入电解质熔体中的碳素阳极表面放电，并与碳素阳极结合生成CO_2析出：

$$Al_2O_3 + 3/2C \Longrightarrow 2Al + 3/2CO_2\uparrow \qquad (1-1)$$

在电解过程中，碳素阳极是消耗性的，故碳素阳极必须周期性地更换，由此带来了多方面的问题。

1)消耗优质碳素材料

如果电流效率为100%，阳极含碳量为100%，按式(1-1)计算，吨铝理论碳素阳极消耗量为333 kg，但是由于发生Al的二次反应(电流效率低于100%)以及碳素阳极的空气氧化、CO_2氧化及碳渣脱落，致使实际的吨铝碳素阳极净耗量超过400 kg。

2)导致环境污染

表1-1所示为现行Hall-Héroult铝电解生产过程的吨铝等效CO_2排放量。其中，铝电解过程中产生大量温室效应气体或有害气体，主要包括三部分：①电解反应过程中产生的含碳化合物(CO_2和少量CO)；②发生阳极效应时放出的C_xF_y；③所用原料中含有的H_2O与氟化盐电解质反应产生的HF(在现代铝电解生产中大部分HF被干法净化系统中的氧化铝吸收并返回铝电解槽中)。

电解反应所排放的含碳化合物主要来源于三个方面：①阳极反应产生1.22 kg CO_2/kg-Al；②阳极的空气氧化产生0.3 kg CO_2/kg-Al；③另外，每吨原铝电解消耗电能15000 kWh，依所采用的能源种类不同，发电过程中排放0~16 kg CO_2/t-Al，按目前的能源结构，平均吨铝耗电所引起的CO_2排放量为4.8 kg。因此每吨铝生产所排放的CO_2达到6.32 kg。

发生阳极效应时，所排放的C_xF_y主要为CF_4和C_2F_6，这两种温室气体的GWP

(global warming potential，用于表征各类气体相对于 CO_2 的相对温室作用大小）分别达到6500和9200，阳极效应气体的当量温室作用（平均值为2.0 kg CO_2/kg - Al）主要取决于阳极效应系数和效应时间，这又主要取决于电解槽结构，特别是下料方式及其控制系统。

碳素阳极的生产过程也产生 CO_2，按吨铝碳素阳极消耗量可计算出碳素阳极生产相应的吨铝 CO_2 排放量为0.2 kg。另外，碳素阳极生产过程中，产生大量沥青烟气，主要成分为多环芳香族碳水化合物，也对环境造成污染。

表1-1 现行 Hall - Héroult 铝电解生产过程的吨铝等效 CO_2 排放量(t)

生产工序	水电或核电	天然气火力发电	煤炭火力发电	世界平均值
铝土矿与氧化铝生产	2.0	2.0	2.0	2.0
碳素阳极生产	0.2	0.2	0.2	0.2
电解过程	1.5	1.5	1.5	1.5
阳极效应	2.0	2.0	2.0	2.0
发电过程	0	6.0	13.5	4.8
总排放量	5.7	11.7	19.2	10.5

3）影响电解槽正常操作的稳定性

一方面是由于阳极的经常更换使电解槽的电流分布和热平衡受到干扰，维护和更换阳极需要较多的工时和劳动力，增加了生产成本；另一方面是由于碳阳极不均匀的氧化和崩落，使电解质中出现碳渣。

1.3 惰性阳极的优点

由于氟化盐熔体的高温（950℃左右）强腐蚀性（除贵金属、碳素材料和极少数陶瓷材料外，大多材料在氟化盐熔体中都有较高溶解度），自 Hall - Héroult 熔盐铝电解工艺被发明以来，一直采用碳素材料作为阴极材料和阳极材料。但由于存在上述不足，因此，铝业界一直在试图对现行铝冶炼生产技术进行改进，同时也探索过许多新方法，如碳热还原法、氯化铝电解法等。尽管取得了一定的成绩，但最终由于原料的获得与储存困难以及产物有害等问题而告终。

经过多年的探索，国际铝业界已趋于接受，在保持传统 Hall - Héroult 熔盐电解法炼铝优越性的基础上，采用惰性电极系统及新型熔盐铝电解技术，将有望改革现有生产工艺，达到节能和保护环境的目的。但惰性阳极材料是该技术的核心与难点。

铝电解惰性阳极，是指在应用过程中不消耗或消耗相当缓慢的电极。当使用惰性阳极材料时，阳极析出氧气，铝电解过程的反应方程式变为：

$$Al_2O_3 \Longrightarrow 2Al + 3/2O_2 \uparrow \qquad (1-2)$$

表面上看，式(1-2)的可逆分解电压较高。式(1-2)在1250 K时的可逆分解电压为2.21 V，而同温度下式(1-1)的可逆分解电压仅为1.18 V。也就是说碳素阳极的使用可使氧化铝的理论分解电压降低1.03 V。但是，值得注意的是，这一分解电压值的降低却需要消耗碳素材料，并且通过配合使用可润湿性阴极、改变阳极与阴极的距离，进而改变电解槽结构，惰性阳极上氧化铝的高分解电压可得到补偿，从而仍达到节能的目的。由此，与碳素阳极相比，惰性阳极材料的应用优点主要体现在环保、节能、简化操作及降低成本等方面。

1)经济优势

(1)节约阳极碳耗，使其仅占生产成本的12%～15%；降低能耗(包括碳阳极生产能耗)，当与惰性可湿润性阴极结合使用，并采用新型结构铝电解槽时，可以减少能耗20%～30%。

(2)阳极不再需要更换或更换周期延长，生产控制过程变得更为简单，劳动强度减小，电解槽热平衡不会受到干扰，生产运行更加稳定。

(3)阳极产生的O_2可以作为副产品销售，其价值约为原Al价值的3%。

2)环保优势

(1)惰性阳极的应用将减少碳阳极生产时CO_2和碳氟化合物CF_4、C_2F_6的排放，取之为环境友好的O_2，环境问题大为改观。

(2)减少阳极生产过程产生的多环芳香烃的排放，以及电解过程阳极效应发生时的HF气体排放。

此外，惰性阳极在生产中的应用，可以采用更高的阳极电流密度，提高槽产能，改善生产现场环境。

1.4 惰性阳极的性能要求

铝电解工业的操作温度通常为950～970℃，所采用的$Na_3AlF_6-Al_2O_3$电解质体系具有极强的腐蚀性。因此，作为铝电解工业应用的惰性阳极材料，为能符合生产环境的特殊性，必须满足以下基本要求：

(1)良好的化学惰性和电化学稳定性，即在$Na_3AlF_6-Al_2O_3$熔盐体系和含有金属铝的熔体中不溶或溶解度非常小，能耐受高温电解质的强腐蚀作用，电流密度为0.8 $A \cdot cm^{-2}$时的腐蚀率小于10 $mm \cdot a^{-1}$。

(2)能耐受电解温度下阳极新生氧及液、固、气三相界面的氧化与氟化盐的渗蚀作用。

(3)优良的导电性能，阳极欧姆压降与现行碳阳极可比，以避免电解条件下阳极表面电流密度的分布不均匀，同时要求较低的电极与金属导杆间的接触电阻，防止连接处温度局部过高。

(4)对含氧离子反应及其放电过电位低，对含氟离子放电的过电位高，具有加速阳极反应的电催化作用。

(5)良好的抗热震性能和机械加工性能，不易脆裂，在电解温度下能保持结构的完整性。

(6)原材料易得，易于加工成形，成本较低，环境友好。

尽管多年来针对各个方面(包括材料的挑战、电解槽能量平衡、产品铝纯度和经济等)的研究逐步展开，在铝电解惰性阳极材料开发研究方面也取得了很大进展，但到目前为止，除贵金属如铂等外，还未能找到一种能够同时满足以上要求的材料。

1.5 惰性阳极的研究概况

寻找一种适合铝电解工业应用的阳极材料是研究者们长期的梦想。几乎从利用 Hall – Héroult 熔盐电解法炼铝开始，人们就在寻找惰性阳极以取代消耗式碳素阳极。基于降低生产成本和减少建厂投资的目的，Hall 曾利用表面有氧化膜的金属 Cu 作为阳极材料。20 世纪 30 年代，A. I. Belyaev 等通过实验研究认为，铁酸盐如 $SnO_2 \cdot Fe_2O_3$、$NiO \cdot Fe_2O_3$和 $ZnO \cdot Fe_2O_3$有比 SnO_2、NiO、Fe_2O_3和 Co_3O_4等氧化物具有更强的耐腐蚀能力和更优的导电性能。20 世纪 60 年代后期，铝电解惰性阳极技术开始受到关注。1981 年，K. Billehaug 和 H. A. Øye 对以前的惰性阳极研究成果进行了总结，将所研究的材料分为四类：氧化物阳极(oxide anodes)、金属阳极(metal anodes)、难熔硬质合金阳极(refractory hard metal anodes)以及气体燃料阳极(gaseous fuel anodes)。

20 世纪 80 年代以来，研究者们对惰性阳极的研究进入了一个全新阶段，不仅在实验室进行研究，而且还进行了扩大化试验。国内中南大学早在 1979 年就开始了对 SnO_2基惰性阳极的研究，近年来开展了对 $NiFe_2O_4$基金属陶瓷惰性阳极的研究，也先后开展了 4 kA 和 20 kA 的电解试验，并取得了一定的成绩。

1.5.1 金属或合金阳极

金属或合金由于具有强度高、不易脆裂、导电性好、抗热震性强、易于加工与实现和金属导杆间连接等优点而成为惰性阳极材料的研究对象之一。然而，由于铝电解惰性阳极使用时环境相当恶劣，单一成分的金属(除贵金属如铂等外)难于满足实际应用的特殊要求，因此，研究工作主要集中于合金阳极。

D. R. Sadoway 认为，如果金属或合金阳极在使用过程中，表面形成的氧化层不过厚，且具有自修复功能，那么它将是一种最具潜力的惰性阳极材料。因此，对金属或合金惰性阳极材料的设计应基于以下理论：电解过程中阳极基体表面能原位自动成膜，以修复受损复合氧化膜，其厚度既能提高阳极抗氟化盐熔体的腐蚀性能，又不影响导电性等相关性能。

1) Cu - Al 合金

J. N. Hryn 等提出了“铝电解动态金属阳极”的概念(见图 1 - 1)。该阳极是一个成分为 Cu - Al(5% ~15%)的杯形合金容器，内含溶解 Al 的熔盐。阳极极化条件下，合金表面的氧化膜可以保证基体不受侵蚀，尽管氧化膜在电解过程中溶解于电解质中，但能够不断地再生而使阳极抗腐蚀能力不受影响。同时，该氧化膜能够维持足够的薄层而不影响阳极高温下的导电性能。

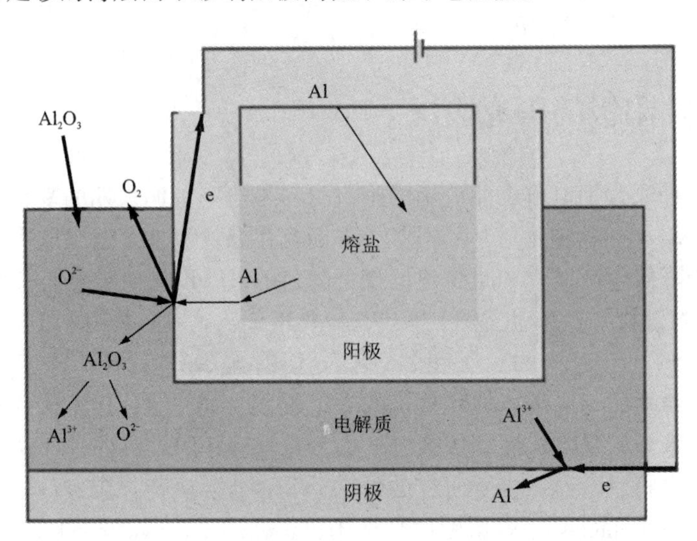

图 1 - 1　铝电解“动态金属阳极”示意图

2) Ni - Fe - Cu 合金

T. R. Beck 对组成为 70% Cu - 15% Ni - 15% Fe 和 50% Cu - 37% Ni - 13% Fe 的两种合金阳极在 750℃条件下的 NaF - AlF_3体系进行了研究，氧化速率与同温度下该合金在空气中的氧化速率相当。向体系中添加适当含量的 Zn、Sn、Si、Ce 和 Ti 等杂质元素有利于高温下阳极抗氧化性能的提高。此外，杨建红等对其在低温电解质体系中进行了研究，认为惰性金属阳极在新的低温铝电解质体系中是十分有希望实现的。

3) Ni – Fe 合金

J. J. Duruz 与 V. de Nora 提出了在 Ni – Fe 合金表层涂覆一系列具黏附性的低电阻导电层。该导电层是不渗透原子氧及分子氧的障碍层和电化学活性层，使氧离子在阳极 – 电解质界面变为新生态单氧原子。为防止阳极氧化物层的溶解，在电解质中维持足够高的氧化铝和铁离子浓度，以保证阳极电解过程的化学稳定性，提高阳极的耐腐蚀性能。

1998—2004 年，美国西北铝技术公司等单位在美国能源部的资助下，采用 Cu – Ni – Fe 合金惰性阳极和 TiB_2 可润湿性阴极，氧化铝颗粒悬浮于过饱和电解质熔体中的竖式电解槽，进行了持续 300 h 的 300 A 低温(740 ~ 760℃)电解试验研究，电流效率达到了 94%，原铝纯度达到 99.9%(仅考虑阳极腐蚀引入的杂质元素)。在此基础上准备进一步开展 5000 A 电解试验，图 1 – 2 是焊接后的阳极结构。

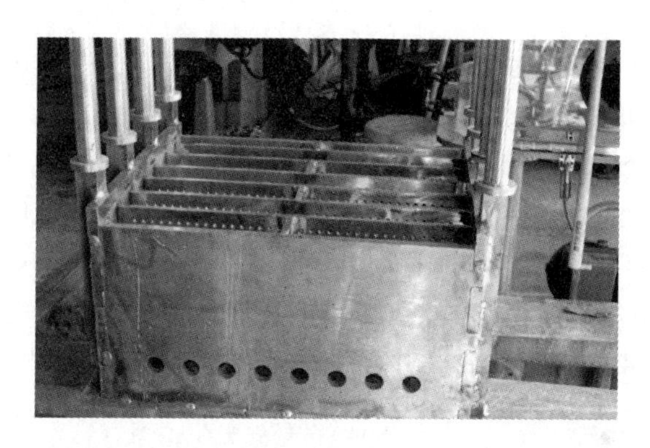

图 1 – 2 美国西北铝技术公司等建造的 5000 A 电解槽合金阳极结构

为找到一种能在材料表面形成稳定氧化物保护层的方法，Moltech 公司开展了对梯度惰性阳极和多孔电极的研究(见图 1 – 3)。在 Ni – Fe 合金中添加 Cu、Al、Ti、Y、Mn、Si 等元素。1000 A 电解实验结果表明，即使当电流密度大于 1.1 $A \cdot cm^{-2}$ 时，其腐蚀率也只有 3.5 $mm \cdot a^{-1}$；当与惰性可湿润性阴极相结合，并采用新型结构电解槽时，与当前碳阳极相比，其总费用可节约 20%。

后来，Moltech 公司研制了所谓 Veronica 的 Fe – Ni 基合金惰性阳极，合金中添加有 Cu、Al、Ti、Y、Mn、Si 等，这些元素的添加有助于合金在热处理后和电解过程中形成致密均匀的表面钝化膜，以抑制晶界氧化与腐蚀，从而提高抗氧化与耐腐蚀能力；在 Veronica 阳极基础上发展出的 de Nora 阳极，合金基体表面通过在 $NiSO_4$ 和 $CoSO_4$ 溶液中电镀 Co – Ni 合金镀层，在空气中 920℃ 氧化处理后形成了 $Ni_xCo_{1-x}O$ 活性半导体涂层，使得阳极具有良好的电化学活性(较低过电位)和

图 1-3　Moltech Veronica 合金阳极原型

导电性能，在随后的 100 ~ 300 A 电解试验中，稳态条件下合金基体的氧化速率为 2 mm·a^{-1}，氧化物涂层的溶解速度为 3 mm·a^{-1}，外推阳极寿命可达 1 年以上，原铝中阳极组元含量小于 1000×10^{-6}。在此基础上，Moltech 公司系统研究了 de Nora合金阳极的铸造工艺、外形结构(见图 1-4)、物理化学性能(见表 1-2)、析氧电位(见图 1-5)、电解槽电热场、电磁场、铝业流场、阳极气泡扰动下的电解质流场、新型电解槽结构等，进行了不同规模的实验室电解实验(300 A)和扩大规模电解试验(4 kA 和 25 kA)，评价了相关技术经济指标，提出了可供工业化试验的技术原型。

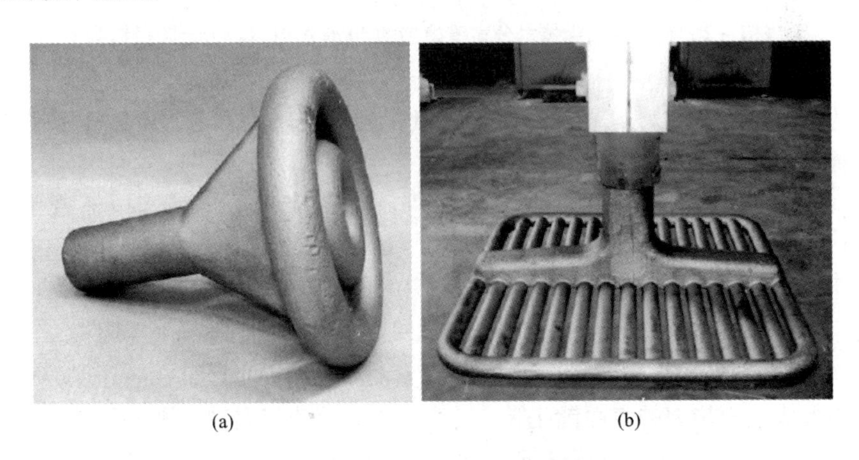

图 1-4　Moltech 的 de Nora 合金阳极结构

(a) ϕ120 mm 阳极；(b) 600 mm × 600 mm 阳极

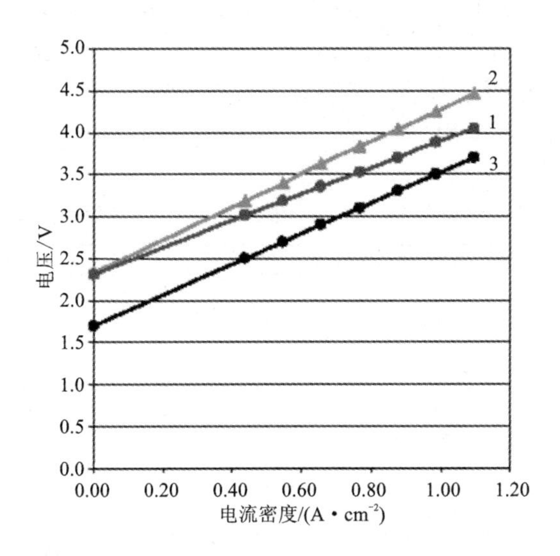

图1-5 各种阳极在930℃Na_3AlF_6熔体中的阳极电位

1—de Nora合金阳极；2—$NiFe_2O_4$涂层合金阳极；3—碳素阳极

表1-2 de Nora阳极的物理化学性能

项目	指标
合金基体电阻率/(Ω·m)	3×10^{-7}
氧化物涂层电阻率 /(Ω·m)	3×10^{-2}
析氧过电位/V	0.10
合金基体的氧化速率/($m\cdot a^{-1}$)	1.8×10^{-3}
氧化物涂层的溶解速率/($m\cdot a^{-1}$)	2.9×10^{-3}
线性形变/($m\cdot a^{-1}$)	2.0×10^{-3}
预期寿命/a	1~1.5

目前，金属或合金阳极材料在氟化盐熔体中极易腐蚀。因此，如何达到保护膜生成与溶蚀过程的动态平衡，还需要系统深入地开展对钝化膜生成、溶解、扩散等物理化学和电化学相关问题的研究，同时要进一步对合金成分与组织进行优化，对电解过程、电解温度及电解质组成作相应调整。

1.5.2 氧化物陶瓷阳极

金属氧化物因其在$Na_3AlF_6-Al_2O_3$熔体中的溶解度较小(各种氧化物在氟化

物熔盐中的溶解度见表1－3和表1－4)，高温下具有良好的化学稳定性和电化学稳定性而成为寻找铝电解惰性阳极过程中关注的对象。但材料的导电性(特别是低温条件下)、抗热震性、力学性能和焊接性能差以及难以大型化等问题限制了其作为惰性阳极材料的应用。

表1－3　1000℃某些氧化物在Na_3AlF_6和$Na_3AlF_6-Al_2O_3$熔体中的溶解度(质量分数)

氧化物	在Na_3AlF_6熔体中的溶解度/%	在$Na_3AlF_6-5\%Al_2O_3$熔体中的溶解度/%
Na_2O	23.00	—
K_2O	28.00	—
BeO	8.95	6.43
MgO	11.65	7.02
CaO	16.3	—
BaO	35.75	22.34
ZnO	0.51	0.004
CdO	0.98	0.26
FeO	6.0	—
CuO	1.13	0.68
NiO	0.32	0.18
Co_3O_4	0.24	0.14
Mn_3O_4	2.19	1.22
B_2O_3	无限	无限
Cr_2O_3	0.13	0.05
Fe_2O_3	0.18	0.003
La_2O_3	18.8(1030℃)	19
Nd_2O_3	21.3(1050℃)	—
Sm_2O_3	20.4(1050℃)	—
Pr_6O_{11}	31.4(1050℃)	
SiO_2	8.82	—
TiO_2	5.91(1030℃)	3.75
SnO_2	0.08	0.01

续表 1-3

氧化物	在 Na_3AlF_6 熔体中的溶解度/%	在 $Na_3AlF_6-5\%Al_2O_3$ 熔体中的溶解度/%
CeO_2	16.1	—
V_2O_5	1.20(1030℃)	0.65
Ta_2O_3	0.38	—
WO_3	87.72	86.14

表 1-4 1100℃某些氧化物在 Na_3AlF_6 和 $Na_3AlF_6-Al_2O_3$ 熔体中的溶解度(质量分数)

氧化物	在 Na_3AlF_6 熔体中的溶解度/%	在 $Na_3AlF_6-5\%Al_2O_3$ 熔体中的溶解度/%	在 $Na_3AlF_6-Al_2O_3$(饱和)熔体中的溶解度/%
Cu_2O	0.28	0.23	0.34
ZnO	2.9	0.17	0.025
FeO	5.4	3.0	0.30
NiO	0.41	0.09	0.0076
CuO	1.1	0.44	0.56
Co_3O_4	7.3	—	—
Cr_2O_3	0.70		
Fe_2O_3	0.8	0.4	0.22
TiO_2	5.2	—	4.54
ZrO_2	3.2	—	—
SnO_2	0.05	0.015	0.01
CeO_2	3.4	1.0	0.6

1) SnO_2 基阳极

SnO_2 在纯 Na_3AlF_6 中的溶解度为0.08%甚至更低，曾是许多研究者作为铝电解惰性阳极的首选材料。电解质中氧化铝的浓度、NaF 与 AlF_3 的分子比(*CR*，摩尔比)等对 SnO_2 基惰性阳极在电解条件下的耐腐蚀性有很大影响。*CR* 为3.0时腐蚀率最小，同时低 *CR* 条件下可获得比高 *CR* 时更高的电流效率。但电解过程中，电解质中存在的 Sn^{2+} 或 Sn^{+} 离子在阴极放电而还原成金属，从而对金属铝液产生污染。

尽管纯 SnO_2 导电性呈现半导体材料特征，导电率随温度的升高而增大，但即使是在高温下，其导电性能仍然很差(960℃时电阻率0.208 Ω·cm)。因此，为提高材料导电性和烧结性能，提高阳极耐腐蚀性能，研究者们对SnO_2基阳极成分及制备工艺进行了改进。以往基体SnO_2材料中添加CeO_2、Co_3O_4、CuO、Cr_2O_3、In_2O_3、MoO_3、Bi_2O_3、ZnO和Sb_2O_3等氧化物，通过控价和促进烧结，改善SnO_2基惰性阳极高温导电性。或者对电极结构进行改造，采用复合材料结构：内层材料具有良好的导电性，外层材料具有强耐腐蚀性，且两层能牢固结合。然而，这种电极材料加工却十分不便，难于进行工业推广。

A. M. Vecchio - Sadus等测定了温度为830 ~ 975℃、组成为96% SnO_2 - 2% Sb_2O_3 - 2% CuO惰性阳极在不同电解质中的腐蚀速率，通过对电解后阳极试样的分析，发现阳极中元素Cu损耗，一定条件下阳极表面有富铝层出现。

K. Grjotheim等利用三种不同成分的SnO_2基阳极与TiB_2阴极相结合，成功地进行了100 A电解腐蚀实验研究，电流效率为88% ~92.7%，电解时间内腐蚀速率为10^{-4} cm · h^{-1}，据此推算出40 d后的腐蚀厚度为1 mm。

而刘业翔等采用稳态恒电位法与脉冲技术对SnO_2 - 2% Sb_2O_3 - 2% CuO阳极在NaF - AlF_3 - Al_2O_3熔体中的行为进行了研究，发现掺杂有微量元素Ru、Fe和Cr的阳极具有明显的电催化作用，同时观察到阳极电流密度高达12 A · cm^{-2}时也未出现阳极效应。此外，王化章、肖海明、杨建红等也对SnO_2基惰性阳极进行了不同目的的研究。

2）尖晶石（AB_2O_4）型复合氧化物阳极

尖晶石（见图1 -6）是离子化合物、立方晶系、面心立方点阵，可看作为氧离子形成的立方最紧密堆积，再由X离子占据64个面心体空隙的1/8，即8个A位，Y离子占据32个八面体空隙的1/2，即16个B位。由此得出尖晶石单位晶胞的通式为$X_8Y_{16}O_{32}$，简约后常写作XY_2O_4。大多数尖晶石结构化合物，A、B位离子化合价比为2∶3。在现有百余种尖晶石结构化合物中，除2∶3外，电价比最常见的是4∶2，其结构多为反尖晶石结构，如$TiMg_2O_4$、$TiZn_2O_4$、$TiMn_2O_4$。反尖晶石结构可看作8个A位离子与16个B位离子中的8个离子进行相互换位，即8个Y^{2+}离子进入四面体间隙（A位），而剩下的8个Y^{2+}与X^{4+}离子复合占据正常情况下B位的八面体间隙。

尖晶石构造系由等轴单元晶胞连接成架状，这种结构反映在形态上，通常是完好的八面体晶型。尖晶石构造中，A—B、B—O是较强的离子键，各键的静电强度相等，结构牢固，故而有良好的化学稳定性，在高温下对各种熔体的侵蚀具有强的抵抗能力。由于其属立方晶系，各方向上导热性和热膨胀性能相同，膨胀系数小，有良好的热稳定性。

尖晶石类氧化物材料的良好热稳定性和电催化活性吸引了研究者们的注意。Augustin等研究了Ni、Co的铁酸盐的腐蚀行为，证实了尖晶石型氧化物陶瓷在Na_3AlF_6 - Al_2O_3熔体中腐蚀较为稳定。同时研究较多的该类材料还包括有$NiFe_2O_4$、

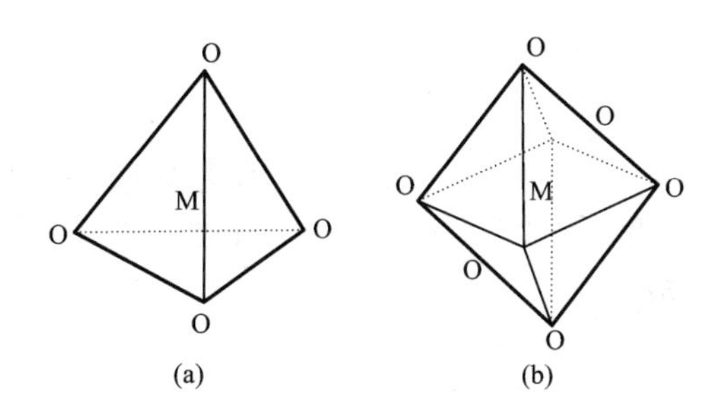

图1-6 尖晶石配位结构

(a)四面体配位结构；(b)八面体配位结构

$CoFe_2O_4$、$NiAl_2O_4$、$ZnFe_2O_4$、$FeAl_2O_4$等。

Galasiu 等采用“共沉淀-烧结法”制备 $NiFe_2O_4$陶瓷材料，实验结果发现，该工艺生产的阳极性能有较大提高。而 Zhang 等提出了关于 $NiO/NiAl_2O_4$ 和 $FeO/FeAl_2O_4$在冰晶石熔体中的溶解模型，对前者假设 Ni 在溶解后以 Na_2NiF_4和 Na_4NiF_6两种复杂离子存在，对后者假设有 FeF_2、Na_2FeF_4和 Na_4FeF_6存在，结果证明这些假设与实验数据相符。

3) CeO_2涂层阳极

由于 CeO_2具有良好的导电性和抗冰晶石熔体的腐蚀能力，因此，将具有 CeO_2涂层的不同惰性阳极基体应用于铝电解引起了人们广泛的兴趣。Eltech Systems 公司在其申报的专利中指出，将 Ce^{3+}溶解于铝电解质中，可在阳极表面沉积形成浅蓝色的由 Ce^{4+}的氧氟化合物构成所谓的 CEROX 涂层。并且，在 SnO_2阳极基体上涂 CeO_2层，材料的室温电导率大大增强，抗腐蚀能力也得到提高，阳极与电解质之间有良好的浸润性能。

溶解度测试表明，CeF_3、Ce_2O_3和 CeF_4都可溶于铝电解质熔体中，但 CeO_2的溶解度很小。通过对溶解机理的分析，认为熔体中只存在 Ce^{3+}，并且以极可能形成复合物 Na_2CeF_5的 CeF_3形式存在，而不存在 CeOF。

Reynolds 公司测试了 $Cu-Fe_2O_3-NiO$ 金属陶瓷表面涂层 CeO_2的惰性阳极。虽然这种电极在导电性和抗腐蚀能力方面有很大提高，但经过长时间电解实验后，阳极出现了裂纹，铝液中存在较高含量的金属 Ce。同时，阳极腐蚀性能的优劣与表面 CeO_2涂层量密切相关。

Cerox 虽可降低阳极基体的腐蚀，但是在实际应用中遇到三个问题：

第一，熔体中的 CeF_3不但发生阳极氧化沉积，而且还可在阴极被还原：

$$CeF_3 + Al = Ce_{in(Al)} + AlF_3 \tag{1-3}$$

进入阴极铝液中的 Ce 对阴极产品造成污染，因此需要去除进入铝液中的

Ce，并回收返回到电解质中。

第二，所形成的 CEROX 涂层不是非常致密，电解过程中还将发生基体的腐蚀并引起涂层剥落。

第三，因为 CEROX 的导电性差，为保证阳极具有较好的导电性能，需要有效控制 CEROX 涂层的厚度，这在实际操作过程中有较大难度。

4）其他氧化物阳极

除以上几种金属氧化物外，研究者们还对其他氧化物材料进行了研究，但均未获得较具吸引力的进展。

S. Pietrzyk 和 R. Oblakowsky 对组成为 62.3% Cr_2O_3 - 35.7% NiO - 2% CuO 的电极进行研究，电解质中杂质含量为 0.008% Cr、0.05% Ni 和 0.0222% Cu，腐蚀率低于 10 $mm \cdot a^{-1}$，金属 Al 中杂质含量小于 0.3%。

吴贤熙等以 Ni_2O_3 和 NiO 为原料制备了五种不同成分的氧化物阳极，发现烧结过程中，Ni_2O_3 转化为 NiO 而导致阳极开裂，同时对材料耐腐蚀性能测试表明，腐蚀率低于 30 $mm \cdot a^{-1}$。

E. W. Dewing 等对 ZnO 在 Na_3AlF_6 中的溶解度和反应机理进行了研究，认为存在以下溶解反应：

$$3ZnO + 2AlF_3 = 3ZnF_2 + Al_2O_3 \tag{1-4}$$

因此，熔盐中氧化铝浓度的提高将会降低 ZnO 的溶解度。

1.5.3 金属陶瓷阳极

金属陶瓷是一种由金属或合金与陶瓷所组成的复合材料。一般来说，金属与陶瓷各有优缺点。金属及合金的延展性好、导电性好，但热稳定性和耐腐蚀性差、在高温下易氧化和蠕变。陶瓷则脆性大、导电性差，但热稳定性好、耐火度高、耐腐蚀性强。金属陶瓷就是将金属和陶瓷结合在一起，以期具有高硬度、高强度、耐腐蚀、耐磨损、耐高温、力学性能和导电性能好等优点。理想中的金属陶瓷可兼备金属氧化物陶瓷的强抗腐蚀性和金属的良好导电性及力学性能，可以克服金属氧化物阳极的抗热震性差及其与阳极导杆连接困难等问题，也可比金属或合金阳极具有更好的耐腐蚀与抗氧化性能。当前所研究的金属陶瓷惰性阳极一般将氧化物陶瓷作为连续相，形成抗腐蚀、抗氧化网络，金属相分散其中以起到改善材料力学性能和导电性能的作用；但金属相的选择也要考虑其耐腐蚀性能，一般选择在阳极极化条件下可在其表面生成氧化物保护层的金属或合金，从而使电极具有更好的耐腐蚀性能。但是由于目前所用的金属氧化物陶瓷与金属之间还未能实现理想的取长补短，使得制备出的金属陶瓷材料难以同时拥有金属相和陶瓷相的优点，甚至有些还引入了各自的缺点，这正是金属陶瓷惰性阳极材料研究需要解决的重要课题。

具有尖晶石结构的 $NiFe_2O_4$ 陶瓷在 $Na_3AlF_6-Al_2O_3$ 熔体中表现出比其他氧化物陶瓷更强的耐腐蚀性能，是一种较好的惰性阳极基体材料。因此，$NiFe_2O_4$ 基金属陶瓷吸引了较多研究者的注意并得到了大量研究。

1）$NiFe_2O_4$ 基金属陶瓷

在美国能源部的资助下，以开发、制备和评估不同的惰性阳极材料为目的的 Alcoa 从 1980—1985 年针对 $NiFe_2O_4$ 金属陶瓷惰性阳极进行了系统研究，并于 1986 年发表了有关金属陶瓷惰性阳极材料的研究报告和学术论文。Alcoa 的报道确定，原料成分为 17% Cu + 42.91% NiO + 40.09% Fe_2O_3 的 $NiFe_2O_4$ 基金属陶瓷（即所谓的"5324"金属陶瓷）的性能最佳，其电导率为 90 $S \cdot cm^{-1}$，电解 30 h 之后，电极形状基本无变化，在小型试验中显示出良好的抗蚀性和导电性。

此后，在能源部的资助下，美国西北太平洋国家实验室（Pacific Northwest Laboratory，PNL）、Eltech Research 公司等以 $NiFe_2O_4$ 基金属陶瓷作为研究对象，进行了大量研究。1991 年，Reynolds 在 6 kA 槽上进行了工业试验，所用阳极如图 1－7 所示，经过 25 d 的持续电解，暴露的主要问题是大尺寸阳极的抗热震性差、电极开裂、导电杆损坏严重等，而且阳极电流分布差，槽底因形成氧化铝沉淀而导致阴极电压升高。后来，Reynolds 研究了 ELTECH 阳极，电解前在上面提到的阳极表面涂上了 CeO_2 涂层。这种电极的导电性大大增强，腐蚀率更小，但腐蚀性能的好坏与涂层中 CeO_2 的含量密切相关。经长时间的电解后，涂有 CeO_2 层的惰性阳极仍有裂纹出现。另外，产出铝中 Ce 的含量较高，这也是一个问题。

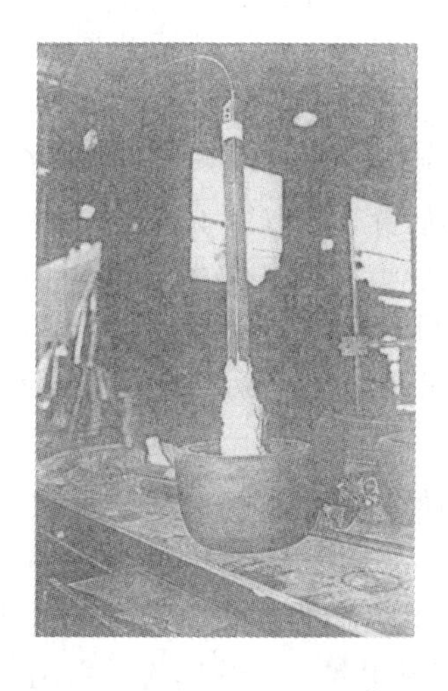

图 1－7 1991 年 Reynolds 用的惰性阳极

2000 年，Ray 用 $NiFe_2O_4$ + NiO + Cu 阳极电解后得到的原铝中，杂质含量(质量分数)分别为 0.2% Fe、0.1% Cu、0.034% Ni。2001 年，Blinov 用成分为 65% $NiFe_2O_4$ - 18% NiO - 17% Cu 阳极在氧化铝饱和、800℃的条件下低温电解，得到惰性阳极的年腐蚀率为 1.4 cm。

此外，Lorentsen 和 Thonstad 还研究了该种惰性阳极材料带入的杂质在阴、阳极间的迁移机理。1997 年，V. Blinov 等对惰性阳极进行了低温铝电实验。他们所用的阳极成分为 Alcoa 提供的即 $NiFe_2O_4$ + 18% NiO + 17% Cu，选用的电解温度为 800℃，阳极电流密度为 0.2 $A \cdot cm^{-2}$，经过 130 h 的电解实验后，发现该条件下阳极腐蚀率低于 10^{-3} $g \cdot cm^{-2} \cdot h^{-1}$，而相同阳极在 950℃ 下的腐蚀率高于 8×10^{-3} $g \cdot cm^{-2} \cdot h^{-1}$。

为提高金属陶瓷的导电性，Alcoa 通过添加 Ag 来改变其惰性阳极的组成。对于惰性阳极来说，金属陶瓷中 Ni 及 Fe 的氧化物占 50% ~ 90%，Cu 和 Ag 或 Cu - Ag 合金含量最好能达到 30%。Cu - Ag 合金包含 90% 铜和 10% 银。实验表明降低温度有利于提高电极的抗腐蚀性能，*CR* = 0.8 ~ 1.0 时，电解温度为 920℃最佳，电解质组成为 6% CaF_2 和 0.25% MgF_2。

2001 年 9 月，Alcoa 在意大利的一个冶炼厂进行了小型工业化试验，同时它希望能在美国建立起一个完全用惰性阳极操作的商业槽。根据它当时递交给美国能源部的报告，Alcoa 准备用 2 ~ 3 年的时间把它的电解槽更换成惰性阳极，但后续未见到相关报道。

国内中南大学、东北大学以及中国铝业公司等科研单位长期从事铝电解技术的基础及应用研究，对于惰性阳极技术早在 20 世纪 60 年代初就开展了研究工作。特别是 2001 年以来，在国家“863 计划”的资助下，由东北大学、清华大学、中南大学和中国铝业公司就“新一代铝电解金属陶瓷复合材料电极的制备技术”进行联合攻关，大力开展铝电解惰性阳极材料的研究，并取得了可喜的成绩。

其中，针对金属陶瓷一般以陶瓷相为基体，少量金属相分散于陶瓷相中，难以避免陶瓷材料的一般问题：①抗热震性差、导电性差、与金属导杆连接困难、难以大型化等；②由于金属相(如 Cu)对陶瓷基体的润湿性较差，分布不均匀，在陶瓷基体中的稳定性较差，且两者的抗腐蚀性有较大差异，电解条件下容易引起金属相的氧化和选择性溶蚀，同时带来陶瓷相的掉渣脱落。中南大学首次将梯度功能复合材料的制备技术引入惰性阳极材料的研究领域，制备金属陶瓷梯度功能复合材料，使材料结构与性能呈梯度变化，减少了热膨胀系数的差异，以充分发挥陶瓷的优良抗氧化、耐腐蚀性能和金属的良好导电性、抗热震性、高温力学性能和便于加工成形性、解决电极大型化及其与金属导杆连接等工程问题。确定了以 Cu、Ni 为金属相，$NiFe_2O_4$ 和 NiO 为陶瓷相的惰性阳极组成，开发出“深杯状”金属陶瓷梯度功能惰性阳极制备工艺，并制备出了尺寸为 ϕ100 mm × 160 mm 的

4 kA电解试验用惰性阳极(见图1－8)，成功进行了为期28 d的$NiFe_2O_4$基金属陶瓷惰性阳极的4 kA级电解试验(见图1－9)，在国际铝冶金业界产生了重要影响并引起高度关注。

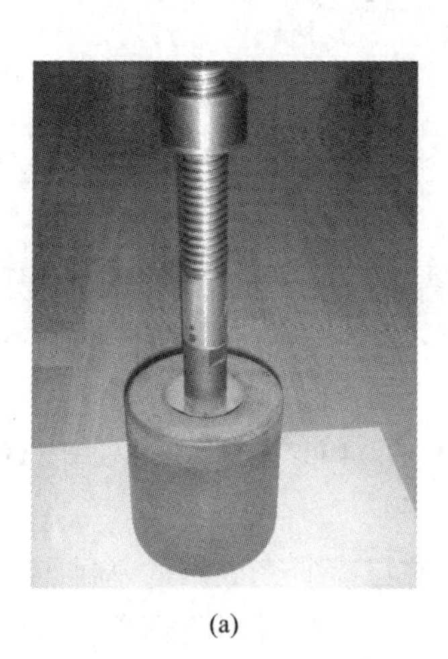

(a)

(b)

图1－8 尺寸金属陶瓷惰性阳极

(a)单个连接好的阳极；(b)惰性阳极组

但是，工程化试验的研究结果表明，在现行电解工艺条件下，$NiFe_2O_4$金属陶瓷惰性阳极耐高温熔盐的腐蚀性能、抗热震性能，还难以满足铝电解工业的要

图 1-9 4 kA 金属陶瓷惰性阳极试验

求。为解决这些问题，需要在已有研究成果的基础上，以有效提高金属陶瓷惰性阳极的耐腐蚀性能为核心，进一步提高材料性能，实现金属陶瓷与金属导杆间的高强、高电导连接，开发与之相适应的新型电解质体系及电解操作新工艺，实现高品质原铝的低能耗提取。

1.6 惰性阳极发展趋势

低温铝电解是指实现铝电解在 800 ~ 900℃甚至更低的温度下进行，被认为是最具潜力的节能降耗技术，是优化惰性阳极耐腐蚀性能的主要途径，已成为当今国际铝冶金界最受关注、研究最活跃的课题之一。

铝的熔点为 660℃，为了制得液态铝只需要将铝电解温度控制在 700℃左右即可以实现。因此自从铝电解产生以来，它的发明者就曾经设想过低温电解，因为低温电解可以减少电解槽的热损失，提高电流效率，从而最终表现为降低铝的生产成本。但是，由于低温电解质最致命的弱点是氧化铝溶解困难（低溶解速度和溶解度），这一缺点严重阻碍了它的发展与应用。

多年来，无论哪一种惰性阳极（陶瓷、合金或金属陶瓷）都面临一个共同的难题，即惰性阳极的耐腐蚀性（对于陶瓷和金属陶瓷还有抗热震性）还无法满足现行铝电解质体系和电解工艺（以高温低氧化铝浓度为特征）的要求。解决惰性阳极的上述问题除了进一步提高材料的性能外，还需要为其提供更加“友善”的环境——具备“低温、高氧化铝浓度”特征的新型电解质体系及其电解新工艺，电解温度的降低不但可显著降低金属相（或基体）的氧化速率（温度每降低 100℃，金属的氧化速率可降低一个数量级)，也可显著降低陶瓷相的溶解速度，而这两方面刚好抑制了惰性阳极的失效。这一需求极大地推动了低温电解质的研究，甚至可以说近期的低温电解研究主要是为了给惰性阳极的工业化应用创造更佳服役环境而进行的。

惰性阳极的低温电解质基本可分为 $NaF-AlF_3$和 $KF-AlF_3$两大体系，并且这两种体系都是通过降低电解质的 *CR* 或添加其他添加剂来降低熔体初晶温度，从而实现低温电解的。

1.6.1 $NaF-AlF_3$低温电解质体系

1994 年，Beck 采用 Fe－Cu－Ni 合金阳极，在 750℃的 $NaF-AlF_3$(或添加部分 KF 和 LiF)低温电解质中进行电解试验，研究了相关电解工艺，认为阳极气泡的扰动可使未溶解的氧化铝悬浮于电解质熔体中，使电解质过程中消耗的氧化铝得到有效补充；并且竖直式多室电解槽设计可使电解槽的空间利用率超过传统电解槽的 20 倍。1995 年，又进一步开展了 300 A 电解试验，电解槽启动初期原铝中杂质 Cu 含量达到 0.3%，但两天后杂质 Ni、Fe 和 Cu 的含量低于 0.03%(达到了原铝质量要求)。此后，有一系列研究均采用低 *CR* 的 $NaF-AlF_3$进行合金阳极的低温电解，提出了多种氧化铝悬浮电解槽(也称为料浆电解槽)，特别是 1998—2004 年，美国西北铝技术公司等单位在美国能源部资助下进行的“针对低温电解中合金阳极寿命研究”代表了此类研究的最新进展。

Alcoa 开发的 5324－17Cu 金属陶瓷阳极，在其认为较理想的低温电解质 36% NaF－60% AlF_3(*CR*=1.12)中进行了长时间(200 h)电解腐蚀试验，电解温度为 800℃，阳极电流密度为 $0.5\ A\cdot cm^{-2}$，电解过程中可通入气体搅拌熔体以加速氧化铝的溶解，并且分别采用高纯铝坩埚溶解消耗和加入过量的不同种类的氧化铝来保持较高的氧化铝浓度，电解过程中测得的氧化铝含量分别为 4.05%～4.5%。但是，试验结果并不理想(尽管有的试验中获得了 0.1～0.3 in① 的较低年腐蚀率)，主要问题是：循环运动的电解质虽有利于氧化铝的溶解，但同时使得电解质熔体中含有金属 Al 并直接对阳极产生还原腐蚀；为此，以 O_2代替 Ar 作为搅拌气体，结果可减缓金属铝对阳极的还原，但又引起阳极表面形成不导电层。最终认为需要把氧化铝的溶解区和电解区分开来解决这个问题。

① 1 in＝2.54 cm

1.6.2 KF – AlF_3低温电解质体系

KF – AlF_3体系相对于 NaF – AlF_3体系来说，最大的优点是氧化铝在其中溶解更快、溶解度更高。但是 K 元素对碳素材料的渗透膨胀现象影响严重，约为 Na 元素的 10 倍，这一危害对以碳素材料为电极和槽内衬的电解槽而言是致命性的。正因如此，以前针对 KF – AlF_3低温铝电解体系的研究报道极少。但是，近年来人们越来越认识到惰性阳极的成功开发必须要有可提供“低温、高氧化铝浓度”服役环境的低温铝电解质体系，而 NaF – AlF_3低温电解质体系较难获得高氧化铝浓度；并且针对 KF – AlF_3体系对碳素内衬渗透破坏的问题，人们期望有新的阴极材料(如 TiB_2阴极)和内衬材料(如刚玉)出现。因此，近年来 KF – AlF_3体系惰性阳极的低温电解已有较多研究。

2004 年，J. H. Yang 在 700℃的 50% AlF_3 – 45% KF – 5% Al_2O_3电解质中，用 Cu – Al 金属阳极和 TiB_2阴极分别进行了 10 A、20 A 和 100 A 的低温电解试验，电解过程最长持续 100 h，阳极电流密度为 0.45 A · cm^{-2}，电流效率达到 85%，所得原铝纯度可高于 99.5%，杂质 Cu 的含量可低于 0.2%(见表 1 – 5)。基于这一结果，研究者认为 Cu – Al 合金阳极在 KF – AlF_3 – Al_2O_3电解质体系中有望成功应用，并可持续开展研究。2006 年，J. H. Yang 采用 Al – Cu 合金阳极和 TiB_2可润湿性阴极在 KF – AlF_3低温电解质体系熔体中进行了一系列 100 A – 100 h 电解试验，研究了 NaF 含量、电流密度和电解温度对阳极耐腐蚀性能的影响，并认为具备了进行更大规模电解试验的条件。2007 年，J. H. Yang 为更好进行电解工艺调控，研究了氧化铝在 KF – AlF_3电解质熔体中的溶解度。

表 1 – 5 不同电解条件铝金属中的杂质含量(质量分数)

实验编号	电流/A	时间/h	Cu/%	Fe/%	Si/%	Ni/%	Cr/%	Mo/%	K/%	Na/%	Mn/%
ALT22	10	31	0.51	0.032	<0.01						
AlT25	10	100	0.51	0.0359		0.0276			0.0006	0.002	0.0051
ALT53	20	32.5	0.1	0.24	<0.01	0.03	0.05		<0.025		
AlT55	20	56.4	0.16	0.19	<0.01	0.02	0.04		<0.025		
AlT57	100	50	0.09	0.03	<0.01	<0.01		0.03	0.021	<0.01	

Moltech 公司在近期的惰性阳极电解试验中，为了增强电解质熔体的氧化铝溶解能力，也开始采用含 KF 的电解质：Na_3AlF_6 + 11% AlF_3 + 4% CaF_2 + (5% ~ 7%) KF + (7% ~ 8%) Al_2O_3或 Na_3AlF_6 + (10% ~ 14%) AlF_3 + (2% ~ 6%) CaF_2 +

(3% ~ 7%) Al_2O_3 + (0 ~ 8%) KF，Na_3AlF_6 + 11% AlF_3 - 4% CaF_2 - 7% KF - 9% Al_2O_3。

俄罗斯近年也有关于 KF - AlF_3低温电解质体系的研究报道。Kryukovsky 针对 KF - AlF_3低温电解质体系温度降低后导电性能变差的问题，研究了 680 ~ 770℃下 KF - AlF_3 - Al_2O_3 (*CR* = 1.3)、KF - AlF_3 - LiF (*CR* = 1.3) 和 KF - AlF_3 - Al_2O_3 - LiF(*CR* = 1.3)电解质熔体电导率随温度、氧化铝含量(0 ~ 4.8%)和 LiF 含量(0 ~ 10%)的变化，结果表明尽管 KF - AlF_3低温电解质体系的电导率较现行电解质的有明显降低，但添加 LiF 后有明显改善，认为添加 LiF 的低 *CR* 的 KF - AlF_3熔体可有望用作新型电解槽的低温电解质。Zaikov 研究了一种高温氧化铝水泥，以解决 KF - AlF_3熔体对碳素内衬渗透破坏的难题。

1.6.3 低温铝电解存在的问题

1)氧化铝溶解问题

低温条件下氧化铝溶解困难一直是惰性阳极在 NaF - AlF_3低温电解质体系中应用的最大障碍，随着温度的降低，氧化铝溶解度显著降低(NaF - AlF_3体系大约由 10% 降低到 3%)，溶解速度也明显降低。尽管悬浮电解可提高熔体中的氧化铝浓度，但又会引起新的工程技术难题，特别是气体扰动不利于金属 Al 的汇集，不仅影响到电解槽的高效运行，也会加剧阳极的腐蚀。有研究者提出采用高表面积的活性氧化铝，但是其吸水性极强，较难满足工业上运输、贮存、下料等的要求。从目前的研究结果来看，KF - AlF_3低温电解质体系中的氧化铝溶解相对较快，可能会更好地解决上述难题。另外，也需要开展新型电解质体系下的氧化铝下料技术研究，以使氧化铝在电解质熔体中有效分散，促进溶解。

2)电解质阴极结壳问题

低温电解主要通过降低电解质体系的 *CR* 来实现，从 NaF - AlF_3和 KF - AlF_3的相图可看到，在低 *CR* 体系的液相线变得更加陡峭。电解过程中，由于 Na^+的(或 K^+)电迁移和含铝配离子的阴极还原，阴极区域产生 Na^+(或 K^+)的富集，导致阴极区域的熔体 *CR* 升高，初晶温度提高，过热度降低，导电性能变差，严重时有固态电解质在阴极析出，结成一层硬壳，即阴极结壳。阴极结壳能使阴极导电性变差、槽电压增大，严重时能阻止电解过程的运行。一般认为解决此问题的办法就是提高过热度，这也是确定最佳低温电解温度的依据之一。另外，适当控制阴极电流密度也可减少阴极结壳现象。

3)内衬材料与新型阴极问题

低温电解条件下可能需要维持比现行电解质更高的过热度，这将使得电解槽侧部难以形成炉帮，侧壁材料将直接与电解质熔体接触。另外，采用惰性阳极后，阳极气体的氧化性大大增强，再加上 K_3AlF_6 的强烈渗透破坏作用。因此，需要开发新的抗氧化、耐腐蚀的结缘侧壁内衬材料和新的阴极材料。解决上述问题的办法可能是，采用富含氧化铝的氧化物耐火材料或表面有抗氧化耐腐蚀氧化膜的金属材料作为电解槽内衬，采用不含炭的 TiB_2 材料作为阴极。

4)其他问题

随着电解温度的降低，由于温度对铝液和电解质密度的影响程度不一致引起电解质和铝液的密度之差变小，同时电解质黏度增大，这给铝液和电解质的有效分离带来困难，从而对电流效率产生负面影响。随着电解温度的降低，电解质的导电率也会降低，这将不利于降低铝电解能耗这一目标的实现。另外，还有电解质挥发、电解质界面性质等都可能对电解过程产生影响。

因此，在进行惰性阳极低温铝电解试验研究的同时，需要系统研究低温电解质体系的物理化学性质及其调控方法，以更好地指导低温电解质体系及其电解工艺的选择与控制，真正做到既有利于降低惰性阳极的腐蚀率，也能维持电解过程的高效稳定运行。

参考文献

[1] 刘业翔，李劼. 现代铝电解[M]. 北京：冶金工业出版社，2008.

[2] 中铝网. 2013 年全球原铝产量报告[EB/OL]. http：//market. cnal. com/statistics/2014/03 - 21/1395383916364812. shtml.

[3] 中铝网. 2013 年中国原铝产量报告[EB/OL]. http：//market. cnal. com/statistics/2014/03 - 21/1395384254364813. shtml.

[4] 刘静安，谢水生. 铝合金材料的应用与技术开发[M]. 北京：冶金工业出版社，2004.

[5] C. Vanvoren, P. Honsi, J. L. Basquin, T. Beheregaray. AP 50：The Pechiney 500 kA cell[A]. In：ANJIER J L, eds. Light Metals[C]//Warrendale, PA：TMS, 2001：221 - 226.

[6] 深圳中期. 我国电解铝产量已升至世界第一[EB/OL]. http：//www. chinafutures. com. cn/Progs/NshowNews. asp？ ID = 17585, 2002 - 12 - 24.

[7] 李朝林. 神火集团 350 kA 特大型预焙阳极铝电解槽科技项目通过国家鉴定[EB/OL]. 中国西部煤炭网，2005 - 7 - 7/2009 - 4 - 3.

[8] 杨晓东，刘雅锋，朱佳明，孙康健. 400 kA 预焙阳极铝电解槽技术研制开发与生产实践[J]. 2008, 28(7)：23 - 30.

[9] 李宁，王洪，肖伟峰，肇玉卿，陈军，陈新群. 400 kA 大型预焙阳极铝电解槽应用研究[J]. 轻金属，2008(12)：35 - 38.

[10] 中华商务网. 400 kA 大型预焙阳极铝电解槽技术研制开发获得成功[EB/OL]. http：//www. hnys. gov. cn/Read. asp？ IC_ID = 1879, 2008 - 4 - 29/2009 - 4 - 3.

[11] 中铝网. 从五方面寻找突破化解电解铝落后产能[EB/OL]. http：//www. chinadjal. com/List. asp？ ID = 9696.

[12] 中铝网. 国内电解铝产能续增成本下移[EB/OL]. http：//www. chinadjal. com/List. asp?

ID =6158.

[13] 中铝网. 电解铝行业节能降耗明年将再发力[EB/OL]. http: //www. chinadjal. com/List. asp? ID =9694.

[14] V. de Nora. Veronica and Tinor 2000 new Technologies for Aluminum Production [J]. Electrochemical Society Interface, 2002, 11(4): 20 -24.

[15] J. Noel. Future developments in the Bayer - Hall - Héroult process [A]. Burkin A R. Production of aluminium and alumina[C]//John Wiley & Sons, 1987: 188 -207.

[16] R. P. Pawlek. Inert Anodes: an Update. In: W. Schneider, eds. Light Metals 2002 [J]. Warreudale PA, USA: TMS, 2002: 449 -456.

[17] D. R. Sadoway. Inert Anodes for the Hall - Héroult Cell: the Ultimate Materials Challenge[J]. JOM, 2001, 53(5): 34 -35.

[18] The Aluminium Assoc Inc (In Conjunction with The US Department of Energy)[J]. Inert Anode Roadmap. Februbary, 1998.

[19] H. Kvande, W. Haupin. Inert Anodes for Aluminium Smelting: Energy Balances and Environment Impact[J]. JOM, 2001, 53(5): 29 -33.

[20] J. Keniry. The Economics of Inert Anodes and Wettable Cathodes for Aluminium Reduction Cells[J]. JOM, 2001, 53(5): 43 -47.

[21] R. P. Pawlek. Inert Anode for Primary Aluminum Industry: An Up Date. In: W. Hale, eds[J]. Light Metals 1996. Warreudale PA: TMS, 1996: 243 -248.

[22] J. D. Weyand. Manufacturing Processes Used for the Production of Inert Anodes. In: R. E. Miller, eds. Light Metals 1986. Warreudale PA: TMS, 1986: 321 -339.

[23] R. P. Pawlek. Inert Anodes: an Update. In: A. T. Tabereaux, eds. Light Metals 2004. Warreudale PA: TMS, 2004: 283 -287.

[24] V. de Nora. How to Find an Inert Anode for Aluminum Cells. In: G. M. Haarberg and A. Solheim, eds. Eleventh International Aluminium Symposium. Norway, September 19 -22, 2001: 155 -160.

[25] J. Thonstad, E. Olsen. Cell Operation and Metal Purity Challenges for the Use of Inert Anodes [J]. JOM, 2001, 53(5): 36 -38.

[26] R. Keller, S. Rolseth, J. Thonstad. Mass Transport Considerations for the Development of Oxygen - Evolving Anodes in Aluminum Electrolysis[J]. Electrochimica Acta, 1997, 42(12): 1809 -1817.

[27] A. I. Belyaev, A. E. Studentsov. Electrolysis of Alumina with Non - Combustible (Metallic) Anodes[J]. Legkic Metally, 1937, 6(3): 17 -22.

[28] A. I. Belyaev. Electrolysis of Alumina Using Ferrite Anodes[J]. Legkic Metally, 1938, 7(3): 7 -20.

[29] K. Billehaug, H. A. Øye. Inert Anodes for Alumnium Electrolysis in Hall - Héroult Cells[J]. Aluminium, 1981, 57(2): 146 -150.

[30] K. Billehaug, H. A. Øye. Inert Anodes for Alumnium Electrolysis in Hall - Héroult Cells[J].

Aluminium, 1981, 57(3): 228 -231.

[31] R. D. Peterson, N. E. Richards, A. T. Tabereaus. Results of 100 Hours Electrolysis Test of a Cermet Anode: Operational Results and Industry Perspective. In: M. B. Christian, eds. Light Metals 1990. Warreudale PA: TMS, 1990: 385 -393.

[32] T. R. Alcom, A. T. Tabereaux, N. E. Richards, et al. Operational Results of Pilot Cell Test with Cermet "Inert" Anodes. In: K. D. Subodh, eds. Light Metals 1993. Warreudale PA: TMS, 1993: 433 -443.

[33] H. Kvande. Inert Electrodes in Aluminium Electrolysis Cells. In: C. E. Eckert, eds. Light Metals 1999. Warreudale PA: TMS, 1999. 369 -376.

[34] D. R. Sadoway. Apparatus and Method for the Electrolytic Production of Metals. US, 4999097 [P], 1989.

[35] T. R. Beck, R. J. Brooks. Non - Consumable Anode and Lining for Aluminum Electrolytic Reduction Cell. US, 5284562[P], 1992.

[36] D. R. Sadoway. A Materials Systems Approach to Selection and Testing of Nonconsumable Anodes for the Hall Cell. In: M. B. Christian, eds. Light Metals 1990. Warreudale PA: TMS, 1990: 403 -407.

[37] J. N. Hryn, D. R. Sadoway. Cell Testing of Metal Anodes for Aluminum Electrolysis. In: S. K. Das, eds. Light metals 1993. Warreudale PA: TMS, 1993: 475 -483.

[38] J. N. Hryn, M. J. Pellin. A Dynamic Inert Metal Anodes. In: C. E. Eckert, eds. Light metals 1999. Warreudale PA: TMS, 1999: 377 -381.

[39] J. N. Hryn, M. J. Pellin, A. M. Wolsky, et al. Dimensionally Stable Anode for Electrolysis, Method for Maintaining Dimensions of Anode during Electrolysis. US, 6083362[P], 1998.

[40] T. R. Beck. A Non - Consumable Metal Anodes for Production of Aluminum with Low - Temperature Fluoride Melts. In: J. Evans, eds. Light metals 1995. Warreudale PA: TMS, 1995: 355 -360.

[41] J. A. Sekhar, H. Deng, J. Liu, et al. Micropyretically Synthesixed Porous Non - Consumable Anodes in the Ni - Al - Cu - Fe - X System. In: R. Huglen, eds. Light metals 1997. Warreudale PA: TMS, 1997: 347 -354.

[42] J. A. Sekhar, J. Liu, H. Deng, et al. Graded Non - Consumable Anodes Materials. In: B. Welch, eds. Light metals 1998. Warreudale PA: TMS, 1998: 597 -603.

[43] J. - J. Duruz, V. de Nora. Multi - Layer Non - Carbon Metal - Based Anodes for Aluminium Production Cells. WO, 00/06800[P], 1999.

[44] D. R. Bradford. Inert Anode Metal Life in Low Temperature Reduction Process Final Technical Report[J]. Goldendale Aluminum Company. June 30, 2005: 65.

[45] V. de Nora, T. Nguyen, R. von Kaenel, et al. Semi - vertical de NORA inert metallic anode [A]. M. Sørlie. Light Metals 2007 [C]//Warreudale, Pa: TMS, 2007: 501 -505.

[46] N Thinh, B. Vittorio, M. Curtis, et al. Non - carbon Anodes and Cathode Coatings for Aluminum Production [J]. JOM, 2004, 56(11): 231 -237.

[47] T. Nguyen, V. de Nora. de NORA Oxygen Evolving Inert Metallic Anode[A]. T. J. Galloway. Light Metals 2006 [C]//Warreudale, Pa: TMS, 2006: 385 - 390.

[48] J. Antille, L. Klinger, R. von Kaenel, et al. Modeling of a 25 kA de NORA Inert Metallic Anode Test Cell [A]. T. J. Galloway. Light Metals 2006 [C]//Warreudale, Pa: TMS, 2006: 391 - 396.

[49] R. von Kaenel, V. de Nora. Technical and Economical Evaluation of The de NORA Inert Metallic Anode in Aluminum Reduction Cells[A]. T. J. Galloway. Light Metals 2006[C]. Warreudale, Pa: TMS, 2006: 397 - 402.

[50] K. Grjotheim, C. Krohn, M. Malinovsky, et al. Aluminium Electrolysis - Fundamentals of the Hall - Héroult Process[M]. 2nd edition, Dusseldorf: Aluminium - Verlag, 1982: 365.

[51] J. Thonstad, P. Fellner, G. M. Haarberg, et al. Aluminium Electrolysis - Fundamentals of the Hall - Heroult Process[M]. 3rd edition, Dusseldorf: Aluminium - Verlag, 2001: 279.

[52] XiaoHaiming. On the Corrosion and the Behavior of Inert Anodes in Aluminium Electrolysis[D]. Trondheim: Norwegian Institute of Technology, 1993.

[53] Wang Huazhang, J. Thonstad. The Behavior of Inert Anodes as a Functin of Some Operating Parameters. In: G. C. Paul, eds. Light metals 1989. Warreudale PA: TMS, 1989: 283 - 290.

[54] Xiao Haiming, R. Hovland, S. Rolseth. On the Corrosion and Behavior of Inert Anodes in Aluminum Electrolysis. In: R. C. Euel, eds. Light metals 1992. Warreudale PA: TMS, 1992: 389 - 399.

[55] H. Xiao, R. Hovland, S. Rolseth, et al. Studies on the Corrosion and the Behavior of Inert Anodes in Aluminum electrolysis. Metallurgical and Materials Transactions B, 1996, 27B(2): 185 - 193.

[56] L. Issaeva, Yang Jianhong, G. M. Haarberg, et al. Electrochemical Beha - viour of Tin Species Dissolved in Cryolite - Alumina Melts. Electrochimica Acta, 1997, 42(6): 1011 - 1018.

[57] Yang Jianhong, J. Thonstad. On the Behaviour of Tin - Containing Species in Cryolite - Alumina Melts. Journal of Applied Electrochemistry, 1997, 27(4): 422 - 427.

[58] 王化章，刘业翔，肖海明. 铝电解用 SnO_2 基惰性阳极的研究. 中南矿冶学院学报，1988，19(6): 636 - 641.

[59] 薛济来，邱竹贤. 铝电解用 SnO_2 基惰性阳极导电性的研究. 东北工学院学报，1990，11(4): 362 - 365.

[60] D. E. Ramsey, L. I. Grindstaff. Electrode Composition. U S, 4233148[P], November 11, 1980.

[61] J, M. Clark, D. R. Secrist. Monolithic Composite Electrode for Molten Salt Electrolysis. U S, 4491510[P], January 1, 1985.

[62] W. C. Las, et al. Influence of Additives on the Electrical Properties of Dense SnO_2 - Based Ceramics. Journal of Applied Electrochemistry, 1993, 74(10): 6191 - 6196.

[63] Yang Jianhong, Liu Yexiang, Wang Huazhang. The Behavior and Improve ment of SnO_2 - Based Inert Anodes in Aluminium Electrolysis [J]. In: K. D. Subodh, eds. Light metals 1993. Warreudale PA: TMS, 1993. 493 - 495.

[64] A. M. Vecchio – Sadus, D. C. Constable, R. Dorin, et al. Tin Dioxide – Based Ceramics as Inert Anodes for Aluminium Smelting: a Laboratory Study. In: W. Hale, eds. Light metals 1996. Warreudale PA: TMS, 1996. 259 – 265.

[65] K. Grjotheim, H. Kvande, Qiu Zhuxian, et al. Aluminium Electrolysis in a 100A Laboratory Cell with Inert Electrodes[J]. Metall, 1988, 42(6): 587 – 589.

[66] 肖海明, 刘业翔. 铝电解时 SnO_2基电极上阳极过程的研究[J]. 有色金属, 1986, 38(4): 57 – 62.

[67] LiuYexiang, J. Thonstad. Oxygen Overvoltage on SnO_2 – Based Anodes in NaF – AlF_3 – Al_2O_3 Melts Electrocatalytic Effects of Doping Agents [J]. Electrochimica Acta, 1983, 28 (1): 113 – 116.

[68] 张剑红, 席锦会, 刘宜汉, 等. 尖晶石基铝电解惰性阳极的研究进展[J]. 有色矿冶, 2004, 20(1): 20 – 22.

[69] C. O. Augustin, L. K. Srinivasan and K. S. Srinivasan. Inert Anodes for Environmentally Clean Production of Aluminium – Part Ⅰ [J]. Bull Electrochem, 1993, 9(8 – 10): 502 – 503.

[70] R. Galasiu, I. Galasiu, N. Popa, et al. Inert Anodes for Aluminium Electrolysis; Variation of the Properties of Nickel Ferrite Ceramics as a Function of the Way of Preparation[J]. In: G. M. Haarberg and A. Solheim, eds. Eleventh International Aluminium Symposium. Norway, September 19 – 22, 2001: 133 – 136.

[71] Y. Zhang, X. Wu and R. A. Rapp. Modeling of the Solubility of $NiO/NiAl_2O_4$ and $FeO/FeAl_2O_4$ in Cryolite Melts[J]. In: P. N. Crepeau, eds. Light Metals 2003. Warreudale, Pa: TMS, 2003: 415 – 421.

[72] J. J. Duruz, J. P. Derivaz, P. E. Debely, et al. Molten Salt Electrowinning Method, Anode and Manufacture Thereof. US, 4614569[P], 1986.

[73] E. W. Dewing, G. M. Haarberg, S. Rolseth, et al. The Chemistry of Solutions of CeO_2 in Cryolite Melts[J]. Metallurgical and Materials Transactions B, 1995, 26B(1): 81 – 86.

[74] E. W. Dewing, J. Thonstad. Solutions of CeO_2 in Cryolite Melts. Metallur – gical and Materials Transactions B, 1997, 28B(6): 1257.

[75] J. S. Gregg, M. S. Frederick, H. L. King, et al. Testing of Cerium Oxide Coated Cermet Anodes in Aluminium Laboratory Cell[J]. In: K. D. Subodh, eds. Light Metals 1993. Warreudale PA: TMS, 1993: 455 – 463.

[76] J. S. Gregg, M. S. Frederick, A. J. Vaccaro, et al. Pilot Cell Demonstration of Cerium Oxide Coated Anodes. In: K. D. Subodh, eds. Light Metals 1993. Warreudale PA: TMS, 1993: 465 – 473.

[77] E. W. Dewing, D. N. Reesor. US, 4668351[P]. 1987.

[78] 吴贤熙, 毛小浩. 铝电解镍基惰性阳极的研究[J]. 贵州工业大学学报(自然科学版), 1999, 28(5): 36 – 41, 48.

[79] 吴贤熙, 毛小浩, 安利娜, 等. 铝电解镍基惰性阳极的研究(Ⅱ)[J]. 贵州工业大学学报(自然科学版), 2000, 29(2): 36 – 39.

[80] E. W. Dewing, S. Rolseth, L. Støen, et al. The Solubility of ZnO and $ZnAl_2O_4$ in Cryolite Melts[J]. Metallurgical and Materials Transactions B, 1997, 28B(6): 1099 - 1101.

[81] 赖延清, 田忠良, 秦庆伟, 等. 复合氧化物陶瓷在 Na_3AlF_6 - Al_2O_3熔体中的溶解性[J]. 中南工业大学学报(自然科学版), 2003, 34(3): 245 - 248.

[82] D. H. DeYong. Solubilities of Oxides for Inert Anode in Cryolite - Based Melts[J]. In: R. E. Miller, eds. Light Metals 1986. Warreudale PA: TMS, 1986: 299 - 307.

[83] O. A. Lorentsen, J. Thonstad. Laboratory Cell Design Considerations and Behaviour of Inert Anodes in Cryolite - Alumina Melts[A]. Geir Martin Haarberg. 11th International Aluminium Symposium [C]//Norway, September 19 - 22, 2001. 145 - 154

[84] Z. L. Tian, Y. Q. Lai, J. Li, Z. Y. Li, K. C. Zhou, Y. X. Liu. Cup - Shaped Functionally Gradient $NiFe_2O_4$ Based Cermet Inert Anode for Aluminum Reduction[J]. JOM, 2009, 61(5), 34 - 38.

[85] J. Thonstad, S. Rolseth. Alternative Electrolyte Compositions for Aluminium Electrolysis [J]. Transactions of the Institutions of Mining and Metallurgy, Section C: Mineral Processing and Extractive Metallurgy, 2005, 114(3): 188 - 191.

[86] T. R. Beck. Production of Aluminum with Low Temperature Fluoride Melts[A]. U. Mannweiler. Light Metals 1994 [C]//Warreudale, Pa: TMS, 1994: 417 - 423.

[87] T. R. Beck. A nonconsumable Metal Anode for Production pf Aluminum with Low Temperature Fluoride Melts[J]. Light Metals 1995: 355 - 360.

[88] C. W. Brown. Next Generation Vertical Electrode Cells [J]. JOM, 2001, 53 (5): 39 - 42.

[89] C. W. Brown. Laboratory Experiments with Low - temperature slurry - electrolyte alumina reduction cells[A]. R. D. Peterson. Light Metals 2000 [C]//Warreudale, Pa: TMS, 2000: 391 - 396.

[90] V. de Nora, J. J. Duruz. Low Temperature Operating Cell for the Electrowinning of Aluminum. WO patent 01/31, 086, Oct. 26, 1999.

[91] V. de Nora, J. J. Duruz. Aluminum Electrowinning Operating with Ni - fe Alloy Anodes. WO patent 01/43, 208 , Dec. 9, 1999.

[92] T. R. Beck, C. W. Brown. Aluminum Low Temperature Smelting Cell Metal Collection. US, 6419812[P], Jul. 16, 2002.

[93] C. W. Brown, P. B. Frizzle. Low Temperature Aluminum Reduction Cell Using Hollow Cathode. US, 6436272[P], Aug. 20, 2002.

[94] J. H Yang, J. N. Hryn, B. R. Davis, et al. New opportunities for aluminum electrolysis with metal anodes in a low temperature electrolyte system [A]. A. T. Tabereaux. Light Metals 2004[C]//Warrendale, Pa: TMS, 2004: 321 - 326.

[95] J. H. Yang, J. N. Hryn, G. K. Krumdic. Aluminum electrolysis tests with inert anodes in KF - AlF_3 - based electrolytes [A]. T. J. Galloway. Light Metals 2006 [C]//Warrendale, Pa: TMS, 2006: 421 - 424.

[96] J. H. Yang, D. G. Graczyk, C. Wunsch, et al. Alumina Solubility in KF - AlF_3 - based Low -

Temperature Electrolyte System[A]. M. Sørlie. Light Metals 2007[C]//Warreudale, Pa: TMS, 2007: 537 - 541.

[97] K. I. Kozarek, S. P. Ray, R. K. Dawless, et al. Corrosion of Cermet Anodes During Low Temperature Electrolysis of Alumina [R]. DE - FC07 - 89ID12848, PA: Alcoa Inc., September 26, 1997.

[98] V. A. Kryukovsky, A. V. Frolov, O. Y. Tkatcheva, et al. Electrical Conductivity of Low Melting Cryolite Melts[A]. T. J. Galloway. Light Metals 2006 [C]//Warreudale, Pa: TMS, 2006: 409 - 413.

[99] Y. Zaikov, O. Chemezov, A. Chuikin, et al. Interaction of Heat Resistance Concrete With Low Melting Electrolyte KF - AlF_3 (CR = 1. 3) [A]. Morten Sørlie. Light Metals 2007 [C]// Warrendale, PA USA: TMS, 2007: 369 - 372.

[100] J. Thonstad, P. Fellner, G. M. Haarberg, et al. Aluminium Electrolysis - Fundamentals of the Hall - Heroult Process[M]. 3rd edition, Dusseldorf: Aluminium - Verlag, 2001. 10.

第 2 章　$Na_3AlF_6-K_3AlF_6-AlF_3$ 熔体的物理化学性质

2.1　引　言

铝电解质是铝电解时溶解氧化铝并把它经电解还原为金属铝的反应介质。铝电解质与炭阳极和铝阴极接触，并在槽膛空间占有的体积内发生电化学、物理化学、热、电、磁等耦合反应，是进行铝电解必不可少的组成部分之一。铝电解质决定着铝电解过程温度的高低及铝电解过程是否顺利进行，并在很大程度上影响着铝电解的能耗、产品质量和电解槽寿命，因此其重要性是不言而喻的。

本章从铝电解质的基本要求出发，介绍氟化物熔体初晶温度、氧化铝的溶解度和溶解速度，以及电导率的测定方法。在此基础上，介绍 $Na_3AlF_6-K_3AlF_6-AlF_3$熔盐体系的初晶温度、氧化铝的溶解度、溶解速度和电导率等的研究成果，为开发适合于铝电解惰性阳极服役环境的“低温、高氧化铝浓度”新型低温电解质提供基础数据。

2.2　铝电解质的基本要求

工业用铝电解质的物理化学性质对铝电解过程有着较大的影响，为了实现铝电解过程的顺利进行，一般对电解质有以下几点要求：

(1)电解质体系中不含有比 Al 更正电性的元素。

(2)合适的初晶温度。初晶温度应高于铝的熔点，以保证铝电解过程中铝液以液态形式被抽出，但过高的初晶温度会导致铝电解温度过高，加大了能量消耗。因此，初晶温度的选择要依据多种物理化学性质的综合性质来考虑。

(3)氧化铝的高溶解度与溶解速度。铝电解过程的原料为氧化铝，电解质的一个重要作用就是溶解氧化铝，只有具有较强溶解氧化铝能力的电解质体系，才能保证铝电解过程的顺利进行，避免槽底沉淀。

(4)高的电导率。槽电压的一个重要组成部分就是由电解质产生的欧姆压降，因此提高电解质的电导率，可以有效地降低电解槽的槽电压，对铝电解节能降耗有着积极的作用。

(5)低密度。铝电解过程中，电解质与铝液的密度差直接影响着电解过程中铝液与电解质的分离，电解质密度越小，其与铝液的密度差就越大，越容易实现两者的分离，有利于电流效率的提高。

(6)低的铝溶解度。铝在电解质中的溶解损失，是电流效率降低的重要原因之一，电解质能够降低铝的溶解度，将会提高电流效率。

2.3 $Na_3AlF_6-K_3AlF_6-AlF_3$熔体初晶温度

2.3.1 初晶温度的测定

初晶温度的测定方法主要分为静态法、动态法和其他一些非实验性方法。

静态法是指在一定条件下使试样在某一温度下达到平衡，然后在该温度下用高温 X 射线仪或高温显微镜等研究相的组成和结构，或将试样冷却至室温，在室温下进行物相分析、结构分析及性质的测定来研究相的平衡，从而获得样品的初晶温度。

动态法是通过电解质体系在加热和冷却过程中产生热效应时的温度变化来研究相平衡，从而获得样品的初晶温度的。动态法可以分为目测法、热分析法和差热分析法等。

其他一些非实验性方法指热力学计算法和经验公式计算法。上述方法各有优缺点。初晶温度测试方法如图 2－1 所示，下面将对它们作一些简要概述。

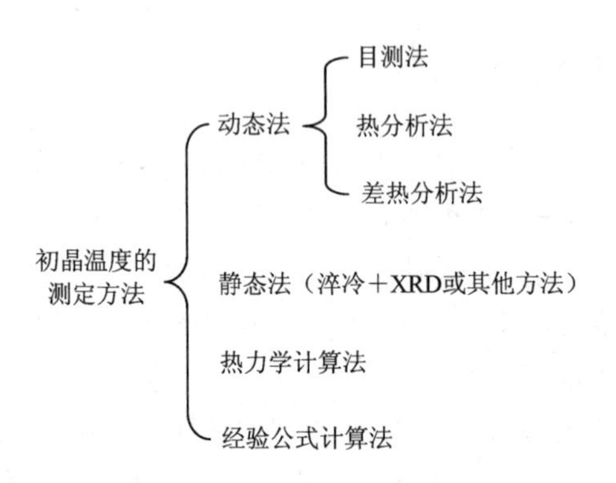

图 2－1 初晶温度测试方法示意图

1)目测法

目测法是将一定量的样品加热到高出熔点以上 100℃ 左右，然后以 0.5～1℃ · min^{-1}的降温速率冷却，用高倍放大镜目测，当出现第一个晶粒时，记录该时刻温度，这一温度即为电解质的初晶温度，该方法最大的优点是实验设备简单；缺点是由于个人视觉差异必将导致测试结果不准确。

N. W. F. Phillips 等采用该方法研究了 $Na_3AlF_6-Al_2O_3$二元液相曲线。第一步，将样品放入单铂铑坩埚中，再放入一个厚13 mm的绝缘盒子中，然后再放入一个电阻炉中，将单铂铑热电偶放在一个铂铑管中。第二步，将样品加热到1050～1100℃，将弧形灯光线直接照射入坩埚中，通过放大20倍的目镜对熔体进行观察，用铂棒进行搅拌，边加热边搅拌直到清澈的熔体出现，然后以1～3℃ · min^{-1}的降温速率进行缓慢降温，当出现第一个晶体的时候记录该时刻温度，这一温度即为初晶温度。

2）热分析法

热分析法（也叫TA法）是将一系列经过预先处理的不同组成的试样，加热到液相温度以上，然后使其以接近电解质体系平衡的速度冷却，并记录随着时间的变化电解质体系的温度，绘制不同组成试样的冷却曲线，以温度为纵坐标，组成为横坐标，将冷却曲线上的转折点和停顿点相对应的温度寻找出来，再借助相图基本理论即可获得液相曲线，从而找到初晶温度。在实验过程中可以将降温速率控制到很低的水平，因此可以保证降温过程非常接近于平衡状态，该法的缺点是劳动量很大、测试时间较长。

3）差热分析法

差热分析法（DTA法）是记录同一温度场中以一定速度加热或冷却时试样和基准体（在加热或冷却过程中不发生相变或其他变化的物质）之间温度差的一门技术。温差的产生是由于发生相变或其他变化产生热效应的结果，从差热分析曲线上可以很清楚地找到样品的初晶温度。此法最大优势是采用电脑控制，工作量小；缺点是由于实验中所需样品量极小（仅有20 mg左右），能否保证样品的均匀性成为该法是否成功的技术关键。

4）静态法

静态法主要是淬冷＋X射线衍射分析（XRD）相结合的方法。将待研究电解质体系的一系列不同组成的试样各准备一份，分别加热到预定的一系列不同的温度，长时间保温，使相变和其他变化充分进行，达到平衡状态，然后将试样迅速投入淬冷剂中。由于相变来不及进行，因而冷却后的试样保存了高温下的平衡状态，对这些淬冷样品进行XRD或其他显微组织分析，若淬冷试样全为玻璃体，则可判断加热温度处于液相线上方，若淬冷试样全为晶体，则加热温度在液相线下方，如此逐渐逼近即可找到不同电解质的初晶温度。该法如果条件控制较好，可以使样品维持高温下的状态，准确度高。因为长时间保温较接近平衡状态，淬冷后在室温下又可对试样中平衡共存的相数、相的组成、相的形态和数量直接进行测定，这是该法的优点。冷却过程中能否很好地保存高温平衡状态往往成为实验是否成功的关键，这点在实际操作过程中难度很大，只能采取逐渐逼近的办法，因此工作量相当大。

5)热力学计算法

从热力学原理知道，电解质体系在恒温恒压下达到平衡的一般条件是总的自由能 G 为最小 $G_{\min}$，或组元在各相中的化学势相等，即：

$$\frac{\partial G_i}{\partial X_i}=0 \tag{2-1}$$

或

$$\mu_i^{\nu_1}=\mu_i^{\nu_2} \tag{2-2}$$

由此可知，如果得到各个温度下电解质体系的自由能 - 组分曲线，用公切线法便可求出其切点成分，此成分点就是该温度下各相的平衡成分点，从而获得初晶温度数据。这种方法的优点是不需要做大量实验，只需要查阅一定资料，然后选择比较成熟的计算软件和恰当的边界条件，就可以得到相应成分的初晶温度。但是，理论毕竟与实践有很大差距，该法所得结果只能作为一种指导，可以对其他实验方法所得结果给予粗略判断，不能作为很权威的数据。

6)经验公式计算法

初晶温度与冰晶石电解质体系的成分存在一定的数量关系，我们可以用化学分析方法或其他手段获得多元系各物质的比例，然后根据公式计算出初晶温度。该方法的优点是方便、简单、工作量小，但是只能在已知电解质成分的情况下才能计算，结果比较粗略，只能作为一种参考，不能作为理论数据的获得，多用于工业上的计算。

许多研究者提出了针对 Na_3AlF_6 熔体的三元或多元体系初晶温度经验计算公式。其中，含有 AlF_3、LiF、CaF_2 和 MgF_2 以及氧化铝的冰晶石熔体多元电解质的初晶温度为：

$$\begin{aligned}T = {} & 1011-0.072w(AlF_3)^{2.5}+0.0051w(AlF_3)^3+0.14w(AlF_3)-10w(LiF)+\\ & 0.736w(LiF)^{1.3}+0.063[w(LiF)\times w(AlF_3)]^{1.1}-3.19w(CaF_2)+\\ & 0.03w(CaF_2)^2+0.27[w(CaF_2)\times w(AlF_3)]^{0.7}-12.2w(AlF_3)+\\ & 4.75w(AlF_3)^{1.2}-5.2w(MgF_2)\end{aligned} \tag{2-3}$$

2.3.2 热分析曲线特征

采用热分析法绘制物质的步冷曲线时，对于纯物质 Na_3AlF_6 和 K_3AlF_6 来说(见图 2-2 和图 2-3)，降温过程开始的一段时间内仅有一种物相(高温液相)，此时电解质体系的自由度为 1，随着时间的延长，物质的温度逐渐降低；随着时间的进一步延长，开始析出固相，此时电解质体系中存在固、液两相，则电解质体系的自由度为 0，温度不再随着时间变化，直到液相全部转化为固相，故在步冷曲线上出现温度平台，其中开始析出第一颗晶粒所对应的温度为初晶温度；随着时间的继续推移，电解质体系中仅有固相，电解质体系的自由度变为 1，则电解质体系的温度继续降低。对于复杂的电解质体系来说，当电解质体系析出第一颗晶粒时，自由度不为 0，但此时自由度小于析出固相之前的自由度，随着时间的延续，电解质体系的温度继续降低，但温度下降的趋势减缓，所以在步冷曲线上出现温度的转折点，而不是温度平台，并且温度的转折点处对应的温度为电解质体系的初晶温度。

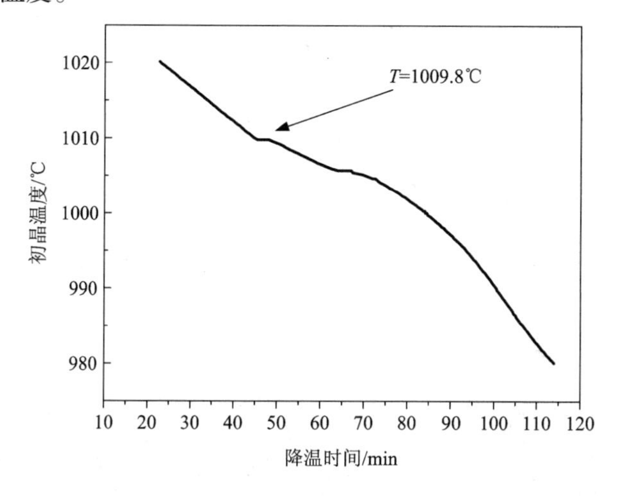

图 2－2　Na_3AlF_6 的热分析曲线

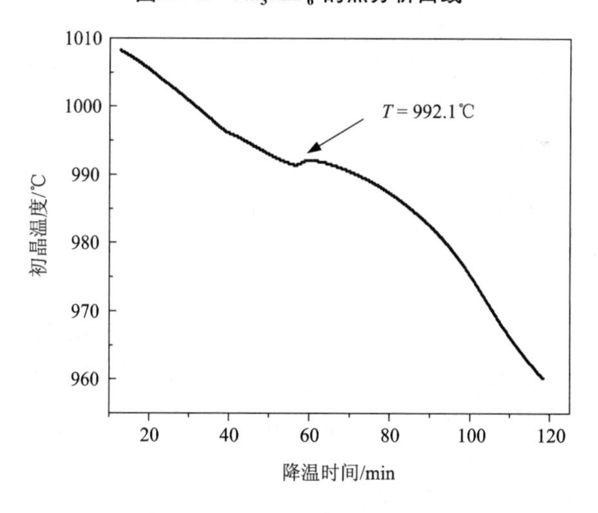

图 2－3　K_3AlF_6 的热分析曲线

但是在实际的测试过程中，对于复杂的电解质体系来说，析出初晶的过程中，相变潜热比较小，相变潜热不足于补充自然冷却过程中所消耗的热量，导致步冷曲线上温度转折点不明显。而对所得到的步冷曲线进行求导处理，可以比较准确地确定电解质体系的初晶温度。图 2－4 所示为不同组成的 $Na_3AlF_6-K_3AlF_6-AlF_3$ 三元系熔体热分析步冷曲线和温度－时间的求导曲线（图中粗线为温度－时间曲线，细曲线为温度的变化率－时间曲线）。

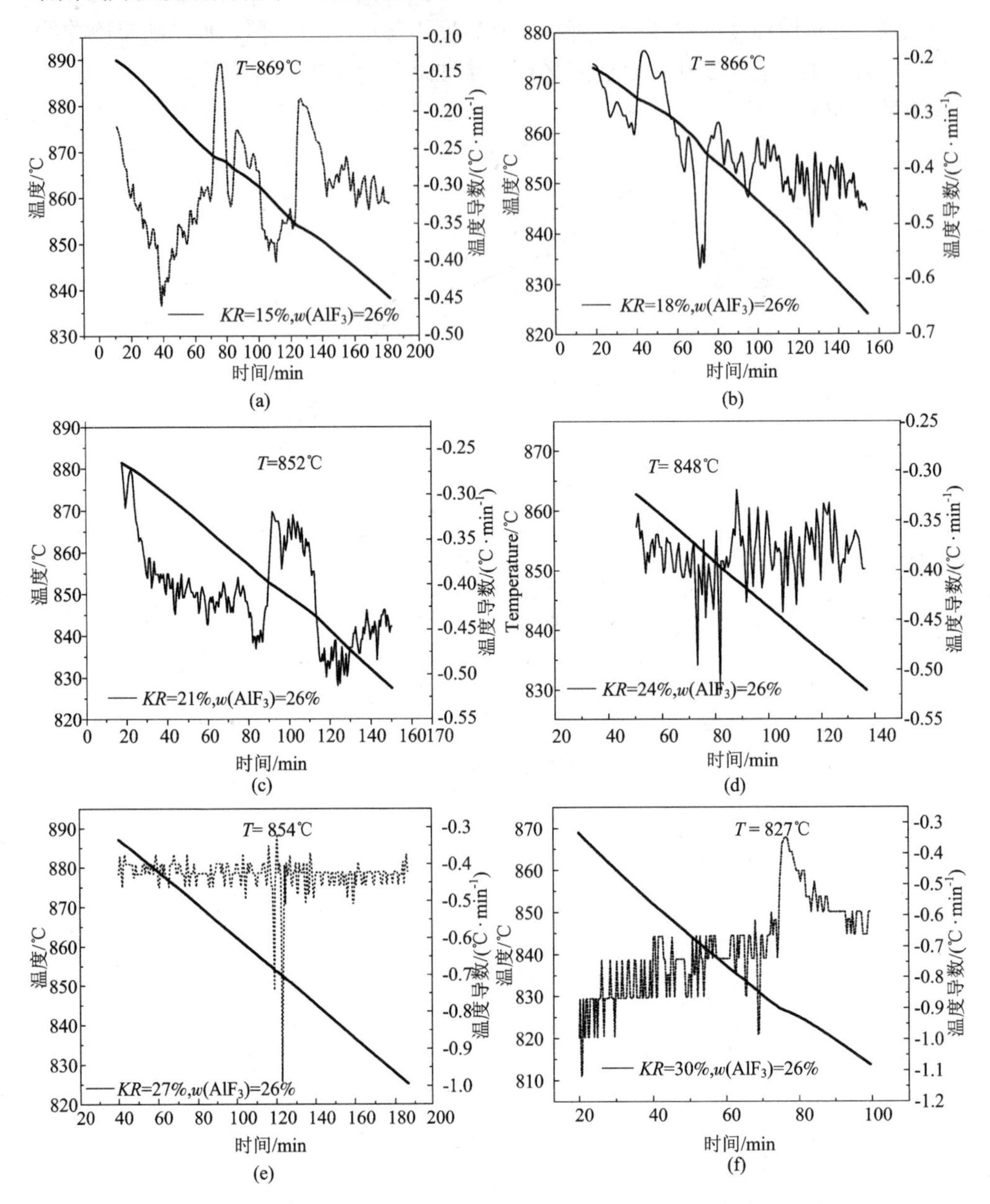

图 2－4　$Na_3AlF_6-K_3AlF_6-AlF_3$ 三元体系部分电解质组成的热分析曲线

(a) $KR=15\%$，$w(AlF_3)=26\%$；(b) $KR=18\%$，$w(AlF_3)=26\%$；(c) $KR=21\%$，$w(AlF_3)=26\%$；(d) $KR=24\%$，$w(AlF_3)=26\%$；(e) $KR=27\%$，$w(AlF_3)=26\%$；(f) $KR=30\%$，$w(AlF_3)=26\%$

由图 2－4 可知，部分电解质组成可以从采用热分析法获得的步冷曲线上得到很明显的拐点，即初晶温度点。如，*KR*①＝15%，$w(AlF_3)$＝26%；*KR*＝18%，$w(AlF_3)$＝26%；*KR*＝21%，$w(AlF_3)$＝26%；*KR*＝30%，$w(AlF_3)$＝26%四种电解质组成的步冷曲线上拐点均很明显，对应的初晶温度分别为 869℃、866℃、852℃、827℃。同样也有部分电解质组成对应的步冷曲线上没有明显的拐点，即初晶温度点不明显，但是借助求导法，对温度曲线进行求导，结合导数原理和绘制步冷曲线的原理，可以得知导数曲线上的最高点对应步冷曲线上的拐点(初晶温度点)，例如，*KR* 为 24%，$w(AlF_3)$为 26%；*KR* 为 27%，$w(AlF_3)$为 26%两种电解质组成步冷曲线上拐点不明显，但是，经过求导处理，可得到其初晶温度分别为 848℃、854℃。

电解质组成步冷曲线拐点明显与否的根本原因是：高温冷却过程出现初晶时，发生相转变，相转变的过程中释放相变潜热，对于不同的电解质组成，相转变的含量以及组成均影响到相变潜热的大小，导致不同电解质组成的步冷曲线的特征不同。

2.3.3 AlF_3对熔体初晶温度的影响

从图 2－5(a)中可以看出，随着 AlF_3含量的增加，初晶温度都呈下降趋势。对于 *KR* 为 0、10%、20%、30%、40%和 50%的熔体，当 AlF_3含量小于 18%时，其对初晶温度的影响程度相对较小，每添加 1% AlF_3分别降低初晶温度 3.49℃、2.33℃、1.59℃、0.42℃、2.08℃和 2.61℃，可见 AlF_3含量对 *KR* 为 0 的熔体初晶温度影响最大；而当 AlF_3含量大于 18%时，其对初晶温度的影响程度相对较大，每添加 1% AlF_3平均分别降低初晶温度 9.12℃、10.10℃、10.08℃、8.47℃、12.00℃和 16.69℃，可见 AlF_3含量对 *KR* 为 50%的熔体初晶温度影响最大。

从图 2－5(a)中还可以看出，在添加 30%的 AlF_3之后，*KR* 为 0、10%、20%和 30%的熔体初晶温度降到 800℃左右，而 *KR* 为 40%和 50%的熔体则可降到 727℃和 673℃。

从图 2－5(b)的曲线来看，当 *KR* 为 50%时，AlF_3含量对熔体初晶温度的影响呈现越来越大的趋势；当 *KR* 为 0、10%、20%、30%和 40%时，AlF_3含量的增加，对熔体初晶温度的影响则是先增大后减少，且转折点处于 AlF_3含量为 22%～26%之间。也就是说，对于上述组成的含 K_3AlF_6 电解质，当 AlF_3含量为 22%～26%时，对初晶温度的影响作用达到最大，再继续增加含量，影响程度将会逐渐变小。

---

① K_3AlF_6与($Na_3AlF_6+K_3AlF_6$)的质量比，即 $w(K_3AlF_6)/w(Na_3AlF_6+K_3AlF_6)$，本书中也用 *KR* 表示。

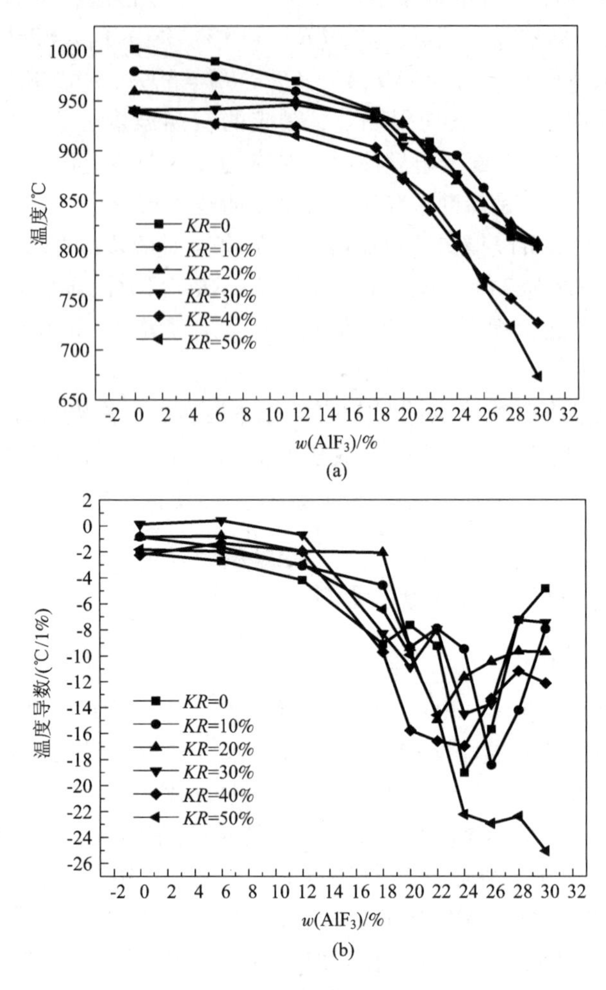

图 2-5　初晶温度随着 AlF_3 含量的变化(a)和变化率(b)

2.3.4　K_3AlF_6对熔体初晶温度的影响

从图 2-6(a)中可以看出，对于含有 AlF_3 的熔体，当 *KR* 为 0～30% 时，K_3AlF_6含量对熔体初晶温度的影响较小；当 *KR* 为 30% ～50% 时，随着 K_3AlF_6含量的增加，熔体初晶温度显著降低。而对于 AlF_3 含量为 0 的熔体，当 *KR* 为 0～30% 时，电解质中 K_3AlF_6 的增加，熔体初晶温度降低的趋势反而比 *KR* 为 30% ～50% 时大。由此可见，三元体系熔体初晶温度与二元体系的变化规律是不完全一致的，不是二元体系的简单叠加。

从图 2-6(a)还可以看出，当 AlF_3 含量为 30%，*KR* 为 30% ～50% 时，每增

加1% *KR*，初晶温度降低6.5℃。总体而言，*KR*对初晶温度的影响没有AlF_3含量对初晶温度的影响大，因此，要开发低温电解质，仅通过添加K_3AlF_6来降低初晶温度是难以达到目标的，还需要适当添加AlF_3和其他添加剂。

从图2-6(b)中可以看出，AlF_3含量为20%、24%、26%、28%和30%时，在*KR*为0~20%时，初晶温度有小幅上升趋势；AlF_3含量为0、6%时，随着K_3AlF_6含量的增加，初晶温度降低的速率越来越小；其他AlF_3含量为12%、18%和22%时，在*KR*小于20%时，K_3AlF_6的增加对初晶温度的影响不大，当*KR*大于20%后，降低初晶温度的速率越来越大，并在*KR*为30%~40%时，速率达到最大，然后逐渐减少。

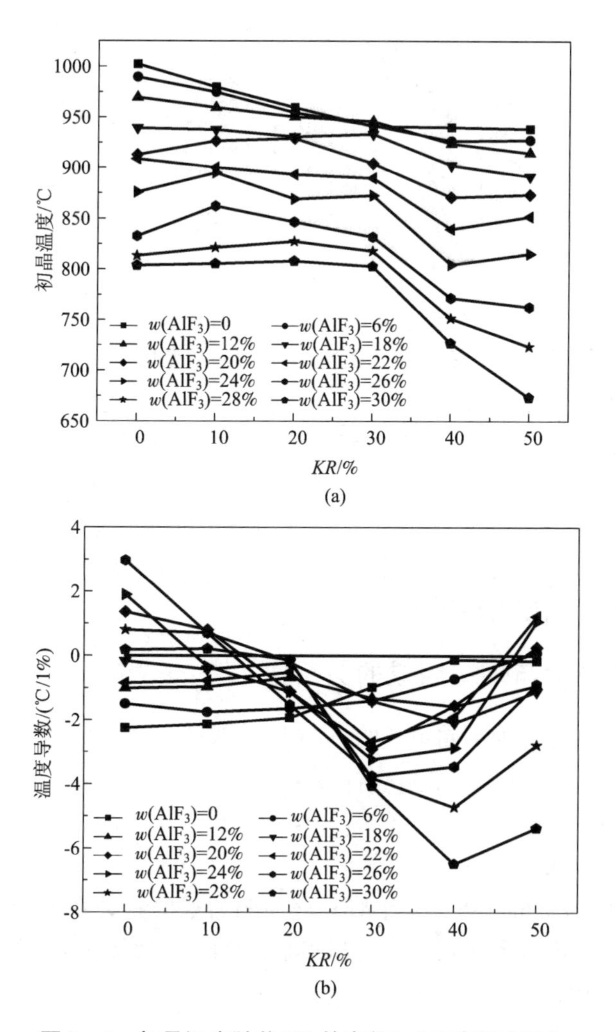

图2-6　初晶温度随着*KR*的变化(a)和变化率(b)

2.3.5 *CR* 对熔体初晶温度的影响

当 AlF_3 含量为 0～30%时，在传统钠冰晶石体系中，随着 *CR* 的提高，熔体初晶温度增加。当熔体中添加 K_3AlF_6 后，其初晶温度随 *CR* 的变化曲线如图 2－7 所示。

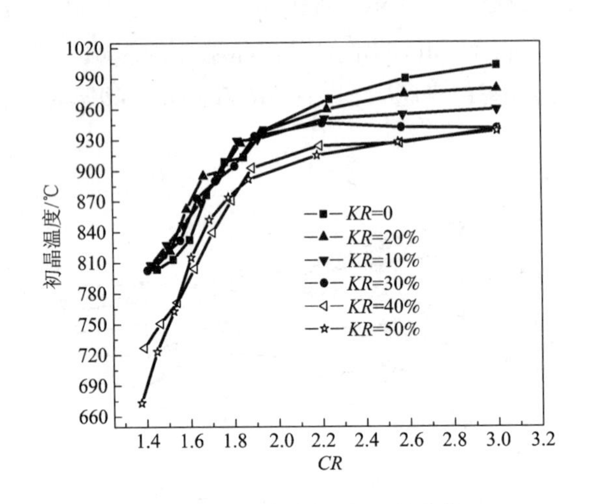

图 2－7 初晶温度随 *CR* 的变化

从图 2－7 中可以看出，随着 *CR* 的降低，初晶温度降低。当 *CR* 为 2.0～3.0 时，*CR* 对初晶温度的影响较小，*CR* 每降低 0.1，初晶温度约降低 4℃；当 *CR* 为 1.4～2.0 时，*CR* 对初晶温度的影响相对较大，对于 *KR* 为 0、10%、20% 和 30% 的熔体，*CR* 每降低 0.1，初晶温度大约降低 24℃，对于 *KR* 为 40% 和 50% 时，*CR* 每降低 0.1，初晶温度大约降低 32℃。

2.3.6 初晶温度与熔体组成的关系式

表 2－1 所示为各种不同组成的 $Na_3AlF_6-K_3AlF_6-AlF_3$ 熔体初晶温度，对表中所有数据进行非线性回归后得到计算式(2－4)。

$$T=1003.508-0.081\times A^{2.3159}-5.87\times B^{0.657}-0.024\times A^{2.22}\times B^{1.14}+0.035\times A^{2.17}\times B^{1.084} \quad (2-4)$$

式中：*A* 为 AlF_3 的质量分数；*B* 为 *KR*；该回归公式的相关系数为 0.987。也可以从图 2－8 中更直观看出回归计算值和实验值之间的拟合情况，为了便于比较，保证了坐标比例一致。

表 2-1　$Na_3AlF_6-K_3AlF_6-AlF_3$系初晶温度(℃)

KR/%		AlF_3含量/%									
		0	6	12	18	20	22	24	26	28	30
0	实验值	1002.2	989.6	969.6	939.3	913.0	908.7	876.0	832.6	813.3	803.6
	计算值	1003.5	998.4	977.9	938.1	920.0	899.4	876.2	850.3	821.6	790.0
	误差	1.3	8.8	8.3	-1.2	7	-9.3	0.2	17.7	8.3	-13.6
10	实验值	979.6	974.6	959.6	937.6	926.6	900.2	895	862.3	821.3	805.4
	计算值	976.9	974.8	962.2	933.6	919.9	903.9	885.5	864.5	841.0	814.7
	误差	-2.7	0.2	2.6	-4	-6.7	3.7	-9.5	2.2	19.7	9.3
20	实验值	959.6	954.5	950.3	930.9	929.0	893.3	869.2	846.6	827.4	808.0
	计算值	961.5	961.3	952.1	926.1	912.8	896.8	878.1	856.5	831.8	803.9
	误差	1.9	6.8	1.8	-4.8	-16.2	3.5	8.9	9.9	4.4	-4.1
30	实验值	941.0	941.8	946.0	933.4	904.4	889.9	872.6	831.8	817.7	802.8
	计算值	948.7	949.9	941.7	913.9	899.0	880.9	859.4	834.3	805.3	772.5
	误差	7.7	8.1	-4.3	-19.5	-5.4	-9	-13.2	2.5	-12.4	-30.3
40	实验值	940.2	926.6	924	902.7	870.9	839.6	804.5	771.7	751.2	726.9
	计算值	937.3	939.4	930.7	898.0	880.1	858.2	832.1	801.5	766.1	725.8
	误差	-2.9	12.8	6.7	-4.7	9.2	18.6	27.6	29.8	14.9	-1.1
50	实验值	938.5	927.5	914.7	891.6	873.5	851.8	815.1	762.8	723.3	673.2
	计算值	926.8	929.5	919.1	878.9	856.9	830.0	797.8	760.1	716.6	666.9
	误差	-11.7	2	4.4	-12.7	-16.6	-21.8	-17.3	-2.7	-6.7	-6.3

注：AlF_3含量为 0~30%，*KR* 含量为 0~50%，均为质量分数。

从图 2-8 中可以看出，除了 *KR* 为 30%、40% 有个别值存在偏差外，其他实验测量值和计算值拟合较好，最大误差为 30℃，平均误差为 0.00167℃。同时还可以看出，当 *KR* 为 50% 时，AlF_3的添加对降低熔体初晶温度的影响最大。

将式(2-4)两边对 A 求导后可以得到式(2-5)。

$$T'_A=-0.1875879\times A^{1.3159}-0.05328\times A^{1.22}\times B^{1.14}+0.07595\times A^{1.17}\times B^{1.084} \tag{2-5}$$

式中：A、B 含义与式(2-4)相同。通过式(2-5)获得图 2-9，更为准确分析 AlF_3含量对初晶温度的影响。

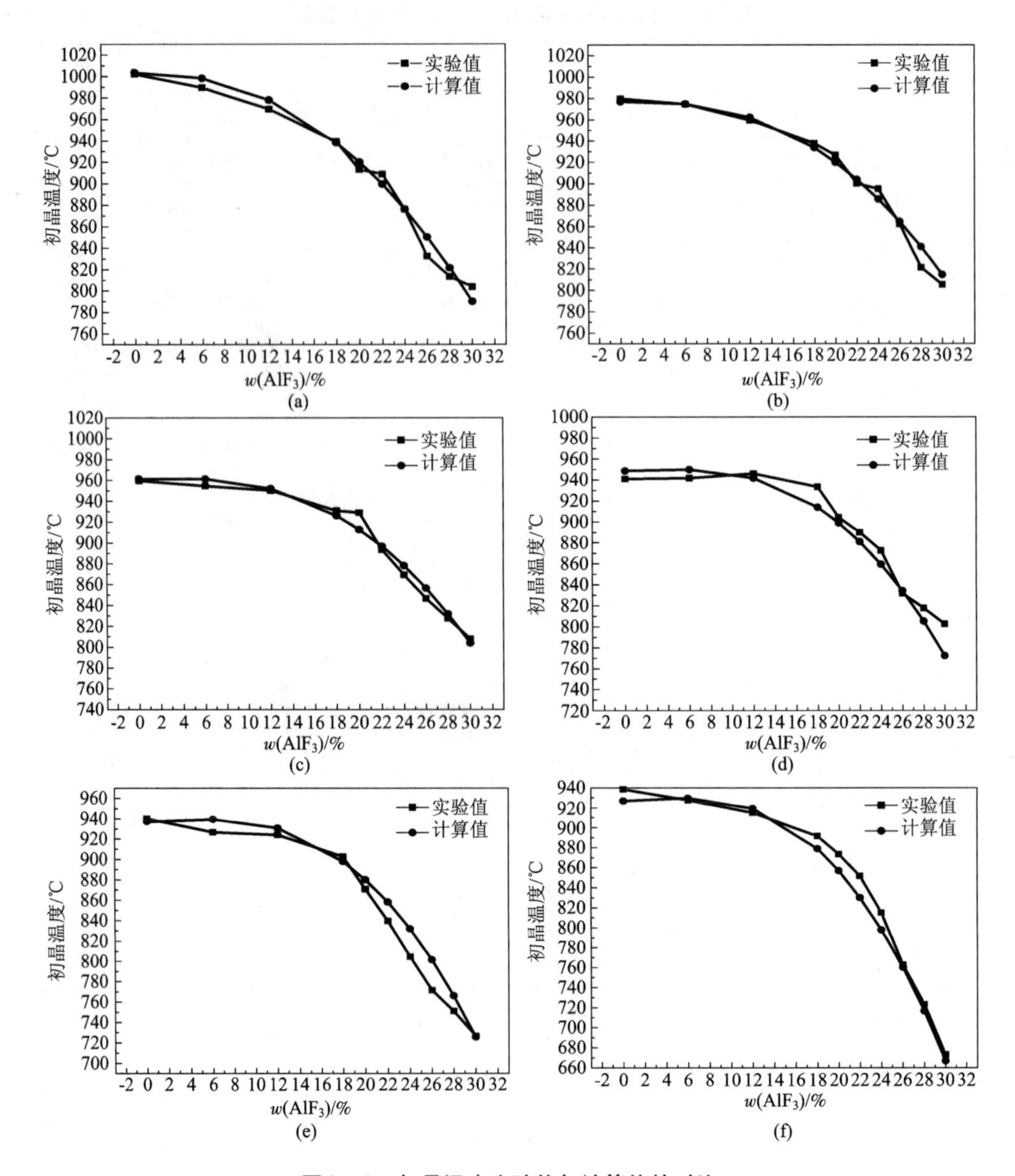

图 2-8 初晶温度实验值与计算值的对比

(a) $KR=0$; (b) $KR=10\%$; (c) $KR=20\%$; (d) $KR=30\%$; (e) $KR=40\%$; (f) $KR=50\%$

从图 2-9(a)中很明显看出随着 AlF_3 含量的增加，初晶温度均降低，而且当 AlF_3 含量大于 18%，这种影响程度变得更加明显。对于 KR 为 0、10% 和 20% 的熔体，当 AlF_3 含量小于 18% 时，随着 K_3AlF_6 的增加，初晶温度呈现下降趋势；当 AlF_3 含量大于 18% 时，没有明显的变化规律。对于 KR 为 30%、40% 和 50%，随

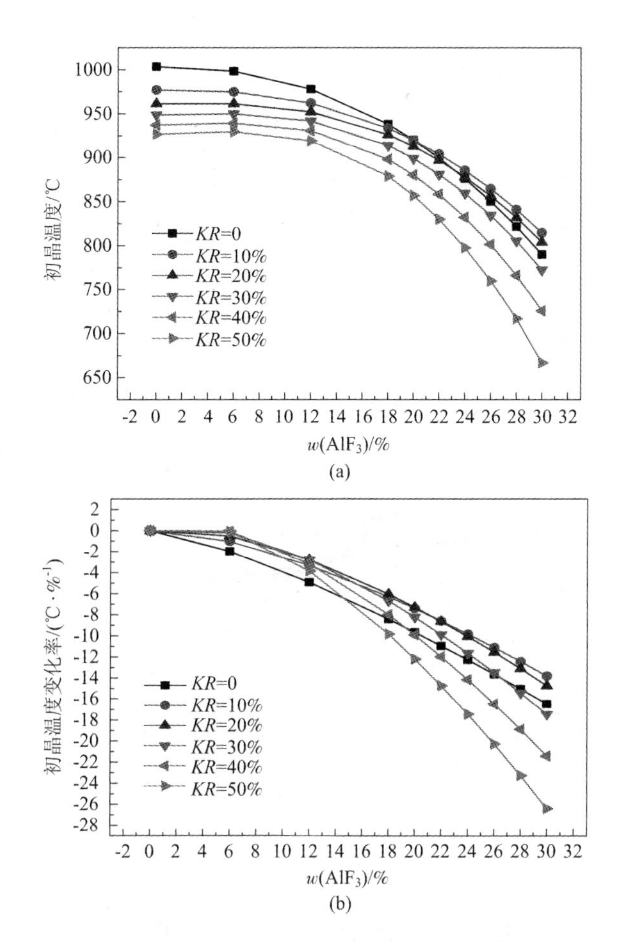

图 2-9　初晶温度随着 AlF_3 含量的变化(a)和变化率(b)

着 K_3AlF_6 的增加，熔体初晶温度均呈现很明显下降趋势。

从图 2-9(b)中可以看出，随着 AlF_3 含量的增加，降低初晶温度的程度越来越大，这与实验获得的数据存在一定偏差。

同样，将式(2-4)两边对 B 求导后可以得到式(2-5)。

$$T'_B = -3.85659 \times B^{-0.343} - 0.02736 \times A^{2.22} \times B^{0.14} + 0.03794 \times A^{2.17} \times B^{0.084} \tag{2-6}$$

式中：A、B 含义与式(2-4)相同。通过式(2-6)可以更为准确分析 AlF_3 含量对初晶温度的影响情况(如图 2-10 所示)。

从图 2-10 可以看出，当 AlF_3 含量低于 12% 时，随着 K_3AlF_6 的增加，初晶温度逐渐降低，而且这种影响也是逐渐减小的；当 AlF_3 含量大于 12% 时，随着

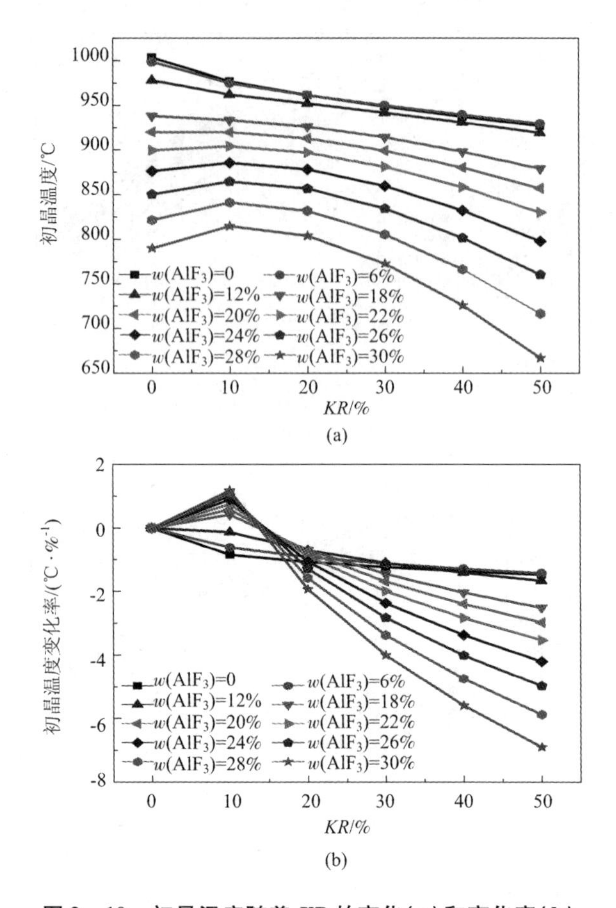

图 2-10 初晶温度随着 *KR* 的变化(a)和变化率(b)

K_3AlF_6 含量的增加，初晶温度呈现稍微增加然后逐渐降低，拐点发生在 *KR* 为 10% 左右，且降低初晶温度的影响越来越大。

根据式(2-4)计算的初晶温度值和对应的 *CR* 也可以得到初晶温度 - *CR* 曲线图(如图 2-11 所示)。

从图 2-11 中可以看出，随着 *CR* 的增加，初晶温度增加，而且 *CR* 在 2.0~3.0 之间上升趋势变得逐渐平缓，要使初晶温度低于 900℃，对于 *KR* 为 0、10%、20% 和 30% 时，*CR* 必须低于 1.74 左右；当 *KR* 为 40% 时 *CR* 必须低于 1.89 左右；当 *KR* 为 50% 时 *CR* 必须低于 2.04 左右。因此，添加部分 K_3AlF_6 也可以起到降低初晶温度的作用。

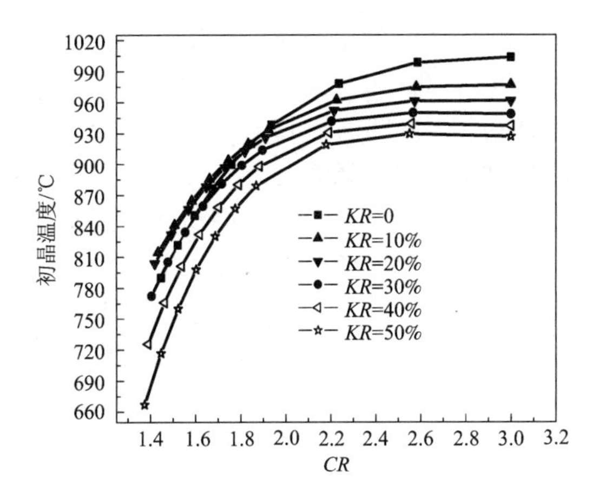

图 2－11　初晶温度随着 *CR* 的变化

2.3.7　LiF 对熔体初晶温度的影响

从图 2－12 可以看出，随着 LiF 添加量的增加，$Na_3AlF_6-K_3AlF_6-AlF_3$熔体的初晶温度降低。如对于 *KR* 为 0，AlF_3含量为 20% 的 $Na_3AlF_6-AlF_3$熔体，其初晶温度为 920℃；然而，当熔体中添加的 LiF 为 1%、2%、3% 和 4% 后，其初晶温度分别为 914℃、912℃、910℃和 907℃。同样，当向 *KR* 为 20%，AlF_3为 24% 的 $Na_3AlF_6-K_3AlF_6-AlF_3$熔体中添加 2% 的 LiF 时，其初晶温度由 878℃降低至 872℃。平均每添加 1% LiF，熔体初晶温度约降低 4℃。在 0～4% 范围内，LiF 对 $Na_3AlF_6-K_3AlF_6-AlF_3$熔体初晶温度的影响幅度要小于相同条件下对 Na_3AlF_6的影响。在 Na_3AlF_6熔体中，LiF 的添加量每添加 1%，熔体初晶温度降低约 7.8℃。

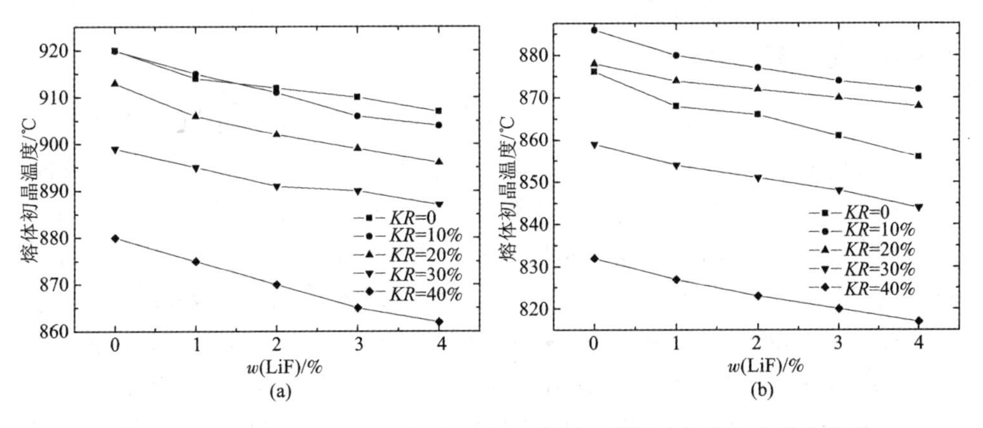

图 2－12　$Na_3AlF_6-K_3AlF_6-AlF_3-LiF$ 熔体初晶温度与 LiF 含量的关系

(a) $w(AlF_3)=20\%$；(b) $w(AlF_3)=24\%$

从图2－13中也可看出，LiF的添加并没有改变*KR*对熔体初晶温度的影响规律。熔体中无LiF时，*KR*从10%增加到40%，对于熔体中AlF_3含量为20%，平均每增加10% *KR*，熔体初晶温度降低约14℃；而对于熔体中的AlF_3含量为24%，平均每增加10% *KR*，熔体初晶温度降低约18℃。熔体中添加了LiF后，当*KR*从0提高到10%时，$Na_3AlF_6-K_3AlF_6-AlF_3-LiF$熔体初晶温度变化不大；而当*KR*从10%提高到40%时，熔体初晶温度随*KR*的提高而急剧下降。如当熔体中LiF添加量为1%，*KR*值为0和10%时，熔体初晶温度分别914℃和915℃；而当*KR*从10%提高到40%时，熔体初晶温度由915℃降低到875℃。对于$Na_3AlF_6-K_3AlF_6-AlF_3-LiF$熔体，*KR*平均每增加10%，熔体初晶温度降低13～18℃。

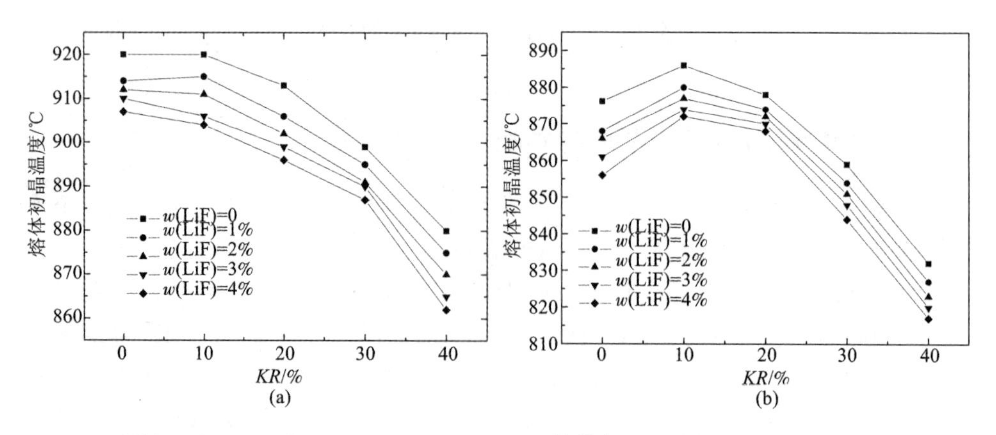

图2－13　LiF对$Na_3AlF_6-K_3AlF_6-AlF_3$熔体初晶温度与*KR*关系的影响

(a) $w(AlF_3)=20\%$；(b) $w(AlF_3)=24\%$

2.3.8　凝固等温线

图2－14所示为$K_3AlF_6-Na_3AlF_6-AlF_3$体系的部分三元等温线图。从图2－14中可以直观看出，AlF_3和*KR*对初晶温度的影响情况，当AlF_3含量低于15%时，随着*KR*的增加，初晶温度均呈现降低趋势，而且这种影响程度区别不大；当AlF_3含量为15%～20%时，随着*KR*的增加，初晶温度均呈现降低趋势，并且当*KR*小于20%时，影响趋势较小，当*KR*为20%～50%时，影响趋势较大；当AlF_3含量为20%～30%时，随着*KR*的增加，初晶温度均呈现稍微上升然后下降趋势，而且下降的趋势越来越大，拐点基本发生在*KR*为10%左右。

从图2－14中还可以看出，当*KR*小于20%左右时，随着AlF_3的增加，初晶温度降低，且在AlF_3含量小于10%左右时，初晶温度变化不大，在这之后的影响

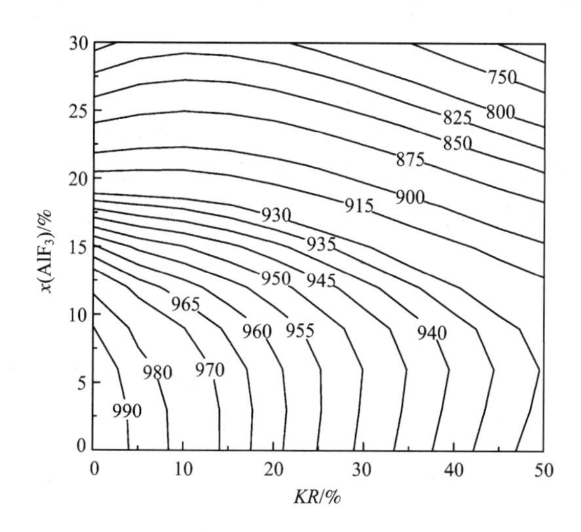

图 2－14　$K_3AlF_6-Na_3AlF_6-AlF_3$三元等温线图

$KR=0\sim50\%$，$w(AlF_3)=0\sim30\%$，其他组成为 Na_3AlF_6

程度越来越大；当 KR 为 20% ～50% 时，随着 AlF_3的增加，初晶温度也存在有稍微增加然后下降而且下降的趋势越来越大，拐点基本发生在 AlF_3含量为 5.7% 左右。

2.4　氧化铝在 $Na_3AlF_6-K_3AlF_6-AlF_3$熔体中的溶解

2.4.1　氧化铝溶解度的测定

有关氧化铝的溶解度和溶解速度的研究在很多文献中有报道，主要分为视觉观察法、取样化验法、电化学法、旋转氧化铝片称重法。另外也有报道中子活化分析方法，这种分析方法应用较少，本书面不再详述。以下对主要的测试方法和技术进行简要概括。

1）视觉观察法

这是最早而且最简单的测试氧化铝溶解性能的方法，可以采用摄像机对观察的效果进行精确化，通过这种方法可以观察到氧化铝颗粒分散地进入透明冰晶石电解质中，当氧化铝颗粒不可见时，溶解过程就变得相当复杂。因此该方法可以观察氧化铝颗粒进入熔体，但是观察到的只是在其溶解完全之前的情况，无法观察到电解质变浑浊后的情况。该方法的缺点是它只能给出非常短暂的溶解时间，由于氧化铝与熔融冰晶石的折射情况相当相似，会导致实验结果的误差，它不可能决定分散与否的氧化铝是否被溶解完全和其溶解动力。因此，该方法在氧化铝的溶解研究中不再受人重视。

2)采样后化验法

该方法是在电解质中添加氧化铝，然后在一定时间间隔内取出电解质以分析其中氧化铝的含量，从而获得氧化铝的溶解度和溶解速度的方法。化验方法有化学分析、ICP 全铝分析和氮氧分析仪分析。在该法中，可以获得氧化铝浓度随着时间的改变而改变的信息，它不适合于快速测定，也不能很好区分溶解和未溶解的(悬浮)氧化铝，故只适合工厂里的粗略估计(在没有其他可行方法的情况下)。一些实验室研究用其作为校正。

3)电化学方法

(1)阻抗测量法。报道的一个专利中提到了这种方法，该方法采用三电极稳压器和高频阻抗测试仪来测量槽电阻的改变(由于溶解氧化铝浓度的变化)。但是悬浮的和未溶解的氧化铝颗粒也能改变电解质的电阻并影响测试结果。该方法是基于正确的理论指导，假如没有悬浮氧化铝存在的话，测试结果相当精确。因此，当有溶解和不溶解的两种氧化铝存在时，该方法是不适用的。

(2)计时电位法。该法由 Thonstad 等在 20 世纪 70 年代左右提出，是将一定电流脉冲加在石墨阳极上，从电解开始到阳极表面的含氧粒子的消耗殆尽(包括阳极效应)这个时间可以被记录来代表一定的氧化铝浓度。Sand 方程将时间和氧化铝的浓度之间的关系表示如式(2－7)或式(2－8)所示。

$$i\tau^{\frac{1}{2}} = k[w(Al_2O_3)] \tag{2-7}$$

或

$$i\tau^{\frac{1}{2}} = \frac{1}{2}nf\pi^{\frac{1}{2}}D^{\frac{1}{3}}C \tag{2-8}$$

采用该方法的主要问题是由于石墨电极对不溶解的氧化铝不敏感，结果将不会像希望中的那样精确。

(3)电位滴定法。电位滴定法原理比较简单，即将两个通过隔膜连通的容器组成回路，往其中一容器中添加过饱和氧化铝，在另一个容器中缓慢添加氧化铝，由于氧化铝的溶解导致两容器中存在氧离子浓度差，从而形成浓差电势，通过电位计来检测，当添加一定氧化铝后，两容器中的浓度差相等时，电位计指示为零，此时加入的氧化铝含量即为该电解质成分的氧化铝饱和溶解度，该法还可以观察到氧化铝在电解质中的溶解行为。

(4)电动势(EMF)测量。在一个电化学槽子中用金属氧化物参比电极在冰晶石电解质中成功测量了 EMF。研究报道所用金属氧化物电极有 Cr_2O_3、Fe_2O_3、SnO_2和 CuO，或者气体电极。典型的氧化铝浓度电解池及其原理如式(2－9)～式(2－11)所示。

$$Al\,|\,Na_3AlF_6(\text{电解质}) + Al_2O_3\,|\,Me_xO_y(\text{合金}) \tag{2-9}$$

反应:

$$2Al + \frac{3}{y}Me_xO_y = Al_2O_3 + \frac{3x}{y}Me \tag{2-10}$$

能斯特方程:

$$E = E^{\ominus} - \frac{RT}{6F}\ln(a_{Al_2O_3}) \tag{2-11}$$

溶解氧化铝的活度是产生 EMF 的唯一原因，通过对已知氧化铝浓度的电解质进行 EMF 标定以后，就可以知道一定的 EMF 对应一定的氧化铝浓度。但是由于大多数氧化铝电极在熔融冰晶石中是不稳定的，所以该方法的使用受到了一定限制。

(5)线性伏安法。在最近的研究中，线性伏安法是用得最多的一种方法，每一个阳极电压扫描－伏安曲线，测量仅仅花费几秒钟，如果阳极的设计恰当的话，重现性会相当好，并且每一个伏安曲线代表一种独一无二的氧化铝溶解度。该方法可以监控当氧化铝被添加到电解质中时，氧化铝浓度快速变化的情况，并且提供相对较高的精确度和重现性。

对于不可逆反应，当采用线性伏安法时存在一个峰值电流，峰值电流与物质的浓度有关（如式 2－12)，通过一系列测量，便可知道一定物质浓度对应一个峰值电流。这样就可以通过线性伏安法获得峰值电流，从而获取氧化铝溶解度数据。

$$i_p = kv^{\frac{1}{2}}C \tag{2-12}$$

(6)极限电流密度法。极限电流密度法的原理是利用在阳极效应发生时，氧化铝浓度与极限电流密度之间的关系而建立起来的。该方法主要适用于工业电解槽中的粗略测量。

4)氧化铝旋转圆盘称重法

该方法是采用烧结氧化铝片，在电解质中以一定转速旋转，旋转后将氧化铝片上电解质清洗后称重。这种方法设备简单，实验结果比较准确，由于电解质的挥发损失而导致的误差不高于0.1%。

2.4.2　氧化铝溶解速度的影响因素

1)测试条件

(1)电解质条件(组成、温度和动力学条件)。电解质条件大大改变了氧化铝的溶解速度。一旦氧化铝被添加到电解质中，氧化铝的分散情况、较大的电解质过热度均能改变氧化铝的溶解速度的数量级。Hovland 等模拟了点式喂料电解槽，当添加氧化铝后，发现部分氧化铝变得分散且迅速溶解，而剩余部分形成块状且溶解速度相当慢，通过机械搅拌带来的电解质扰动对氧化铝的溶解速度有很大的影响，实验室的坩埚尺寸对氧化铝的溶解速度也有一定的影响；Kusche 发现电解质的搅动、过热度、分散特性和喂料方式都对氧化铝的溶解速度有很大的影响，这几个方面对氧化铝溶解度的影响是氧化铝物理化学特性对之影响的几倍数量级。

(2)氧化铝的添加方式。氧化铝的添加方式也影响着氧化铝的溶解速度。Bagshaw 等发现氧化铝的添加高度对氧化铝溶解速度有影响。当添加氧化铝时，氧化铝表面有一层壳形成，不同的壳量将直接导致不同的氧化铝溶解曲线，氧化铝与电解质接触时的速度对溶解曲线也有影响(影响氧化铝颗粒的分散和壳的形成)。Maeda 的研究表明：慢的加料工序有一个慢的溶解速度，而快的加料工序将会提高壳的形成，这些壳溶解很迅速，壳的形成并没有阻碍溶解而是加快了溶解。

电解质条件、测试装置的尺寸和氧化铝的添加方式同样会很大程度地影响氧化铝的溶解速度。由于所有研究者选择的实验装置和实验方法不尽相同，因此在文献中报道的结果没有对比性。然而，每一个参数对氧化铝的溶解速度的影响趋势是可见的。另外，氧化铝本身的物理化学性质的影响也不容忽视，将在下面对这部分进行概述。

2)氧化铝的物理化学性能

氧化铝的物理特化学性包括具体的和可测量的参数：颗粒尺寸分布和平均尺寸、$-20\ \mu m$ 或 $-45\ \mu m$ 粒度的含量、表观密度、BET 表面积、安息角、α 氧化铝含量、LOI 湿度和化学组成(苏打含量和其他杂质)。既然氧化铝是由单颗粒组成的，并且每一个颗粒都有自己的尺寸(微观和宏观的)，这些物理化学特性又是密切联系的，因此每个因素都不能进行单独研究。因此，氧化铝溶解度和与之相关的氧化铝特性的研究是一个非常复杂和尚待研究的领域。

(1)颗粒尺寸的分布。氧化铝颗粒尺寸的分布是铝冶炼厂最经常控制的参数之一。$-20\ \mu m$ 和 $+150\ \mu m$ 的氧化铝含量不能超过某一个值，氧化铝有一个狭窄的尺寸分布，$+45\ \mu m$ 到 $-100\ \mu m$ 是比较合适的。

普遍认为，提高氧化铝颗粒尺寸可以提高氧化铝溶解速度。细粉含量较高将会容易吸水，添加氧化铝后容易出现结块现象，结块将降低其与电解质的接触表面积，从而降低氧化铝的溶解速度，在铝冶炼中细粉也不被人喜欢，因为它们会带来大量粉尘。

但是，其他研究却得出了不同结论。Maeda、Matsui 和 Era 研究后认为氧化铝的溶解速度与颗粒尺寸没有很大关系；Bagshaw 和 Welch 对 34 种不同氧化铝进行研究后，发现中等颗粒尺寸对溶解行为有很小的影响；Drobot 和 T. I. Ol gina 对三种不同的工业氧化铝研究后发现：高分散($100 \sim 160\ \mu m$)和高 α 氧化铝含量

(40%)有最大溶解速度。-50 μm 含量为 46% 的溶解速度比 -50 μm 含量为 26% 的溶解速度快；Kachanovskaya 等发现颗粒尺寸对氧化铝溶解速度有很大的影响，小颗粒溶解非常快；Johnson 采用视觉观察方法，发现将氧化铝中 -45 μm 的细粉含量提高到 30% 后对其溶解度没有影响，高于该浓度后，溶解速度提高。从这些研究来看，都没有考虑到 LOI 的影响，其实细粉有很大的 LOI，水分与熔融电解质反应，提供了搅拌效应，从而导致高溶解速度。

(2)氧化铝流动性。氧化铝流动性在实验室和工厂中都很容易测量。通常认为其受氧化铝尺寸影响，但是也受其他因素影响。Neal 和 Welch 研究了 -38 μm 的百分含量和氧化铝流动性之间的关系图，结果表明当 -38 μm 所占百分数大于 10% 时，氧化铝的流动性将会急剧降低。

氧化铝的流动性对于保证氧化铝在熔融电解质中的分散具有很重要的意义。好的分散意味着高的溶解速度，氧化铝流动性提高也意味着其溶解速度的提高。

Bagshaw 和 Welch 的另一个研究却表明：对于氧化铝而言，具有小的流动性的氧化铝的溶解速度更快。流动性小的氧化铝可能是由于其水含量高和其存在形态方面所导致，而不是由于较小的尺寸。

流动性影响着溶解速度并且也改变着结壳的性能。有研究表明，流动性对氧化铝的溶解度是两方面的，既有正面的也有负面的，这方面需要更多更深入的研究。

(3)表面积(BET)。溶解过程通过在固-液表面的质量传输而发生。表面积越大，接触面积就越大，质量传输速度和溶解速度均会增大，氧化铝表面积的大小直接与颗粒尺寸的分布和焙烧过程(温度和颗粒形貌)有关，也体现了孔隙率的多少。

有研究者认为：随着表面积的增加，溶解速度提高，在总溶解时间和表面积之间存在一个很强烈的关系，表面积越高，溶解速度越高。但是 Jain 等在实验室研究后发现 BET 对于提高氧化铝溶解度并不是一个主要的因素。

(4)微观结构和 α 氧化铝含量。过烧的 α 氧化铝直接掉到电解槽底部，而欠烧的氧化铝悬浮在电解质表面并且通过熔体逐渐形成团状物。因此，欠烧的 γ 氧化铝比 α 氧化铝溶解快。

(5)湿度(LOI)。水分含量对氧化铝的溶解有着正面的影响。除了电解质机械搅拌外，水分含量可能也是一个比较重要的影响因素，详细影响情况未见报道。关于氧化铝的颗粒强度和化学组成(苏打含量和其他杂质含量)对氧化铝溶解速度的影响也未见相关研究。

2.4.3 氧化铝溶解速度的数字化表征

采用旋转氧化铝片的方法，尽管与工业电解槽实际情况有很大区别，但是在实验室进行定性分析还是具有一定意义的。通过间歇地取出氧化铝片进行称重后，获得时间－氧化铝浓度曲线，从曲线上看，在相同时刻，氧化铝的浓度越大，则认为氧化铝的溶解速度较大。图2－15所示为某一种电解质在不同过热度条件下的时间－氧化铝浓度曲线。

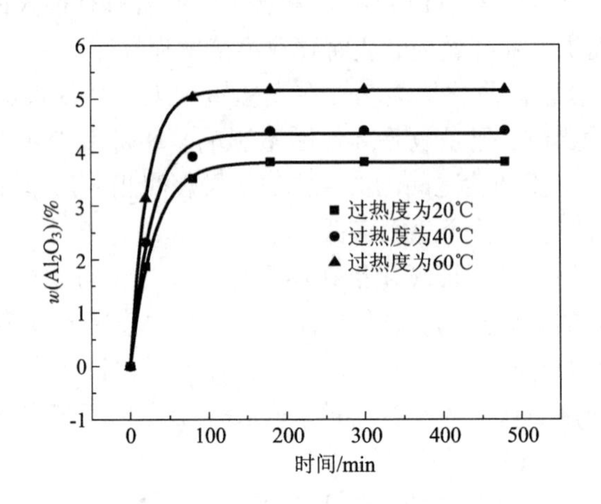

图2－15　时间－氧化铝浓度曲线

（AlF_3含量为25%，*KR*为10%）

从图2－15中可以看出，随着过热度的提高，氧化铝的溶解度逐渐提高。同时，随着时间的增加，氧化铝的溶解度增加很快，然后逐渐降低，到达一定时间后，基本稳定在某一个值之上。

对于函数：

$$y = a e^{-\frac{b}{x}} \tag{2-13}$$

当$x \to \infty$时，$y \to \alpha$；当$x \to 0$时，若$b > 0$，则$y \to 0$，当x增加时，y增加，这与氧化铝的溶解度随时间的变化规律相当吻合。采用这种简单的表达式来对时间－氧化铝浓度曲线进行模拟，从中获得氧化铝溶解速度的数字表征。

将电解质（AlF_3含量为25%，*KR*为10%）在过热度分别为20℃、40℃和60℃时的氧化铝浓度数据代入式（2－13）中，y为氧化铝浓度，x为时间，通过一些拟合技术，可以分别找到每一条件下的α和b，经过研究发现，氧化铝的溶解速度不仅与α有关，而且与b也有关，设$Q = \alpha / b$，从而得到一个新的常数，将计算所得的Q值也列入表2－2中。

表 2-2 表征不同氧化铝溶解速度的 α、b 和 Q 因子

参数	过热度/℃		
	20	40	60
α	4.064	4.62	5.43
b/min	14.977	13.60	10.43
Q/min^{-1}	0.271	0.340	0.521

注：AlF_3含量为 25%，*KR* 为 10%。

从表 2-2 中可以看出，α 的大小变化趋势与氧化铝溶解度的变化趋势一致，而 Q 的大小与氧化铝溶解速度的变化趋势一致。

上面的情况是氧化铝溶解度增大，溶解速度也增大的形式，那有没有氧化铝浓度增大，而溶解速度减小这种情况呢？为了进一步进行验证，下面寻找几个电解质来进行验证。实验条件为：A——AlF_3含量为 23%，*KR* 为 40%，过热度为 20℃；B——AlF_3含量为 23%，*KR* 为 50%，过热度为 40℃；C——AlF_3含量为 23%，*KR* 为 0，过热度为 40℃。它们的 α、b 和 Q 因子如表 2-3 所示，时间-氧化铝浓度曲线如图 2-16 所示。

从表 2-3 中 α 和 Q 因子可以看出，对于 A、B 和 C 三电解质，氧化铝的溶解度从高到低为 A、B、C，而溶解速度从高到低为 C、B、A。

表 2-3 几种不同电解质组成的 α、b 和 Q 因子

参数	电解质		
	A	B	C
α	5.441	4.97	4.90
b/min	15.442	12.71	11.69
Q/min^{-1}	0.352	0.391	0.419

从图 2-16 中可以看出，氧化铝溶解度的从高到低为 A、B、C，而溶解速度从高到低为 C、B、A。

采用这种 Q 因子拟合的方法便于对比氧化铝浓度-时间曲线。为较好衡量新型 $K_3AlF_6-Na_3AlF_6-AlF_3$体系的氧化铝溶解速度，将之与现行电解质中氧化铝溶解度进行比较，将 *CR* 为 2.3 的 $Na_3AlF_6-AlF_3$电解质，990℃时的氧化铝溶解速度因子 Q 定义为 1，本书 Q 因子均以此为基础进行相应修正。

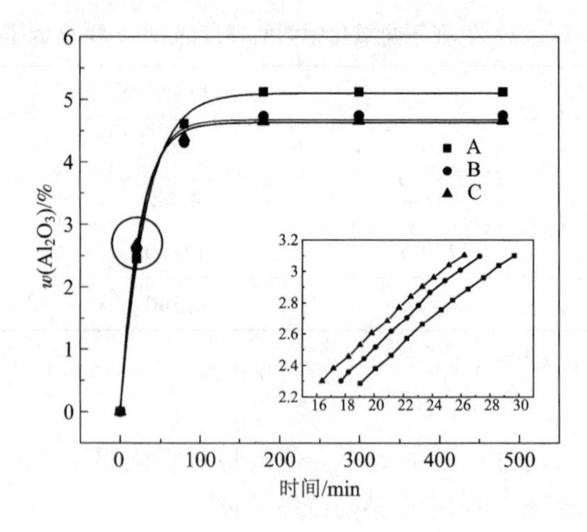

图 2 – 16　不同电解质的时间 – 氧化铝浓度曲线

（小图为圈处放大）

2.4.4　AlF_3对氧化铝溶解度和溶解速度的影响

1) AlF_3对氧化铝溶解度的影响

从图 2 – 17 中可以看出，在一定过热度、不同 *KR* 时，在研究范围内随着 AlF_3 含量的增加，氧化铝溶解度均降低；在一定过热度下，不同 AlF_3 含量下 *KR* 为 20% 时，均能获得较高的氧化铝浓度。

从图 2 – 18 中可以看出，在 *KR* 一定、不同过热度条件下，随着 AlF_3 含量的增加，氧化铝溶解度均呈现一致的降低趋势；而且在一定 K_3AlF_6 和 AlF_3 含量条件下随着过热度的提高，氧化铝溶解度均提高，只是提高的影响程度不是很一致，其中当 *KR* 为 50% 时，对不同氟化铝含量的电解质而言，过热度的提高对氧化铝溶解度的影响趋势相当一致，且过热度从 40℃ 提高到 60℃ 的影响比从 20℃ 提高到 40℃ 的稍微大一点。

2) AlF_3对氧化铝溶解速度的影响

从图 2 – 19 中可以看出，在任何 *KR*、任何过热度条件下，除了电解质：*KR* 为 10%，过热度为 60℃ 时，AlF_3 含量为 29% 时反而比含量为 27% 时稍有增加（速率因子从 0.407 到 0.413），在研究范围内随着 AlF_3 含量的增加，氧化铝溶解速度均降低，出现这种偶尔反常的趋势，是由于过热度对两种电解质的影响情况不完全相同，也就是说，对于电解质：*KR* 为 10%，AlF_3 含量为 27%，当过热度从 40℃ 提高到 60℃ 时，氧化铝溶解速度增加幅度不大，而对于电解质：*KR* 为 10%，AlF_3 含量为 29%，当过热度从 40℃ 提高到 60℃ 时，对氧化铝溶解速度增加幅度影响较大些，从而导致如上现象。

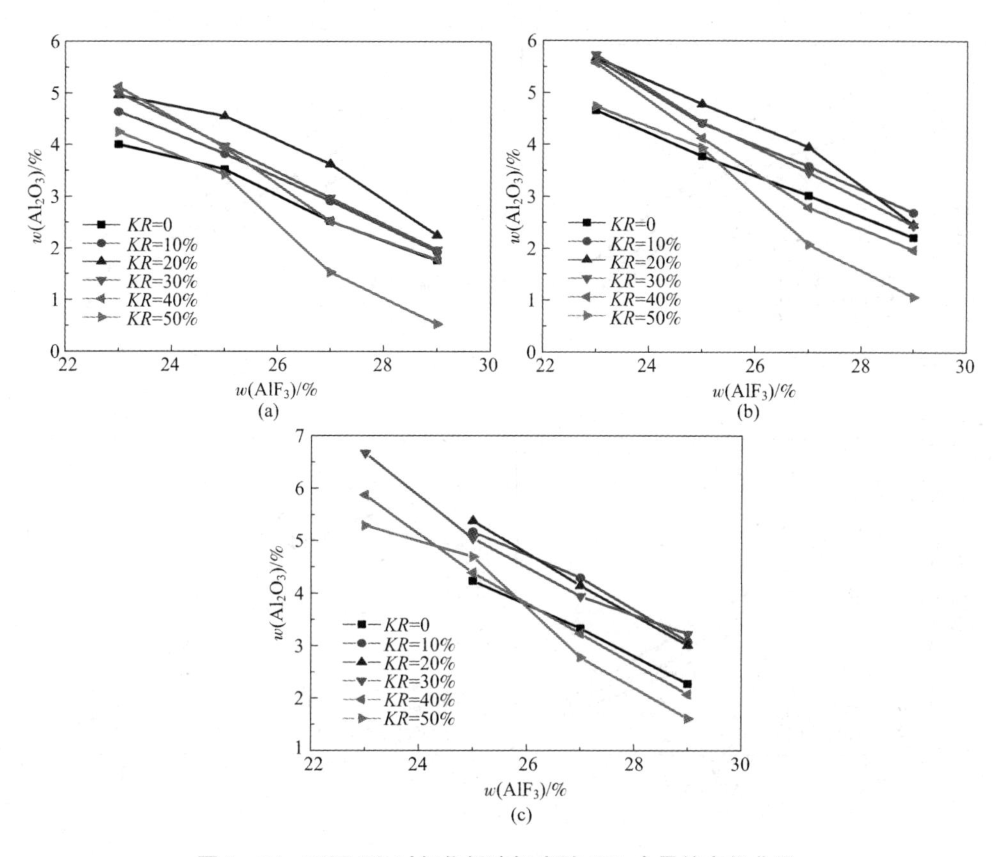

图 2－17　不同 *KR* 时氧化铝溶解度随 AlF_3 含量的变化曲线

(a)过热度为 20℃；(b)过热度为 40℃；(c)过热度为 60℃

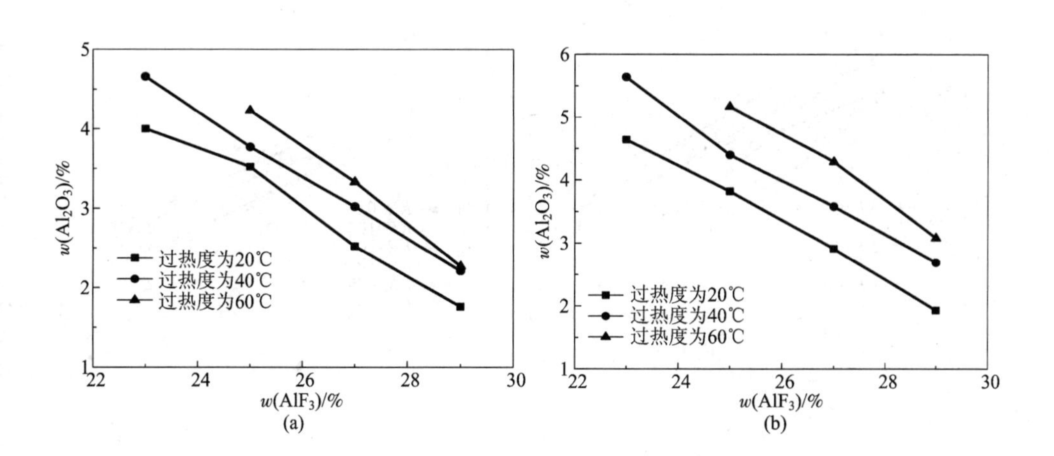

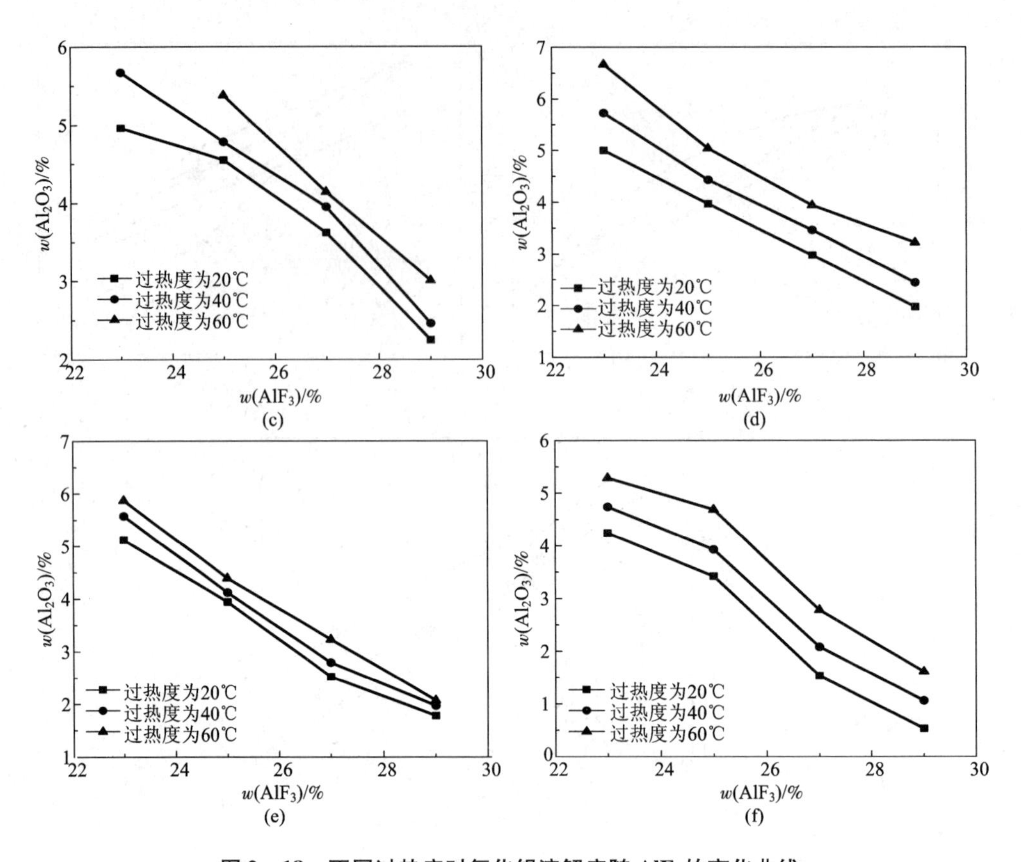

图 2-18　不同过热度时氧化铝溶解度随 AlF_3 的变化曲线

(a) $KR=0$；(b) $KR=10\%$；(c) $KR=20\%$；(d) $KR=30\%$；(e) $KR=40\%$；(f) $KR=50\%$

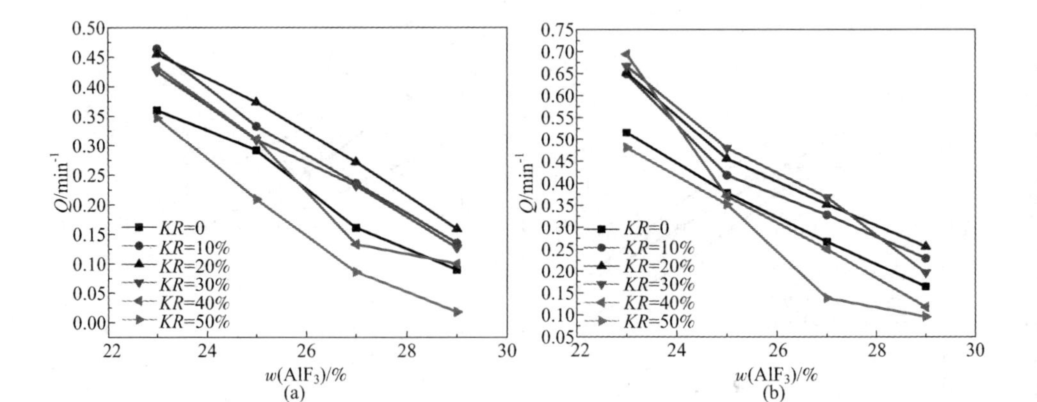

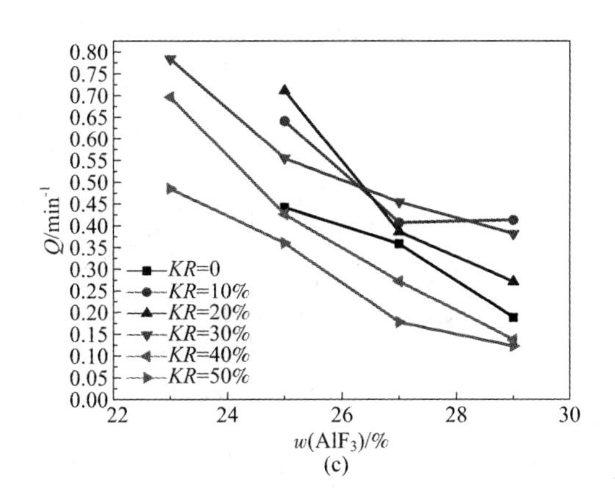

图 2－19　不同 *KR* 时溶解速率因子 *Q* 随 AlF_3 含量的变化曲线

(a)过热度为 20℃；(b)过热度为 40℃；(c)过热度为 60℃

从图 2－20 可以看出，对于任何 *KR* 含量、任何过热度条件下，随着 AlF_3 增加，氧化铝溶解速度均降低；在 *KR* 为 0～30% 时，随着过热度的提高，氧化铝溶解速率均不同程度提高，而当 *KR* 为 40%～50% 时，当过热度从 40℃提高到 60℃时对氧化铝的溶解速度的增加影响较小。因此，对于电解质中钾含量较高的电解质，提高过热度来增加氧化铝溶解速度有限。

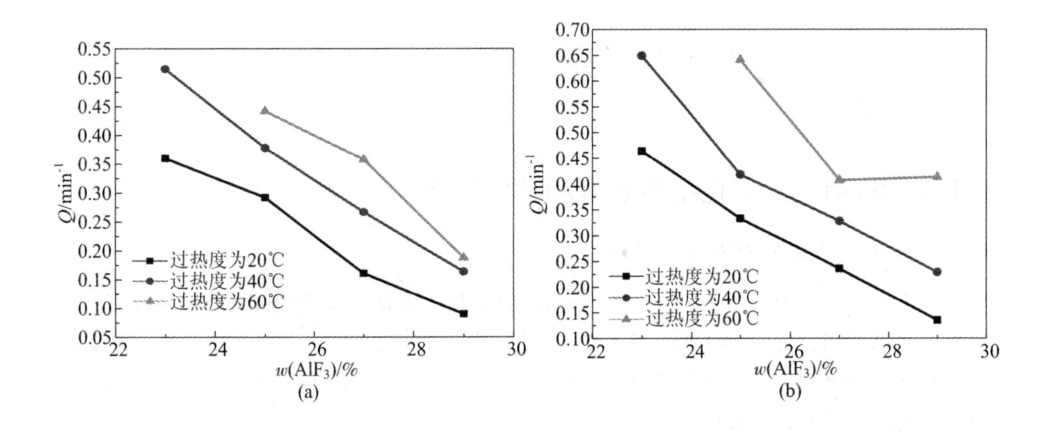

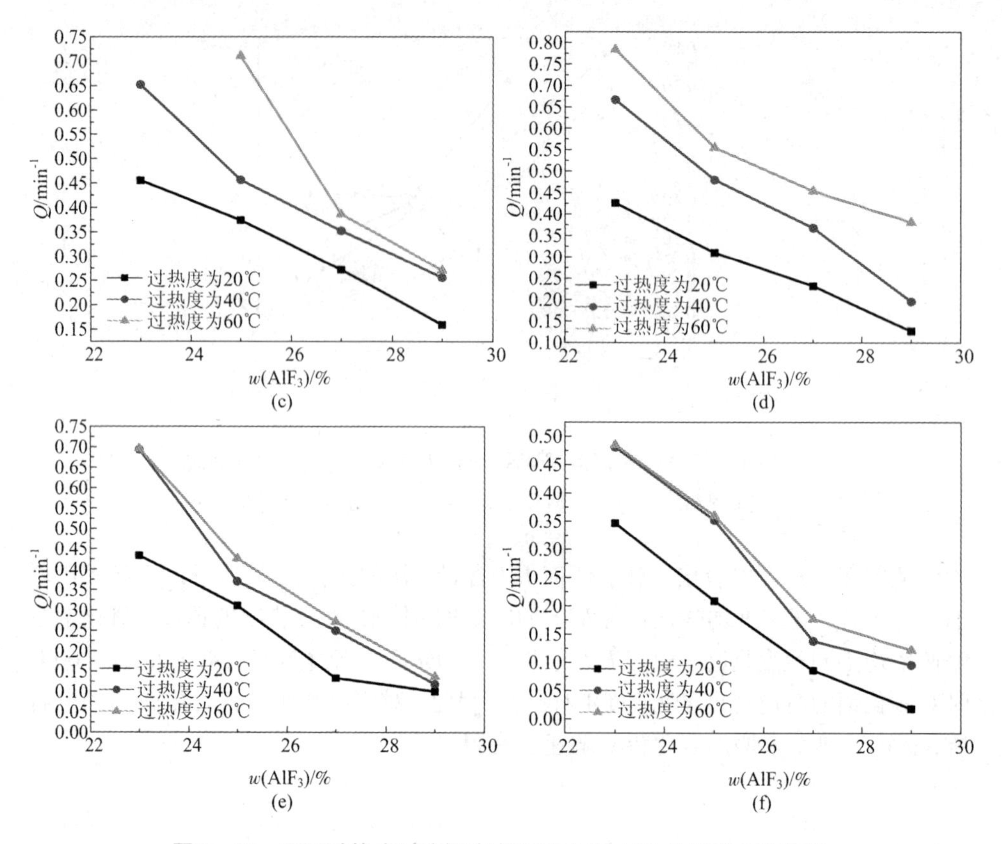

图 2-20　不同过热度时溶解速率因子 Q 随 AlF_3 含量的变化曲线

(a) $KR=0$; (b) $KR=10\%$; (c) $KR=20\%$; (d) $KR=30\%$; (e) $KR=40\%$; (f) $KR=50\%$

2.4.5　K_3AlF_6对氧化铝溶解度和溶解速度的影响

1) K_3AlF_6对氧化铝溶解度的影响

据图 2-21，在相同过热度和 KR 的情况下，随着 AlF_3 含量的增加，氧化铝的溶解度逐渐降低；在一定过热度和一定的 AlF_3 含量情况下，随着 K_3AlF_6 的增加，均出现相同的趋势，氧化铝溶解度先增加后减少，而且氧化铝溶解度在 KR 为 10% ~30% 时相对较高些。

从图 2-22 可知，随着 KR 增大，氧化铝溶解度变化趋势先增加后减少；在一定 AlF_3 含量、一定过热度条件下，最大的氧化铝溶解度基本出现在 KR 为10% ~30% 这个范围内；在所研究的电解质中，当 KR 为 40% 时，提高过热度对提高氧化铝溶解度的影响程度是最低的。

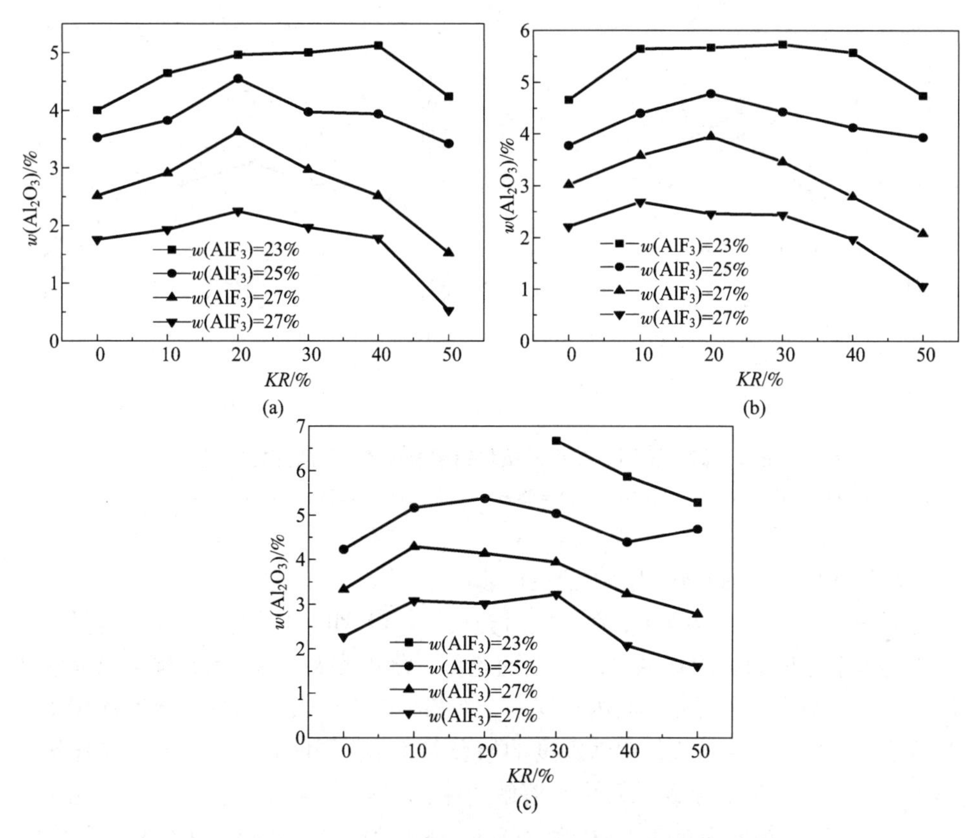

图 2-21　不同 AlF_3 含量时氧化铝溶解度随 *KR* 的变化曲线

(a)过热度为 20℃；(b)过热度为 40℃；(c)过热度为 60℃

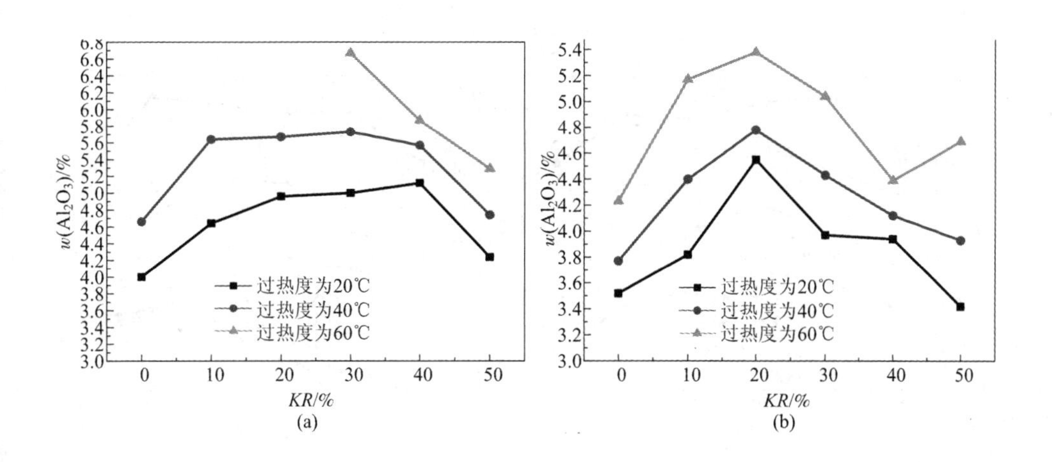

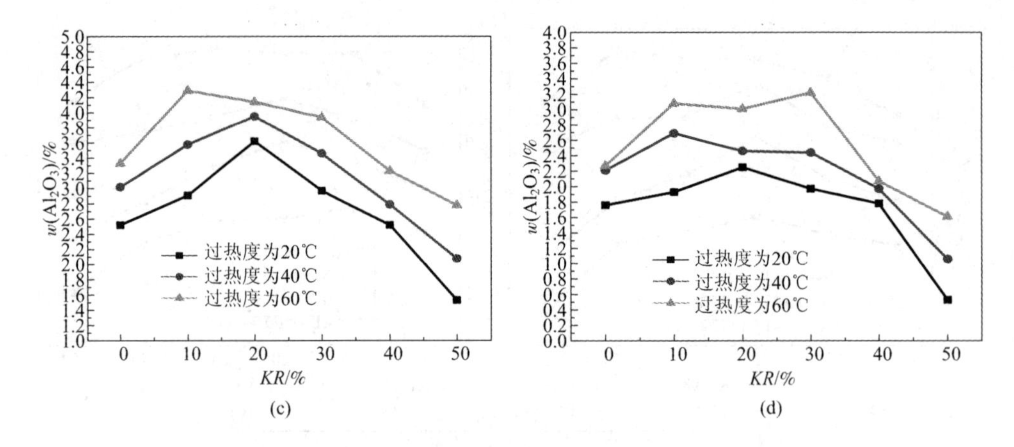

图 2-22　不同过热度时氧化铝溶解度随 *KR* 的变化曲线

(a) $w(AlF_3)=23\%$；(b) $w(AlF_3)=25\%$；(c) $w(AlF_3)=27\%$；(d) $w(AlF_3)=29\%$

2) K_3AlF_6含量对氧化铝溶解速度的影响

从图 2-23 中可以看出，在一定过热度、一定 AlF_3含量时，K_3AlF_6含量对氧化铝的溶解速度的影响基本呈现一致的趋势，即随着 *KR* 的增大，氧化铝溶解速度先增加后减少，在研究区间内出现一个峰值，该峰值大多出现在 *KR* 为 10% ~ 30%这个范围内，这与氧化铝溶解度的情况差不多；同时还可以看出，氧化铝过热度提高到 60℃时，导致对氧化铝溶解速率的影响出现一些个别不规律现象存在，比如，当过热度为 60℃，*KR* 为 10%时，AlF_3为含量 27%和 29%的相差不大，这可能由于过热度提高到一定程度后（极限过热度）再继续提高，对提高氧化铝的溶解速率作用变得逐渐微弱导致，而对每种电解质，这个极限过热度也是不完全相同。

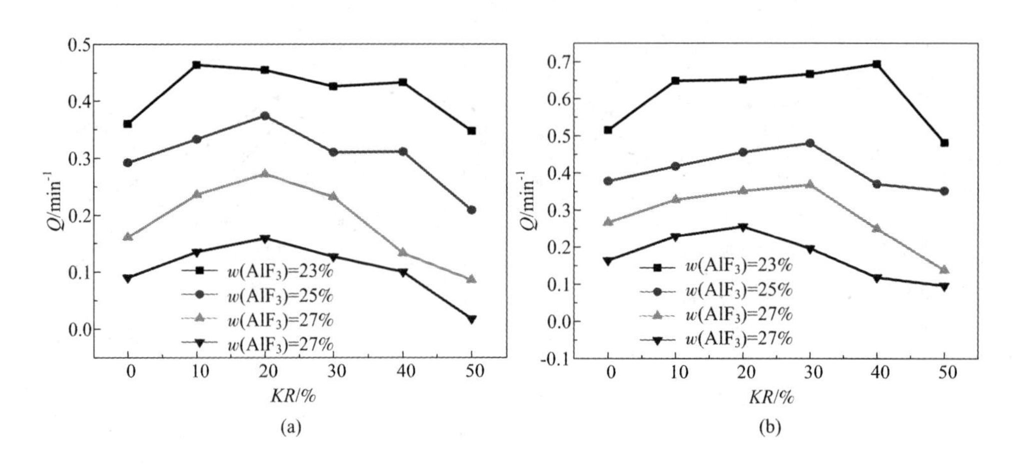

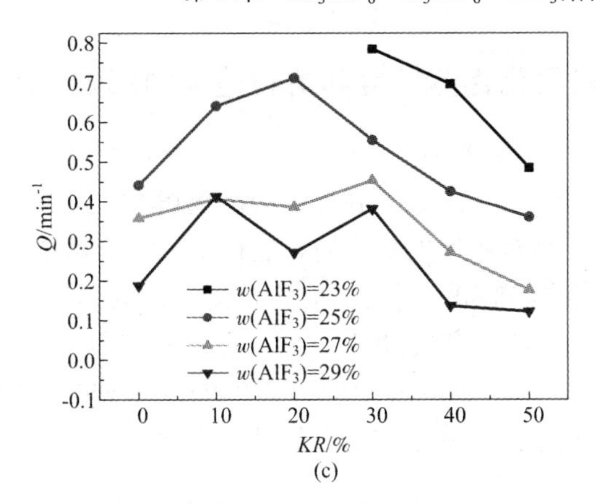

图 2－23　不同 AlF_3 含量时溶解速率因子 *Q* 随 *KR* 的变化曲线

(a)过热度为 20℃；(b)过热度为 40℃；(c)过热度为 60℃

从图 2－24 中可以看出，在 AlF_3 含量一定的情况下，随着 *KR* 的增大，氧化铝溶解速度也呈现先增加后减少的趋势，还可以看出，在保证熔体温度低于 940℃的条件下，当过热度为 20℃、40℃和 60℃时，溶解速率因子最高分别可以达到 0.45 min^{-1}，0.65 min^{-1}和 0.8 min^{-1}左右。

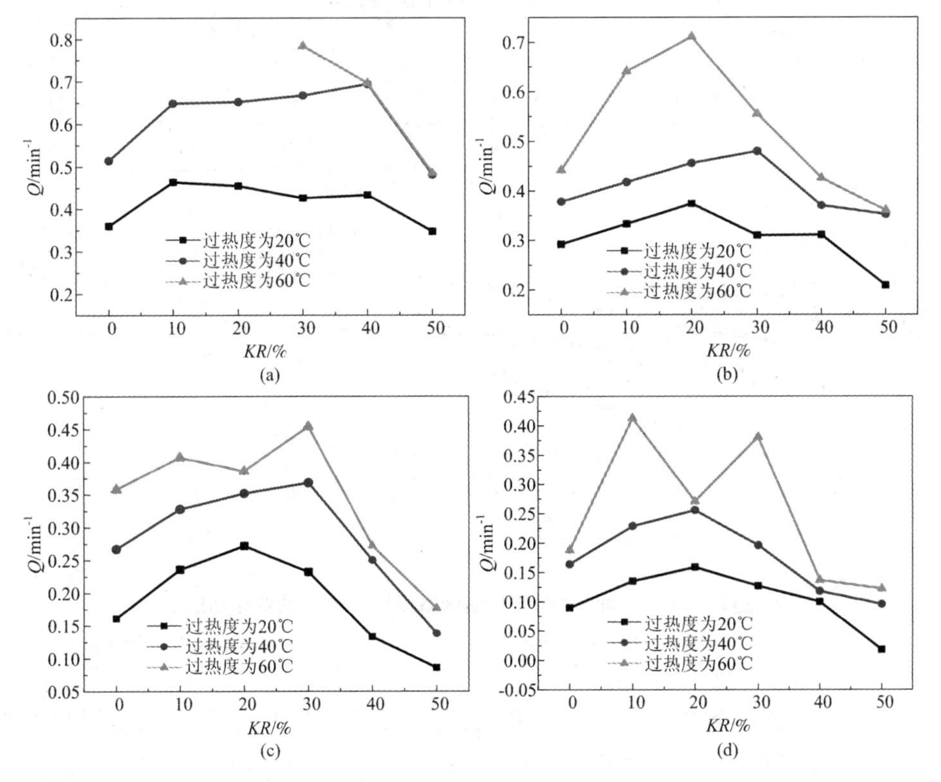

图 2－24　不同过热度时溶解速率因子随 *KR* 的变化曲线

(a)$w(AlF_3)=23\%$；(b)$w(AlF_3)=25\%$；(c)$w(AlF_3)=27\%$；(d)$w(AlF_3)=29\%$

2.4.6 过热度对氧化铝溶解度和溶解速度的影响

1)过热度对氧化铝溶解度的影响

从图 2－25 中看出，无论对于哪种组分的电解质，随着过热度的提高，氧化铝溶解度都提高，但是对各种电解质的影响程度不完全相同；当 AlF_3 含量为 25%时，过热度从 20℃提高到 40℃时其对氧化铝溶解度的提高影响均小于其从 40℃提高到 60℃的影响；而当 AlF_3 含量为 27%时，过热度从 20℃提高到 40℃时和从 40℃提高到 60℃其对氧化铝溶解度的提高影响基本相当。同时，*KR* 为 10% ~ 30%这个范围内氧化铝的溶解度基本上维持较高水平。

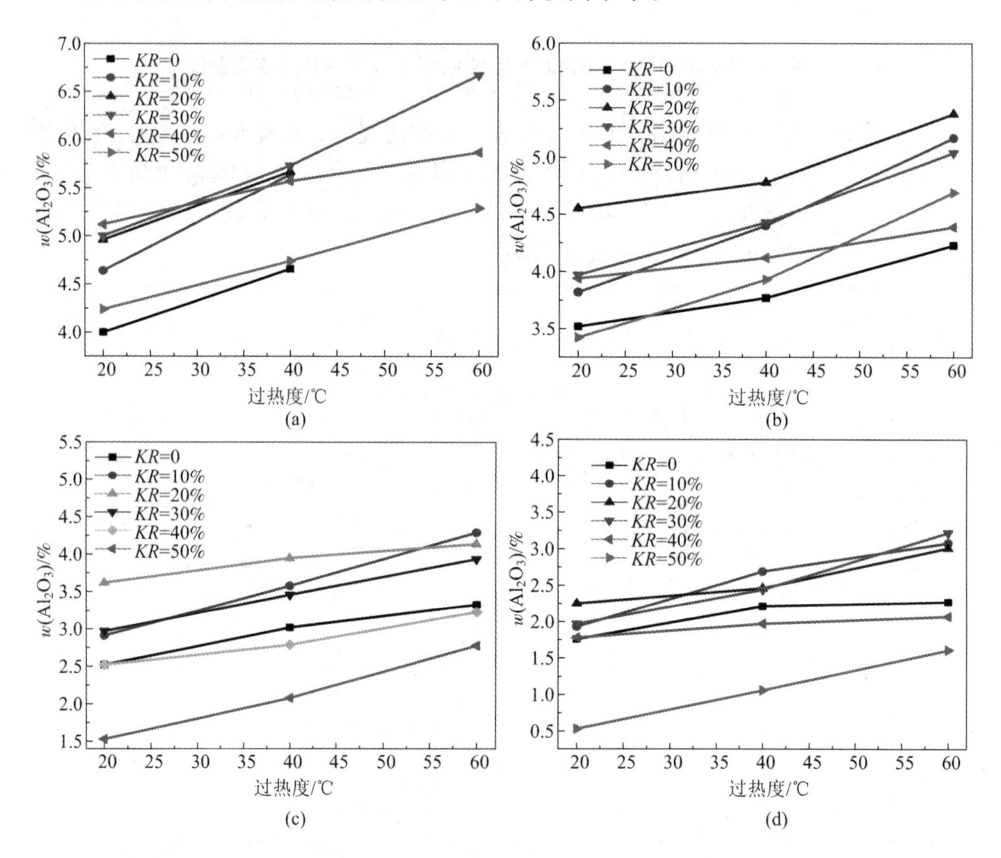

图 2－25　不同 *KR* 时氧化铝溶解度随过热度的变化曲线

(a)$w(AlF_3)=23\%$；(b)$w(AlF_3)=25\%$；(c)$w(AlF_3)=27\%$；(d)$w(AlF_3)=29\%$

从图 2－26 中可以看出，在任何 *KR*、任何 AlF_3 含量的情况下，随着过热度的提高，氧化铝的溶解度均增加，而且可以看出，当 *KR* 为 40% 和 50% 时，提高过热度对氧化铝溶解度的提高程度基本一致，而其他 K_3AlF_6 配比时影响程度没有明显规律性。

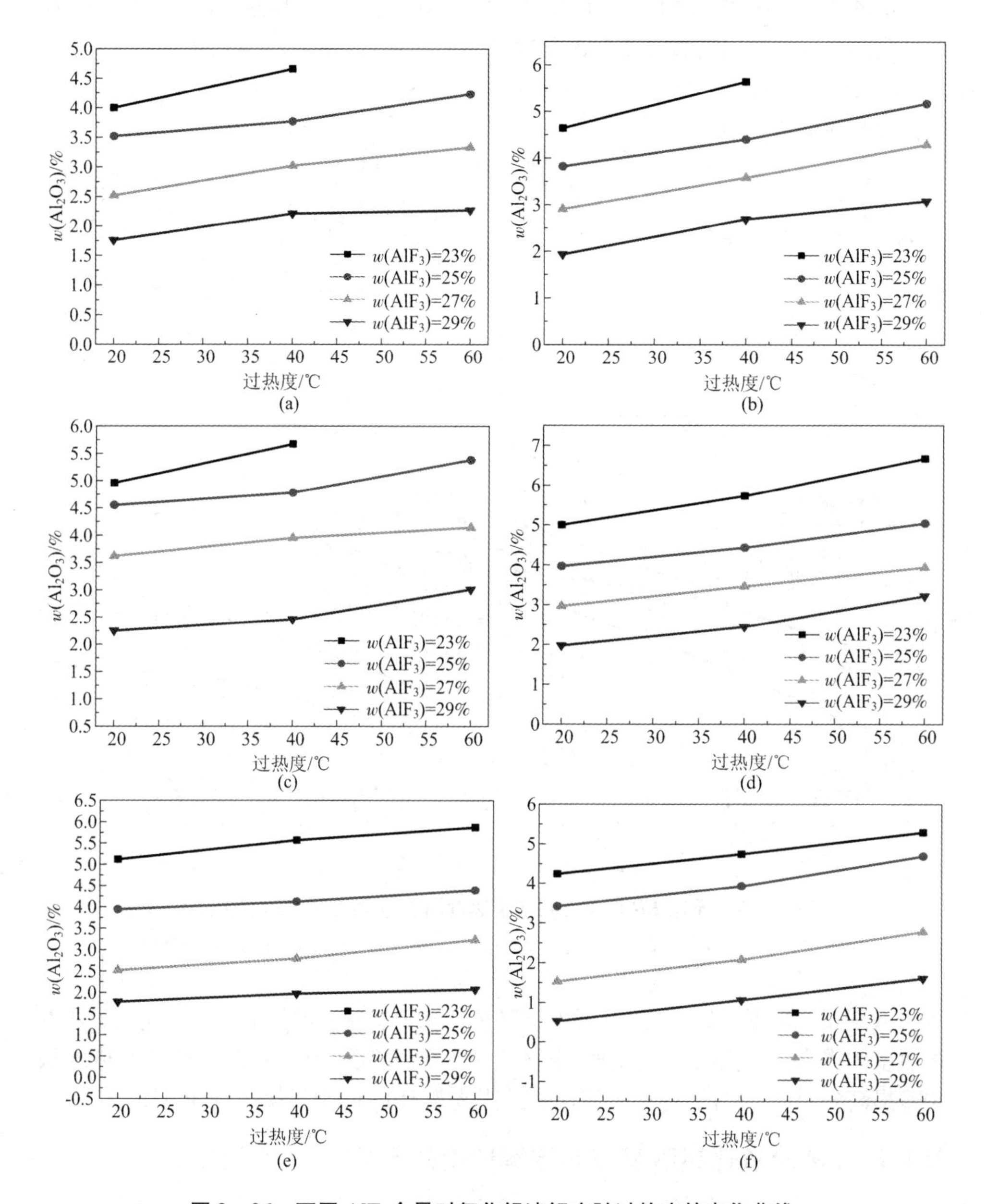

图 2－26　不同 AlF_3 含量时氧化铝溶解度随过热度的变化曲线

(a) $KR=0$；(b) $KR=10\%$；(c) $KR=20\%$；(d) $KR=30\%$；(e) $KR=40\%$；(f) $KR=50\%$

2)过热度对氧化铝的溶解速度的影响

从图2－27中可以看出，无论任何*KR*和AlF_3含量，当其他条件一定时，随着过热度的提高，氧化铝溶解速度逐渐提高。

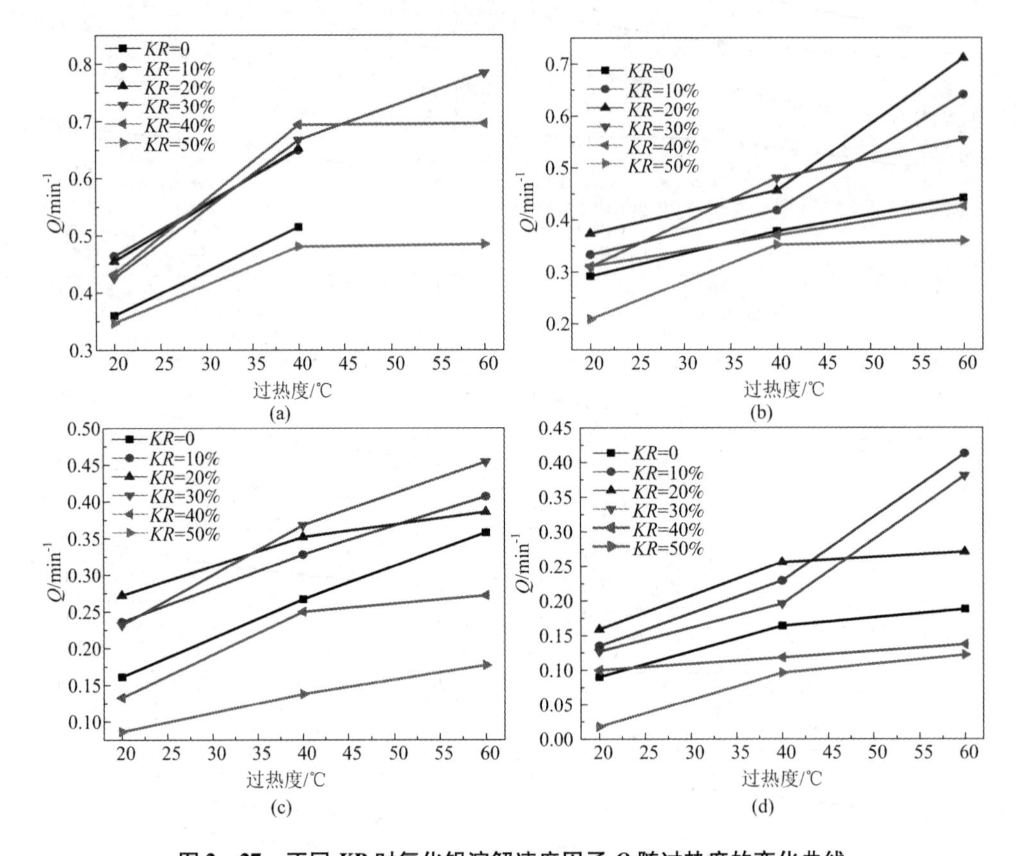

图2－27　不同*KR*时氧化铝溶解速度因子*Q*随过热度的变化曲线

(a)$w(AlF_3)=23\%$；(b)$w(AlF_3)=25\%$；(c)$w(AlF_3)=27\%$；(d)$w(AlF_3)=29\%$

从图2－28中可以看出，无论任何*KR*和AlF_3含量，当其他条件一定时，随着过热度的提高，氧化铝溶解速度也逐渐提高；当*KR*为40%和50%时，过热度从40℃提高到60℃时对氧化铝溶解速度的提高没有其从20℃提高到40℃的大。

2.4.7　*CR*对氧化铝溶解度和溶解速度的影响

从2－29中可以看出，氧化铝溶解度和溶解速度均随着*CR*的增加，呈现一种波浪形逐渐上升的趋势，每一个波谷与波谷之间即为AlF_3含量一定的区域，波峰基本刚好处于*KR*为10%～30%的范围，也就是说在这个范围内的电解质具有较高的氧化铝溶解度和溶解速度。

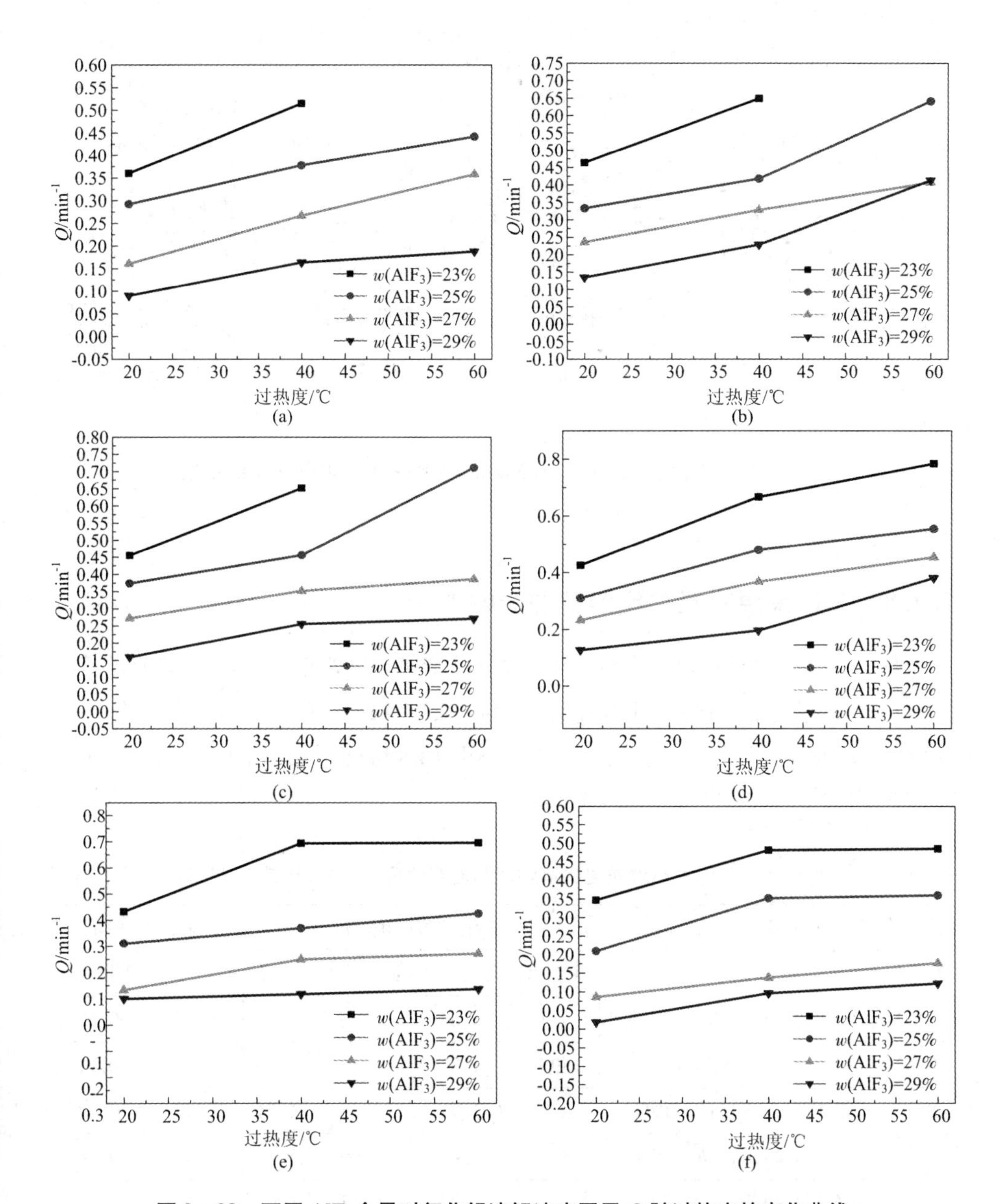

图 2-28　不同 AlF_3含量时氧化铝溶解速度因子 Q 随过热度的变化曲线

(a) $KR=0$；(b) $KR=10\%$；(c) $KR=20\%$；(d) $KR=30\%$；(e) $KR=40\%$；(f) $KR=50\%$

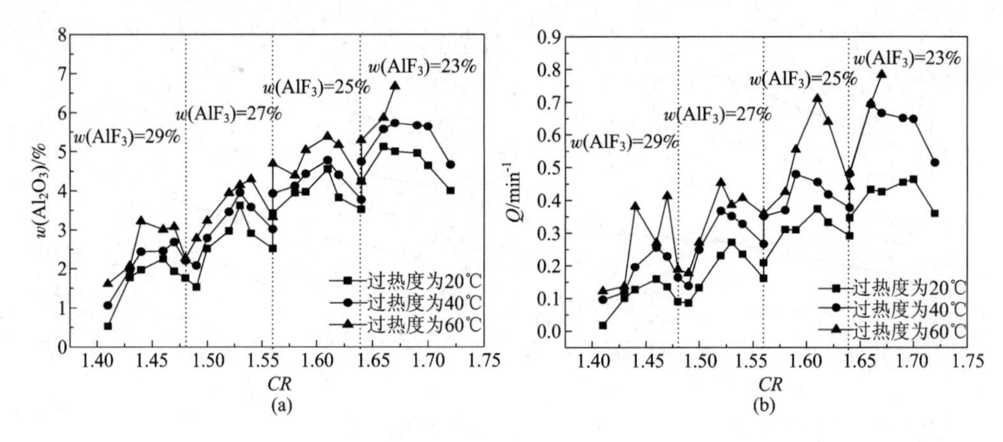

图 2-29　氧化铝溶解度(a)和溶解速率因子 *Q*(b)随着 *CR* 的变化

(每区间内 *KR* 从 0 到 50%)

2.4.8　AlF_3来源对氧化铝溶解的影响

从表 2-4 中可以看出，随着 AlF_3 含量的增加，氧化铝溶解度的增加量基本上呈现逐渐增加的趋势。比如电解质 B6、B1、B2 和 B4 的 AlF_3 含量分别为 10.8%、23%、25% 和 29%，对应的两种 AlF_3 加入后的氧化铝溶解度之差分别为 0.29%、1.52%、1.89% 和 2.16%。

表 2-4　AlF_3种类对氧化铝溶解度和溶解速度的影响(过热度 20℃)

电解质		氧化铝溶解度/%				溶解速率因子/min^{-1}	
编号	组成	温度/℃	高纯 AlF_3	工业 AlF_3	相差	高纯 AlF_3	工业 AlF_3
B1	$w(AlF_3)$ 23%, $KR=10\%$	915	4.64	6.16	1.52	0.38	0.62
B2	$w(AlF_3)$ 25%, $KR=10\%$	895	3.82	5.71	1.89	0.27	0.61
B3	$w(AlF_3)$ 27%, $KR=10\%$	873	2.91	4.65	1.74	0.19	0.44
B4	$w(AlF_3)$ 29%, $KR=10\%$	848	1.93	4.09	2.16	0.11	0.36
B5	$w(AlF_3)$ 25%, $KR=30\%$	867	3.97	5.65	1.61	0.25	0.49
B6	$Na_3AlF_6-AlF_3$, $CR=2.3$	990	9.1	9.40	0.29	1.00	1.18

出现这种情况可能有两个原因。其一，工业 AlF_3 中由于引入了杂质(二者杂质含量的对比如表 2-5 所示)，导致初晶温度的降低，相当于提高了熔体过热

度，从而导致氧化铝溶解度的提高；其二，工业 AlF_3中带入了某些杂质，这些杂质能与氧化铝形成一些复杂的混合物，不断减少氧化铝在电解质中的浓度，也可能这些杂质的加入增强了对氧化铝片的腐蚀，从而提高了氧化铝的饱和溶解度。

表 2－5　不同 AlF_3的杂质含量(%)

元素	O	F	Na	Al	Si	P	S	Cl
工业 AlF_3	7.77	60.818	0.145	30.839	0.130	0.04	0.222	0.011
分析纯 AlF_3	0.769	64.363	0.068	34.039	0.722	0.001	0.001	
元素	K	Ca	Fe	Ni	Cu	Zn	Ga	Pb
工业 AlF_3	0.007	0.025	0.012	0.003	0.002	0.004	0.006	0.002
分析纯 AlF_3	0.003	0.021	0.004	0.003			0.006	

从表 2－6 中可以看出，电解质 C1 和 C2 当采用工业 AlF_3代替高纯 AlF_3为原料后，电解质初晶温度分别降低了 60℃和 73℃，此时相当于过热度分别为 80℃和 73℃。当添加工业 AlF_3后，溶解度分别从 4.64%增为 6.16%和从 1.93%增为 4.09%是完全可能的。

表 2－6　两种电解质的几个参数比较

电解质组成			高纯 AlF_3		工业 AlF_3
编号	组成	初晶温度/℃	氧化铝溶解度/%		初晶温度/℃
			40℃过热度	60℃过热度	
C1	$w(AlF_3)=23\%$，$KR=10\%$	895	5.64		835
C2	$w(AlF_3)=29\%$，$KR=10\%$	828	2.69	3.08	755

2.4.9　LiF 对氧化铝溶解度和溶解速度的影响

1) LiF 对氧化铝溶解度的影响

从表 2－7 中数据来看，LiF 的添加将降低氧化铝在 $Na_3AlF_6-K_3AlF_6-AlF_3$熔体中的溶解度。如在 KR 值为 10%，AlF_3含量为 20%的 $Na_3AlF_6-K_3AlF_6-AlF_3$熔体，当 LiF 添加量为 0%、1%和 3%时，氧化铝在熔体中的溶解度分别为 6.55%、5.50%和 4.96%。而向 KR 值为 20%，AlF_3 含量为 24%的 $Na_3AlF_6-K_3AlF_6-AlF_3$熔体中添加 3%的 LiF 时，氧化铝的溶解度由 5.39%降低

至4.00%。产生这种现象的原因可能在于：氧化铝在 $MF-AlF_3$ 类冰晶石熔体中的溶解，主要是由于氧化铝和熔体中的 AlF_6^{3-} 复合离子反应生成 $[Al_2O_2F_4]^{2-}$、$Al_2OF_8^{4-}$ 离子而溶解。

熔体中 AlF_6^{3-} 复合离子的数量越多，则氧化铝的溶解度越大。而在 $LiF-AlF_3$、$NaF-AlF_3$ 和 $KF-AlF_3$ 熔体中，AlF_6^{3-} 复合离子存在以下分解反应：

$$AlF_6^{3-} = AlF_5^{2-} + F^- \tag{2-14}$$

$$AlF_5^{2-} = AlF_4^- + F^- \tag{2-15}$$

$LiF-AlF_3$ 熔体中反应(2-14)、反应(2-15)的分解常数在 $MF-AlF_3$ 类冰晶石熔体中是最大的，而 $KF-AlF_3$ 熔体中反应(2-14)、反应(2-15)是最小的。所以在熔体中添加了 LiF 后，熔体中 AlF_6^{3-} 的数量降低，从而使氧化铝的溶解度降低。

此外，随着 LiF 添加，氧化铝溶解度降低幅度变小。LiF 平均添加量在 0~1% 范围内，LiF 每添加 1%，氧化铝溶解度降低约 0.87%；LiF 添加量在 1%~3% 范围内，LiF 平均每添加 1%，氧化铝溶解速度降低约 0.22%。对于 *KR* 值分别为 0、10%、20%、30% 和 40% 的熔体，LiF 添加量每增加 1%，当 AlF_3 含量为 20% 时，氧化铝溶解度分别降低约 0.32%、0.49%、0.52%、0.55% 和 0.54%；而当 AlF_3 含量为 24% 时，氧化铝溶解度则分别降低约 0.23%、0.42%、0.43%、0.40% 和 0.34%。

表 2-7 也表明，在 LiF 添加前，熔体中 AlF_3 每增加 1%，氧化铝在熔体中的溶解度降低在 0.32%~0.44% 之间。添加了 LiF 后，熔体中 AlF_3 每增加 1%，氧化铝在熔体中的溶解度降低在 0.22%~0.3% 之间。即熔体中添加了 LiF 后，增加相同量的 AlF_3，氧化铝在熔体中的溶解度降低幅度降低。

表 2-7　不同 LiF 含量、不同过热度下 $Na_3AlF_6-K_3AlF_6-AlF_3$ 熔体中氧化铝溶解度

KR/%	AlF_3/%	过热度/℃	氧化铝溶解度%		
			0% LiF	1% LiF	3% LiF
0	20	20	5.10	4.5	4.12
		40	5.68	5.04	4.66
	24	20	3.76	3.54	3.28
		40	4.19	4.00	3.52
10	20	20	5.88	4.90	4.34
		40	6.55	5.50	4.96
	24	20	4.61	3.78	3.50
		40	5.13	4.25	3.78

续表 2-7

KR/%	AlF_3/%	过热度/℃	氧化铝溶解度%		
			0% LiF	1% LiF	3% LiF
20	20	20	6.13	5.19	4.59
		40	6.84	5.70	5.16
	24	20	4.84	3.94	3.63
		40	5.39	4.40	4.00
30	20	20	6.25	5.13	4.54
		40	6.98	5.69	5.19
	24	20	4.84	4.02	3.67
		40	5.40	4.45	4.10
40	20	20	6.16	4.95	4.45
		40	6.90	5.55	5.13
	24	20	4.58	3.99	3.49
		40	5.13	4.45	4.06

2）LiF 对氧化铝溶解速度的影响

从表 2-8 来看，LiF 的添加使氧化铝在熔体中的溶解速度降低。如对于 $KR=0$、20% AlF_3以及过热度为 20℃体系，此时 Q 值为 0.45 min^{-1}。在熔体中分别添加 1%、3% LiF 后，Q 分别降低到 0.39 min^{-1}和 0.30 min^{-1}。而向 *KR* 为 20%，20% AlF_3，过热度为 20℃的熔体分别添加 1%、3% LiF 后，熔体的 Q 值由 0.5 min^{-1}分别降低到 0.43 min^{-1}和 0.38 min^{-1}。

表 2-8　不同 LiF 含量、不同过热度下 Q 值

KR/%	AlF_3/%	过热度/℃	Q/min^{-1}		
			0% LiF	1% LiF	3% LiF
0	20	20	0.45	0.39	0.30
		40	0.55	0.51	0.50
	24	20	0.26	0.23	0.21
		40	0.36	0.33	0.32

续表 2 - 8

KR/%	AlF_3/%	过热度/℃	Q/min^{-1}		
			0% LiF	1% LiF	3% LiF
10	20	20	0.50	0.42	0.35
		40	0.66	0.61	0.60
	24	20	0.33	0.30	0.28
		40	0.44	0.40	0.38
20	20	20	0.50	0.43	0.38
		40	0.66	0.61	0.60
	24	20	0.34	0.30	0.25
		40	0.43	0.39	0.38
30	20	20	0.46	0.37	0.34
		40	0.62	0.55	0.52
	24	20	0.30	0.25	0.25
		40	0.40	0.37	0.36
40	20	20	0.49	0.37	0.35
		40	0.60	0.52	0.51
	24	20	0.29	0.25	0.25
		40	0.38	0.36	0.37

从表 2 - 8 还可以看出，随着在熔体中 LiF 的添加量增加，Q 值的降低幅度随之减小，但降低幅度随着 LiF 添加量的增加而减小。在熔体中 AlF_3 含量为 20% 时，LiF 含量从 0 增加到 1%，从 1% 增加到 3%，平均每增加 1% LiF，Q 值降低幅度分别为 0.075 min^{-1} 和 0.035 min^{-1}。而当熔体中 AlF_3 含量为 24% 时，上述两个数量分别变为 0.035 min^{-1} 和 0.015 min^{-1}。显然，随着 LiF 添加量的增大，Q 降低幅度增大，此规律和其对溶解度的影响规律相似。LiF 添加量在 0 ~ 1% 之间，平均每添加 1% LiF，熔体中氧化铝溶解速度 Q 值降低约 0.055 min^{-1}；LiF 添加量在 1% ~ 3% 之间，平均每添加 1% LiF，熔体中氧化铝溶解速度 Q 值降低约 0.012 min^{-1}。

2.5 $Na_3AlF_6-K_3AlF_6-AlF_3$熔盐的电导率

2.5.1 氟化物熔盐电导率的测定

虽然铝电解质的电导率在铝电解工业中非常重要，但在实验上测量熔融氟化物及其混合物的电导率却非常困难，主要是很难找到合适的耐高温、耐腐蚀而且绝缘的物质作为电导池材料。在900～1000℃的高温下绝大多数绝缘材料都被氧化，除了铂等极少数稀有金属外，其他物质都经不起熔融氟化物的侵蚀。

要确定熔体电导率，需要先确定电解质在电导池中的电阻和电导池常数。一般地，通过对已知电导率的标准试剂(如氯化钾溶液或熔体等)电阻的测定，获得电导池常数，再测定该电导池结构下被测熔盐的电阻，从而求得其电导率。因此，为获得准确的被测熔盐电导率，不仅需要有稳定电导池常数的电导池结构，还需要能对熔体电阻进行准确测定的检测。

1)电导池结构

目前，电导池结构可分为两类：一类是金属电导池，所用材料一般为贵金属，如铂、铂－铑和铂－铱等。这类电导池尽管能耐熔融冰晶石的腐蚀，但由于电导池常数小、测得的熔体电阻值低、极化等因素对测量结果影响大，难以获得准确的电导率值。Edwards等设计了部分充满电导池和全充满电导池两种结构，并以铂坩埚为容器和对电极，测量了冰晶石熔体的电导率。为获得稳定的电导池常数，实验过程中需要精确测定电极浸入熔体深度，扣除熔体挥发对高度的影响。由于电导池常数低，分别为0.00073 cm^{-1}和0.084 cm^{-1}，实验过程需采用精密的电桥，并对电线及电极的电阻加以准确扣除。

另一类为“毛细管电导池”，这类电导池的最大特点是增大了测量电阻值，降低了极化电阻、电极及导线电阻测量结果的影响。由于热压氮化硼在电阻率、高温抗热震性以及强度等性能上比热解氮化硼要差。因此，后者成为了一种常用材料；也有研究者采用单晶氧化镁作电导池材料，但由于其耐熔融冰晶石的腐蚀能力差而不能适用。这种电导池的工作电极一般采用金属材料，如铂、钨以及锢康镍合金，对电极则为铂、石墨或钼等。

常见的四电极法从电导池结构上来说为金属电导池，而连续改变电导池常数法其电导池大多采用毛细管电导池结构。

2)四电极法

作为测量高温熔体电导率的一种常用方法，最初用于测量薄板电子导体的电导率，后来用于熔盐电导率的测量，其电导池结构如图2－30所示。

测量过程中，交流信号经电流电极1和4通过熔体组成闭合电路，往电压电

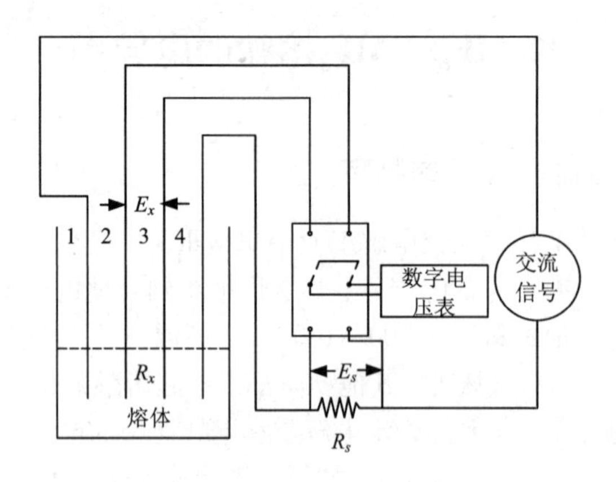

图 2－30　四电极电导率测试示意图

极(2 和 3)输入高阻抗，并使其通过的电流几乎为零，依据欧姆定律，建立电极 2 与 3 之间熔体的电阻 R_x、电压降 E_x 和标准电阻 R_s、标准电压降 E_s 之间的关系：

$$R_x = R_s(E_x/E_s) \tag{2-16}$$

从而获得电导池常数 C 与熔体电导率 σ 之间的关系：

$$\sigma = C/R_x \tag{2-17}$$

通过式(2－17)求得被测熔盐电导率。由此可知，四电极法最大程度地减少了极化的产生，但熔体高低、电极浸入深度、电极偏心度以及所采用频率都将对结果产生影响。四电极法在测量高温炉渣的电导率方面报道较多，如 Shigeta 等用"四电极法"测量以 CaF_2 为主的熔渣，梁连科等也用此方法测量以 CaF_2 为主，并含 CaO、Al_2O_3 和 MgO 的炉渣的电导率。马秀芳等用此方法来测定铝电解质的电导率。"四电极法"虽然简单，但它把复杂的离子导体简单地当成电子导体来处理，而且熔融铝电解质与炉渣相比，电导率高，测得的电阻阻值低，势必产生较大误差。

20 世纪 80 年代，有研究者提出用"四电极双浸入"法来测量熔液的电导率，它基于 Van Der Pauw 理论，其原理如图 2－31 所示。四支相同的电极呈正四边形分布在电导池中，在获得 bc 间的电压降 V_{I}，ad 间的电流 I_{I}，ab 间的电压降 V_{II} 和 cd 间的电流 I_{II} 后，根据欧姆定律，$R_{\text{I}} = V_{\text{I}}/I_{\text{I}}$，$R_{\text{II}} = V_{\text{II}}/I_{\text{II}}$，则上部平均电阻 $R_{\text{u}} = (R_{\text{I}} + R_{\text{II}})/2$；此后，将四支电极下浸至深度 h，获得下部平均电阻 R_{l}，则熔体电导率为：

$$\sigma = \frac{\ln 2 \times (R_{\text{u}} - R_{\text{l}})}{2\pi \times R_{\text{u}} \times R_{\text{l}} \times h} \tag{2-18}$$

这种方法获得的电导率精度可达到 ±1%。严格来讲，"四电极双浸入法"与

“四电极法”不同，它是一种电导率绝对测量方法，原则上不需要标准试剂来标定电导池常数。但在测量高温氟化物熔体电导率时，为避免熔体腐蚀作用带来的误差，仍采用标准试剂对电导池常数进行标定。

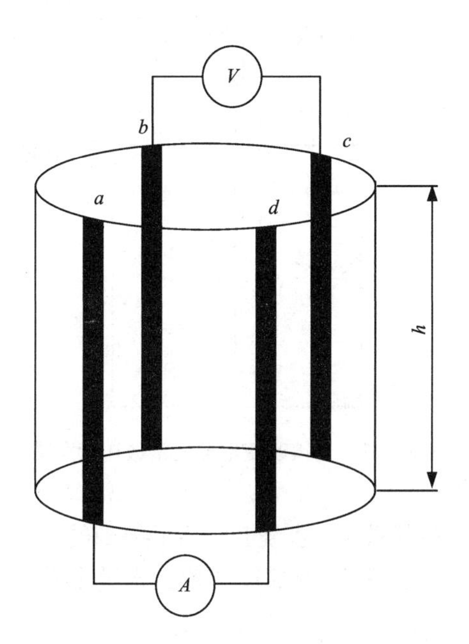

图2-31 四电极双浸入法示意图

3）连续改变电导池常数法

连续改变电导池常数法如图2-32所示。通常采用毛细管电导池，容器一般为石墨或铂金属，整个熔盐体系的阻抗 Z 由三部分组成：

$$Z=R_t+R_c+R_e \tag{2-19}$$

式中：R_t 为熔体真实电阻；R_c 为双电层电容充放电过程电阻、极化电阻以及杂散电容引起的电阻总和；R_e 为电极和导线的电阻。由欧姆定律及式(2-19)得：

$$\left(\frac{\partial Z}{\partial l}\right)=\left(\frac{\partial R}{\partial l}\right)=\frac{1}{\sigma A}=S \tag{2-20}$$

以已知电导率值的标准试剂来标定电导池，通过直线斜率 S 和电导率，求出电导池截面积 A。用待测熔体重复上述操作，根据式(2-20)就可求得熔体的电导率。

20世纪90年代，Xiangwen Wang 等以热解氮化硼作电导池，铂作可移动的电极，石墨坩埚为对电极，采用该方法对冰晶石及含有添加剂的熔体电导率进行了测量，测得1025℃时冰晶石电导率为2.81 $S\cdot cm^{-1}$。王兆文也用该法测得1000℃时冰晶石的电导率为2.80 $S\cdot cm^{-1}$，连续改变电导池常数法避免了四电极

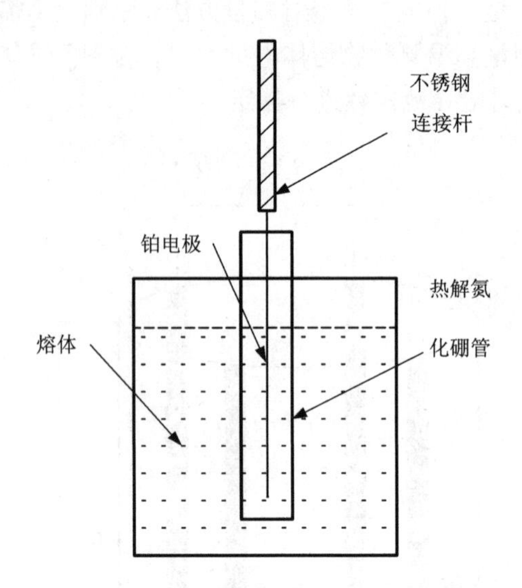

图 2-32　连续改变电导池常数法示意图

法中对于复杂离子熔体的简单化，也绕开了后面提到的交流阻抗谱法深奥的电化学原理，而且也比电桥法更精确，从文献的数据报道来看都表明了该方法所测结果的可靠性。

4）数据采集与处理

熔融冰晶石电阻的测量过程中，整个体系等效电路图可用图 2-33 进行表示。

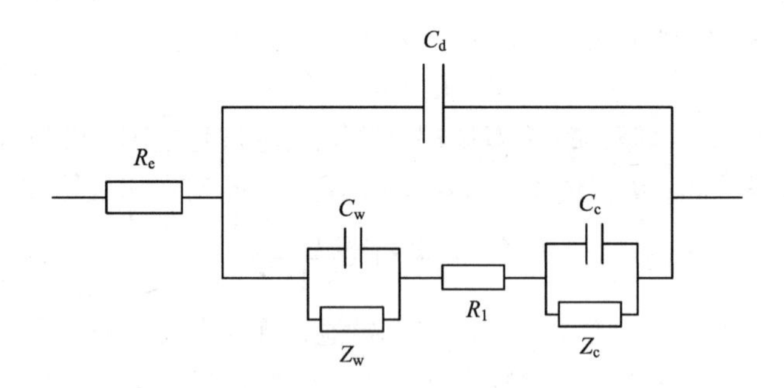

图 2-33　电化学体系等效电路图

R_e—电极及导线电阻；R_1—熔体电阻；C_d—平板电容；C_w—工作电极的双电层电容；C_c—对电极的双电层电容；Z_w—工作电极的阻抗；Z_c—对电极的阻抗

依据电化学阻抗理论，其电路可简化为如图 2-34 所示。

图 2－34　电导池简化等效电路图

R_l—熔体电阻；C_w—电极/熔体界面双电层电阻

依据电阻检测的方法不同可分为交流电桥法和交流阻抗谱法。几种经典的熔融冰晶石电导率测量用交流电桥如图 2－35 所示。

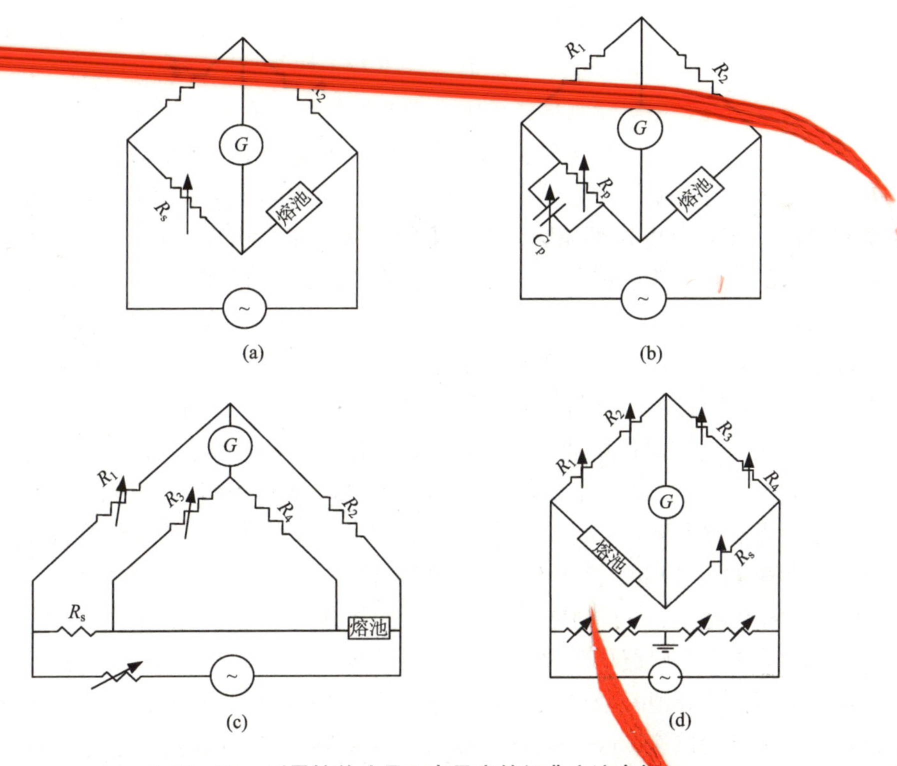

图 2－35　测量熔盐冰晶石电导率的经典交流电桥

(a) Wheastones 电桥；(b) Jones 电桥；(c) Kelvin 电桥；(d) Carey－Foster 电桥

下面以 Jones 电桥来说明交流电桥法的测量原理。如图 2－35(b) 所示，电桥左右两边桥臂为等值标准电阻，平衡电导池的一桥臂为可变电阻 R_p 与可变电容 C_p 相并联，而电解质溶液的实际电阻 R_s 和双电层电容 C_s 可以认为是串联的，当电桥达平衡时，有如下关系：

$$\frac{R_s}{R_p}+\frac{C_p}{C_s}=1 \tag{2-21}$$

$$R_p=R_s+\frac{1}{R_s C_s^2(2\pi f)^2} \tag{2-22}$$

式中：f为正弦信号的频率。当左右桥臂不等时，如图2-35(a)中，R_1和R_2之间是倍数关系，则R_p和R_S之间也是倍数关系；在实际的电桥测量中，如左右两上臂相等，$\frac{1}{R_s C_s^2(2\pi f)^2}$项值较小时，可将测得的电阻$R_p$当成熔盐的实际电阻$R_S$。

在交流电桥法中，一个不能忽略的影响因素是电极/溶液界面发生的极化现象。由于电桥法测得的熔盐电阻很小，不能消除电极与导线的电阻对测量结果的影响，因此，需使用能测量低电阻值的双电桥，如Kelvin电桥、Carey-Foster电桥等。不仅如此，在实际测量过程中，需选择合适的频率，以消除极化的影响。

交流电桥法可与金属电导池和毛细管电导池结合来测定熔盐的电导率。在金属电导池中，由于熔盐的电导率一般很大，测得的电阻很小，所以常用Kelvin电桥和Carey-Foster电桥等能测量小电阻的电桥。在实际的测量过程中，为了降低极化带来的影响，常在铂电极的表面涂上铂黑，以增加电极的有效表面积。

由于电桥法采用模拟技术，需要人工调节电位计，存在测量时间较长，使用比较繁琐，测量精度受电桥系统精度的限制等缺点。随着现代电化学测试技术的发展，这一方法已被交流阻抗谱法所取代。

交流阻抗谱法测量熔盐电导率是基于电化学体系等效电路的。鉴于高温冰晶石熔体的复杂性，除了熔盐的电阻、双电层电容、Warburg阻抗以及电荷转移电阻外，还可能出现电感等元件，其等效电路如图2-36所示。交流阻抗谱测定铝电解质电导率始于20世纪80年代，它可结合"毛细管电导池"，也可结合"金属电导池"来测定熔盐冰晶石的电导率。因为在金属电导池中测得的电阻值很小，在实际的测量中，在电路中串联一标准电阻以增大测量值，减小误差。用此方法测量电导率时，电导池常数必须是固定的，即两电极间的距离和位置保持不变。自20世纪90年代以来，Fellner、Híveš、Kryukovsky等以热解氮化硼作毛细管电导池，采用交流阻抗法测量了熔融冰晶石的电导率，1000℃外推时冰晶石的电导率为2.80 $S \cdot cm^{-1}$。

交流阻抗谱测定熔盐电导率是从体系的等效电路图来求出熔盐的电阻，从电阻求出熔盐的电导率的。如提出的等效电路图合理、能扣除导线和电极的电阻，交流阻抗谱法则是一种快速、简便和准确的测量方法。但是由于熔盐电化学系统的复杂性，提出合理的等效电路图是一件困难的事情，而且在实际的操作过程中，如何扣除导线和电极的电阻也是一个棘手的问题，这就增加了交流阻抗谱法的难度。

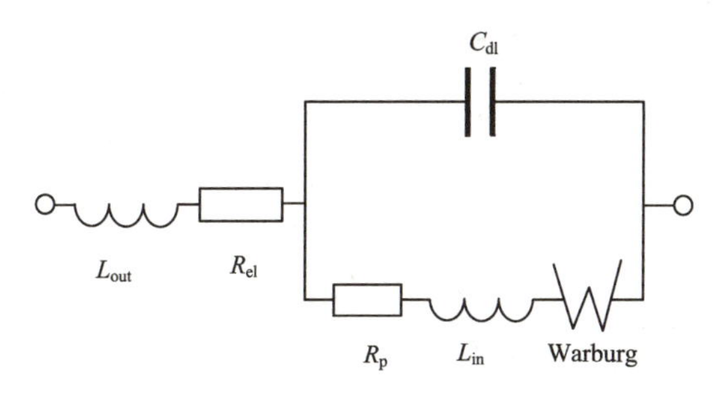

图2－36　测定熔融冰晶石电导率的等效电路图

C_{dl}—双电层电容；L_{out}—外电路感抗；L_{in}—内电路感抗；R_{el}—熔体电阻；

R_p—电荷迁移电阻；Warburg－Warburg 阻抗

2.5.2　温度对熔体电导率的影响

从图2－37可以看出，电导率均随着温度的升高而增大。在相同的温度、相同的 *KR* 值下，AlF_3含量越高熔体电导率越小；在相同的温度及 AlF_3含量下，*KR* 值越高熔体电导率越小。

电导率随温度的变化率大小都是随着 AlF_3含量的增大而增加，随着 *KR* 的增加而增大(见表2－9)。斜率最小的为 $KR=10\%$，AlF_3含量为0熔体，其电导率随温度的变化率为 $1.63\times10^{-3}\ \Omega^{-1}\cdot cm^{-1}\cdot ℃^{-1}$，斜率最大的为 $3.68\times10^{-3}\ \Omega^{-1}\cdot cm^{-1}\cdot ℃^{-1}$。Híveš 测得的 $NaF-AlF_3$($CR=1.2$)熔体，在700～800℃的温度范围内电导率随温度的变化率为 $1.47\times10^{-3}\ \Omega^{-1}\cdot cm^{-1}\cdot ℃^{-1}$，$KF-AlF_3$($CR=1.2$)熔体在660～760℃温度变化范围内的斜率为 $1.94\times10^{-3}\ \Omega^{-1}\cdot cm^{-1}\cdot ℃^{-1}$，此值和本文相比有些偏低。对于 $NaF-KF-AlF_3$熔体，Apisarov 在720～820℃温度范围内对 *CR* 为1.3，KF/(KF＋NaF)＝0.21 和 $CR=1.5$，KF/(KF＋NaF)＝0.27 的两个熔体的电导率进行了测定，两熔体的温度变化率分别为 $2.24\times10^{-3}\ \Omega^{-1}\cdot cm^{-1}\cdot ℃^{-1}$和 $2.89\times10^{-3}\ \Omega^{-1}\cdot cm^{-1}/℃$。

表2－9　不同组成熔体电导率随温度变化率

KR/%	直线斜率/($\Omega^{-1}\cdot cm^{-1}\cdot ℃^{-1}$)×$10^3$			
	0% AlF_3	20% AlF_3	24% AlF_3	30% AlF_3
10	1.63	1.67	1.97	2.04
20	2.04	2.19	1.97	1.79
30	2.01	1.97	2.04	2.17
40	2.77	1.88	3.17	3.68

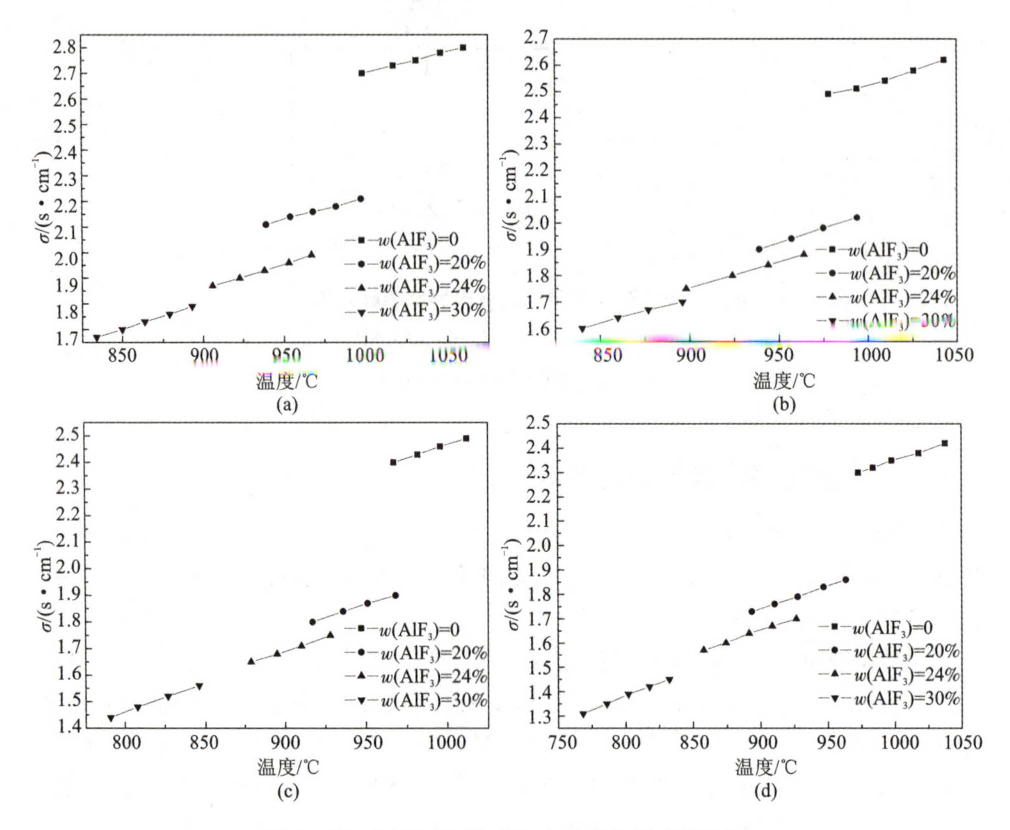

图 2-37　不同 *KR* 及 AlF_3 电导率和温度的关系

(a) *KR* = 10%；(b) *KR* = 20%；(c) *KR* = 30%；(d) *KR* = 40%

由于熔盐是离子导体，它由离子及空穴构成。在没有电场存在时，熔盐中的离子及空穴进行无规则的运动。在有电场存在时，熔盐中的离子和空穴作定向运动，这种定向运动也就形成了电流，因而熔融状态的盐是良好的导体，而且电场强度越大，定向运动的方向性越强。随着温度的升高，进行定向运动的离子和空穴的数量越来越多，因而熔盐的电导率一般都随着温度的升高而增大。

根据现代熔盐电导理论，熔盐的导电机理和液体中粒子运动特性相似，热运动特性是：在某一时间内，离子在某一平衡位置附近振动，而后又跳到另一平衡位置。离子运动的速度仅取决于在某一平衡位置附近的振动时间，因为从某一平衡位置跳到另一平衡位置所需的时间很短。则根据阿仑尼乌斯公式，熔盐的电导率和温度关系如下：

$$\sigma = A \times \exp\left(-\frac{E}{T}\right) \tag{2-23}$$

式中：E 称为表观电导活化能($J\cdot mol^{-1}$)，T 为温度(K)，A 为指前因子。根据式(2－23)，计算得各熔体的计算电导率如图 2－38 中直线所示。把实验获得的不同温度下的电导率值带入式(2－23)进行拟合，得到各熔体的表观电导活化能列于表 2－10。随着 KR、AlF_3含量的增加，电导活化能的变化趋势也是随着熔体中 KR、AlF_3含量的增加而增加。这是因为熔体中 K^+的离子半径比 Na^+半径大，熔体中 AlF_3易于形成体积庞大的复合阴离子，这些体积较大的离子在迁移时所需要克服的能量壁垒比较大，所以其所需要的活化能也相应较多。即熔体的导电能力随着 KR、AlF_3含量的增加而降低。把电导活化能与熔体中 AlF_3的质量分数量作图(见图 2－39)。从图 2－39 可以看出，熔体电导活化能一般随着 AlF_3含量的增加而增加，随着 KR 的增加而增大。这表明，熔体中 AlF_3、K_3AlF_6浓度的增加均不利于熔体的导电性能。

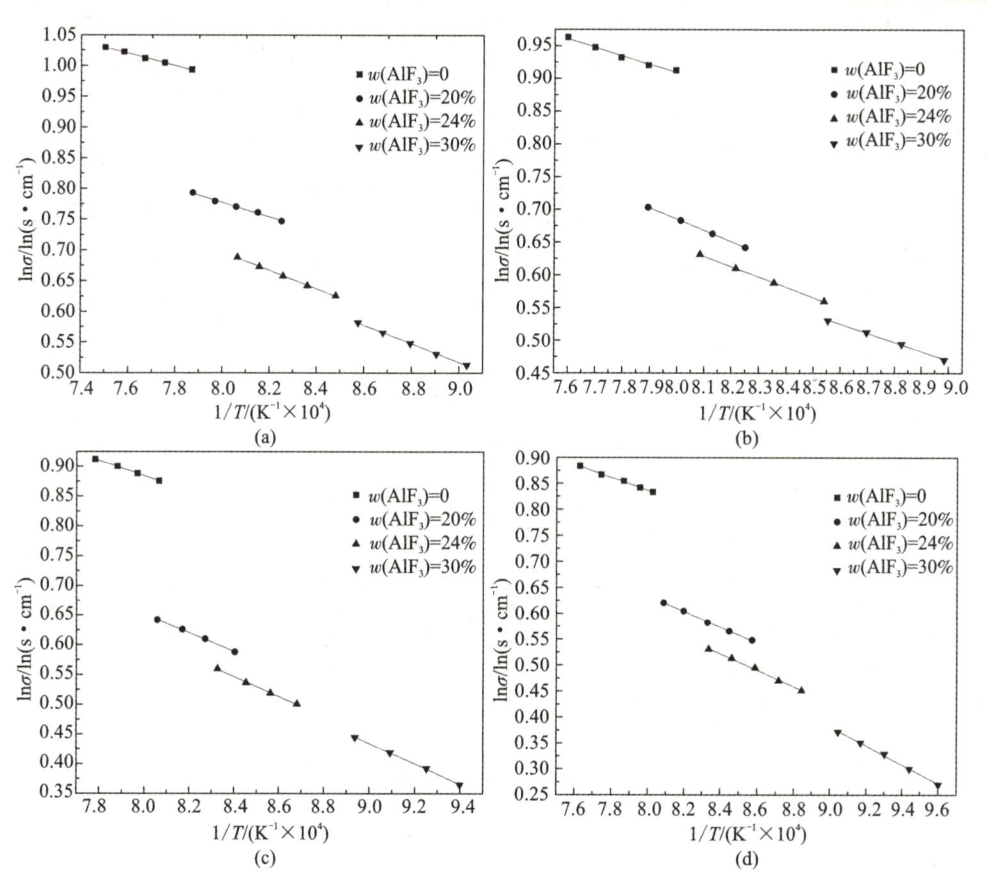

图 2－38　$Na_3AlF_6-K_3AlF_6-AlF_3$熔体阿仑尼乌斯公式中电导率与温度的关系

(a) $KR=10\%$；(b) $KR=20\%$；(c) $KR=30\%$；(d) $KR=40\%$

表 2-10　各熔体的表观电导活化能 E 和指前因子 A

KR/%	$w(AlF_3)$/%	$A/(\Omega^{-1} \cdot cm^{-1})$	$E/(kJ \cdot mol^{-1})$	t/℃
10	0	7.96	8.37	990 ~ 1100
	20	7.63	9.87	930 ~ 100
	24	7.54	10.9	900 ~ 970
	30	7.49	12.7	830 ~ 900
20	0	7.82	11.0	970 ~ 1050
	20	7.51	12.2	930 ~ 1000
	24	7.41	12.6	890 ~ 970
	30	7.37	13.3	830 ~ 900
30	0	7.71	12.9	960 ~ 1050
	20	7.43	13.3	910 ~ 970
	24	7.35	14.0	870 ~ 930
	30	7.30	14.7	790 ~ 850
40	0	7.56	13.0	970 ~ 1040
	20	7.31	14.3	890 ~ 970
	24	7.26	15.1	850 ~ 930
	30	7.15	16.3	760 ~ 840

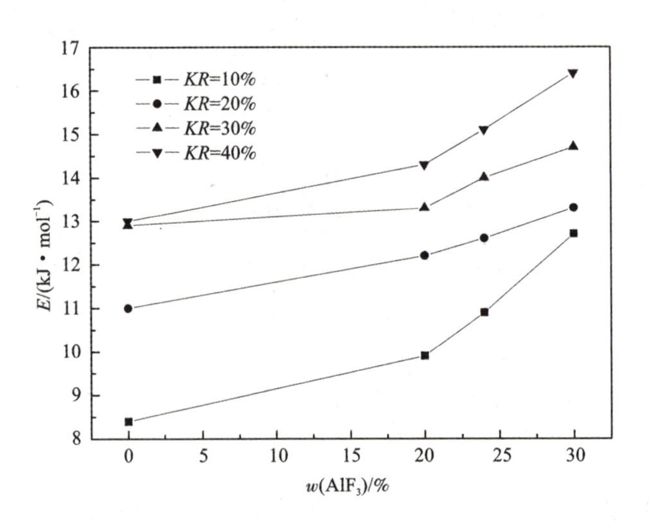

图 2-39　各熔体电导活化能 E 与 AlF_3 含量的关系

离子型熔体在其固态时具有晶体所固有的远程规律，而在液态时远程规律消失，所以离子型熔盐由固体转变为液体时，其电导率的增加往往是跳跃式进行的。由于离子型熔体具有上述特点，所以我们可以把熔体的电导率外推到其初晶温度附近来比较不同熔体的电导率是可行的。因此把图 2 – 37 中各体系的电导率外推到离各自初晶温度 5℃附近，则各体系初晶温度与电导率的关系如图 2 – 40 所示。

从图 2 – 40 可以明显看出，在相同过热度下，熔体的电导率随着熔体初晶温度的升高而增加。而且，当初晶温度超过 900℃后，随着初晶温度的升高熔体电导率增加幅度增大。

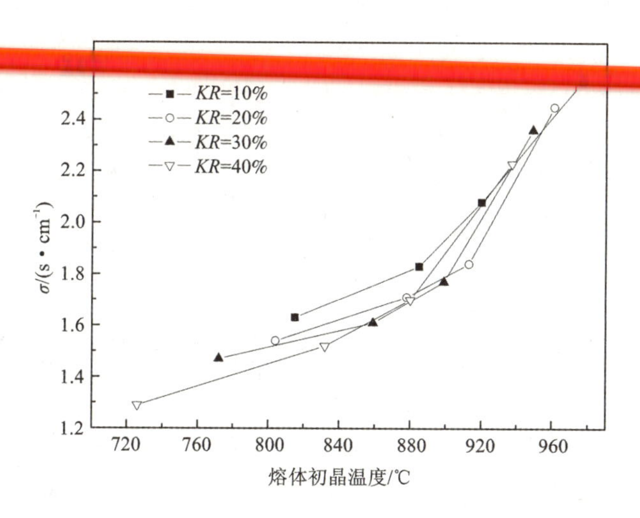

图 2 – 40　熔体电导率 σ 与初晶温度关系（过热度为 5℃）

2.5.3　K_3AlF_6对熔体电导率的影响

从图 2 – 41 来看，*KR* 的增加会使熔体的电导率降低。在图 2 – 41 中还可以发现，在 *KR* 为 20% 时为一拐点，此一拐点把整个区域分为两部分，一部分为 0 ~ 20%，另一部分为 20% ~ 40%。在 0 ~ 20% 里，*KR* 平均每增加 10%，熔体的电导率约降低 0.15 $\Omega^{-1} \cdot cm^{-1}$。而在 *KR* 为 20% ~ 40% 里，*KR* 平均每增加 10%，熔体的电导率约降低 0.1 $\Omega^{-1} \cdot cm^{-1}$。也即随着 *KR* 的增加，熔体电导率降低幅度会缓慢减少。熔体中 *KR* 的增加导致电导率降低是由于 K^+ 的离子半径大于 Na^+，因而其在熔体中的迁移速率也小于 Na^+，所以熔体中 *KR* 增加电导率降低。

2.5.4　AlF_3对熔体电导率的影响

由图 2 – 42 可知，AlF_3 含量的增加使熔体的电导率降低。如 *KR* 为 10%，温

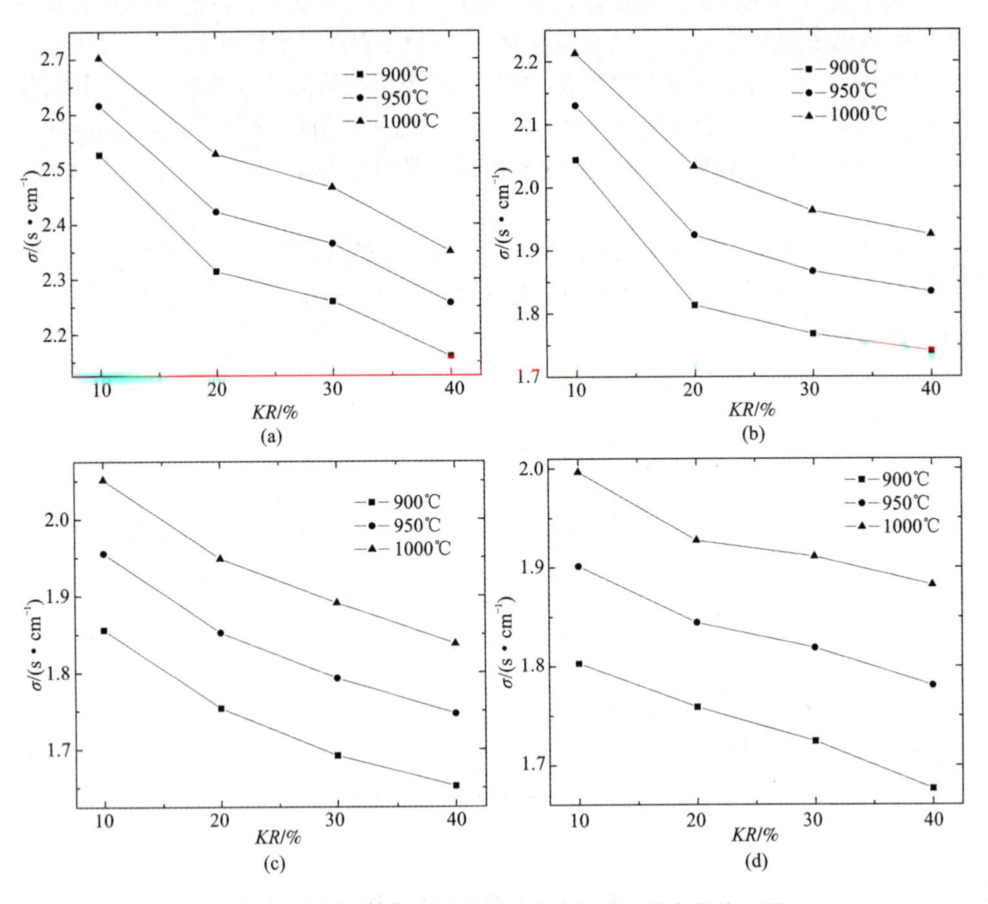

图 2-41 相同温度下熔体电导率 σ 随 *KR* 的变化关系图

(a) $w(AlF_3)$ = 0%；(b) $w(AlF_3)$ = 20%；(c) $w(AlF_3)$ = 24%；(d) $w(AlF_3)$ = 30%

度为900℃，当 AlF_3 含量由 0 增加到 20% 时，熔体电导率值由 2.31 $\Omega^{-1}\cdot cm^{-1}$ 降低到 1.81 $\Omega^{-1}\cdot cm^{-1}$。熔体中 AlF_3 含量的增加导致电导率的降低主要是由于熔体中引入的 AlF_3 和熔体中 F^- 结合，形成体积较为庞大的 AlF_5^{2-} 和 AlF_4^- 复合阴离子。熔体中 AlF_3 含量越多，AlF_5^{2-} 和 AlF_4^- 复合阴离子的数量越多。而体积较为庞大的复合阴离子对承担绝大部分电流的 Na^+、K^+ 的迁移是不利的。因而随着熔体中 AlF_3 含量的增加电导率降低。然而，电导率降低幅度随着 AlF_3 含量的不同而不同。对于 *KR* 分别为 10%、20%、30% 和 40%，AlF_3 在 0 到 20% 内，AlF_3 平均每增加 10%，熔体电导率分别降低 0.25 $\Omega^{-1}\cdot cm^{-1}$、0.24 $\Omega^{-1}\cdot cm^{-1}$、0.21 $\Omega^{-1}\cdot cm^{-1}$ 和 0.25 $\Omega^{-1}\cdot cm^{-1}$，平均为 0.24 $\Omega^{-1}\cdot cm^{-1}$；AlF_3 在 20% 到 30% 范围内，平均每增加 10% AlF_3，熔体电导率分别降低 0.13 $\Omega^{-1}\cdot cm^{-1}$、0.23 $\Omega^{-1}\cdot cm^{-1}$、

0.13 $\Omega^{-1}\cdot cm^{-1}$和0.09 $\Omega^{-1}\cdot cm^{-1}$，平均为0.15 $\Omega^{-1}\cdot cm^{-1}$。也即随着AlF_3含量的继续增大，熔体电导率降低幅度变小了。此原因可能为随着AlF_3含量的继续增大，AlF_3和熔体中F^-结合成AlF_5^{2-}和AlF_4^-复合阴离子的缔合反应达到平衡，熔体中复合阴离子的数量不再随着AlF_3含量的增加而增加。

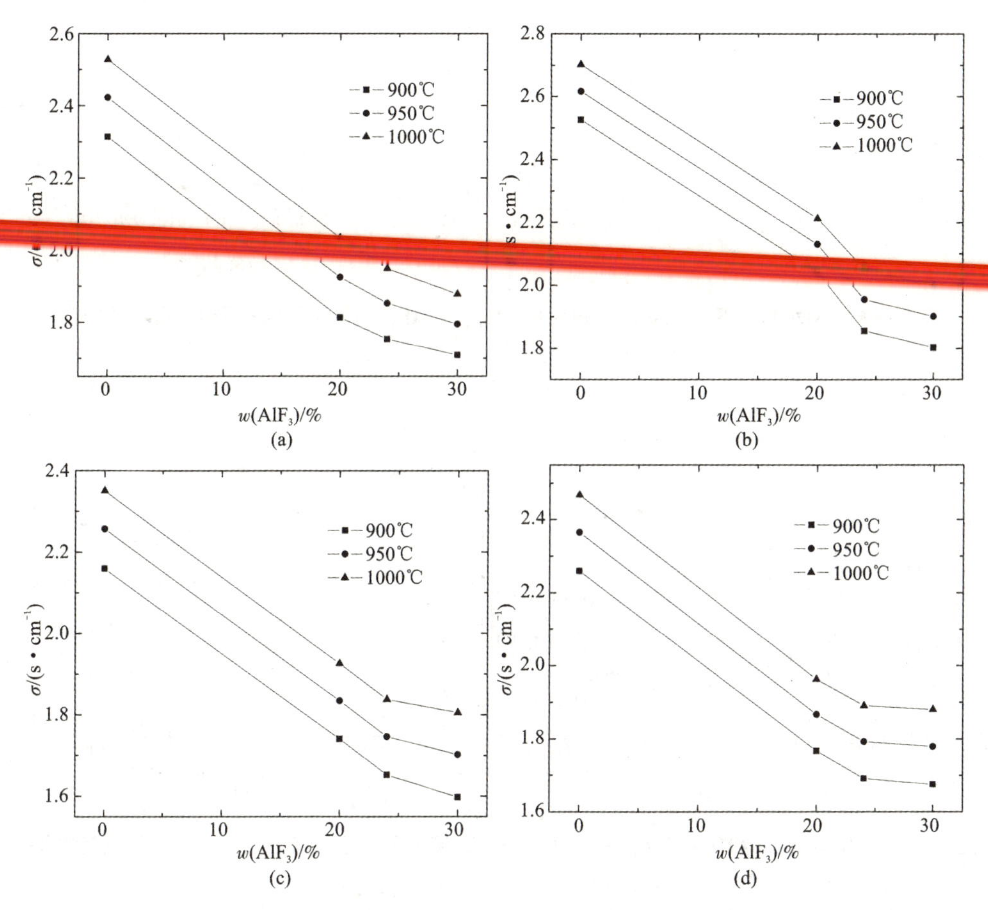

图2-42 相同温度下电导率σ随AlF_3的变化关系图

(a)$KR=10\%$；(b)$KR=20\%$；(c)$KR=30\%$；(d)$KR=40\%$

2.5.5 氧化铝对熔体电导率的影响

对于($Na_3AlF_6-40\%K_3AlF_6$)$-AlF_3-Al_2O_3$熔体，不管AlF_3含量为20%还是24%，熔体添加了氧化铝后电导率也都是随着温度呈线性增加的(见图2-43)。对于($Na_3AlF_6-40\%K_3AlF_6$)$-AlF_3$熔体，添加不同量的氧化铝后，经过式(2-23)计算的电导活化能列于表2-11，根据式(2-23)计算所得的电导率计算值在图2－44 中以直线来表示。

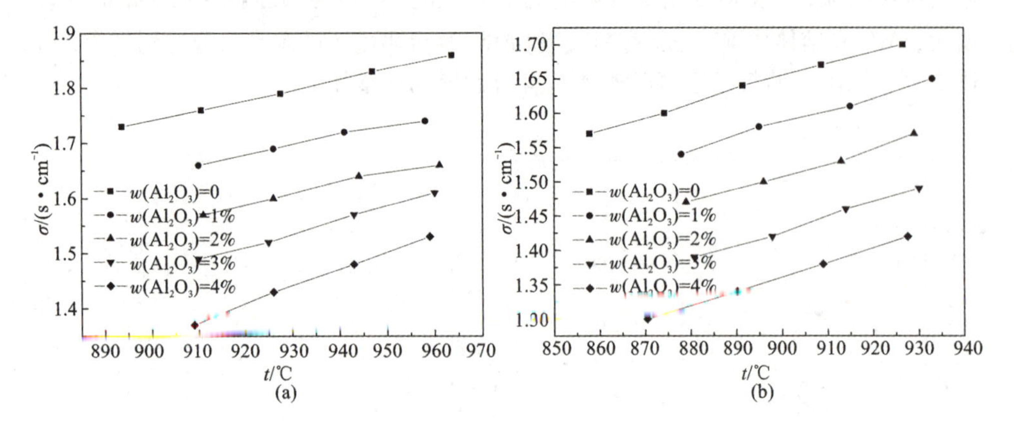

图2－43　不同 AlF_3 下（Na_3AlF_6 －40%K_3AlF_6）－AlF_3 － Al_2O_3 熔体电导率和温度的关系

（a）$w(AlF_3)$ =20%；（b）$w(AlF_3)$ =24%

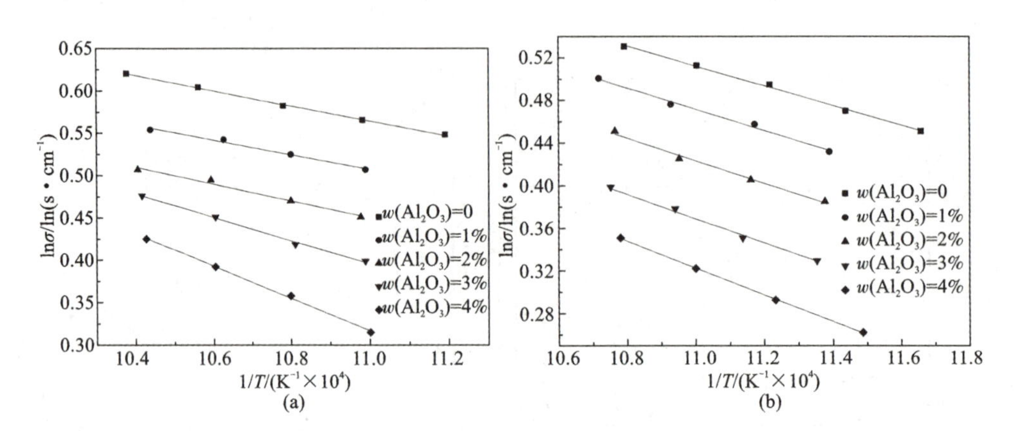

图2－44　（Na_3AlF_6 －40%K_3AlF_6）－xAlF_3 － Al_2O_3 熔体阿仑尼乌斯公式中电导率与温度的关系

（a）$w(AlF_3)$ =20%；（b）$w(AlF_3)$ =24%

表2－11　（Na_3AlF_6 －40%K_3AlF_6）－xAlF_3 － Al_2O_3 电导活化能参数

AlF_3/%	参数	1% Al_2O_3	2% Al_2O_3	3% Al_2O_3	4% Al_2O_3
20	E/(kJ·mol^{-1})	5.66	6.41	10.4	20.3
	A/(Ω^{-1}·cm^{-1})	12.0	13.8	19.2	26.5
24	E/(kJ·mol^{-1})	6.69	6.94	7.35	8.34
	A/(Ω^{-1}·cm^{-1})	14.0	14.9	16.0	17.7

不同温度下(Na_3AlF_6 −40% K_3AlF_6) −$x$$AlF_3$ − Al_2O_3熔体的电导率和氧化铝含量之间的关系如图 2 −45 所示。从图中可以看出，对于(Na_3AlF_6 −40% K_3AlF_6) − $x$$AlF_3$熔体，氧化铝溶解会使熔体的电导率显著降低。对于 AlF_3含量为 20% 的熔体，平均每添加 1% Al_2O_3，(Na_3AlF_6 −40% K_3AlF_6) −20% AlF_3熔体的电导率降低约 0.11 $\Omega^{-1}\cdot cm^{-1}$。

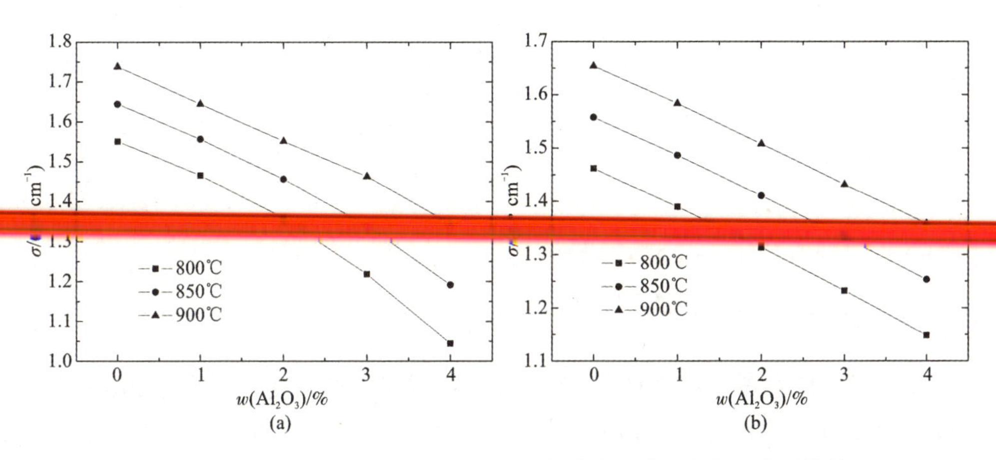

图 2 −45　(Na_3AlF_6 −40% K_3AlF_6) − $x$$AlF_3$熔体电导率和氧化铝含量的关系图

(a)20% AlF_3；(b)24% AlF_3

对于 AlF_3含量为 24% 的熔体，平均每添加 1% Al_2O_3，(Na_3AlF_6 −40% K_3AlF_6) − 24% AlF_3熔体的电导率降低约 0.08 $\Omega^{-1}\cdot cm^{-1}$。许多研究者都对 Na_3AlF_6 − Al_2O_3熔体的导电性能做了研究。表 2 − 12 列出了不同研究者测定的每增加 1% Al_2O_3使冰晶石熔体电导率降低值。

表 2 − 12　不同研究者测定的氧化铝对熔体电导率的影响

熔体	CR	t/℃	1% Al_2O_3 σ 降低值/($\Omega^{-1}\cdot cm^{-1}$)	作者
Na_3AlF_6	3	1000	0.06	Edwards 等
Na_3AlF_6	3	1020	0.07	Yim 等
Na_3AlF_6	3	1000	0.04	Matiasovsky 等
Na_3AlF_6 − AlF_3	2.2	1000	0.04	Xiangwen 等
Na_3AlF_6	3	1000	0.05	Híves 等
Na_3AlF_6	3	1000	0.05	Chrenkova 等

续表 2-12

熔体	*CR*	t/℃	1% Al_2O_3 σ 降低值/($\Omega^{-1}\cdot cm^{-1}$)	作者
Na_3AlF_6 +4% CaF_2 +4% MgF_2 +4% LiF	2.6	935	0.07	Xiangwen Wang 等
$Na_3AlF_6-AlF_3$	1.2	720	0.02	Matiasovsky 等
$K_3AlF_6-AlF_3$	1.2	680	0.01	Híves 等
$K_3AlF_6-AlF_3$	1.3	760	0.05	Kryukovsky
$K_3AlF_6-AlF_3$	1.3	800	0.03	Redkin
Na_3AlF_6	3	1090	0.03	Fellner 等
$Na_3AlF_6-K_3AlF_6-AlF_3$	*CR*=1.8, $w(AlF_3)$=20%~24%	800~900	0.08	本书

从表2-12可知，添加1% Al_2O_3使熔体电导率降低幅度最小的为Híves等的测定结果，其所测定的体系为*CR*为1.2的K_3AlF_6熔体，其测定结果为每添加1% Al_2O_3，熔体的电导率降低0.01 $\Omega^{-1}\cdot cm^{-1}$。最高的除了本书外，还有Xiangwen Wang对*CR*为2.6的$Na_3AlF_6-CaF_2-MgF_2-LiF$熔体的测定结果，Yim对纯$Na_3AlF_6$熔体的测定结果，他们的测定结果都为每添加1% Al_2O_3，熔体电导率降低约0.07 $\Omega^{-1}\cdot cm^{-1}$。综合文献与本书所获得的结果，每增加1% Al_2O_3，冰晶石熔体电导率降低幅度在0.01~0.08 $\Omega^{-1}\cdot cm^{-1}$范围内。不同研究者对单位Al_2O_3降低冰晶石熔体电导率值的测定结果参差不齐，除了高温熔盐电导率的测定的特点所致之外，还由于不同的电解质熔体、不同的试剂来源所致。

氧化铝降低熔体的电导率是因为氧化铝添加进熔体后，先分解释放出O^{2-}。而O^{2-}离子的半径和AlF_6^{3-}复合阴离子中的F相近，从而通过作用，O^{2-}离子把AlF_6^{3-}复合阴离子中的F置换出来，从而形成$Al_2OF_6^{2-}$和$Al_2O_2F_6^{2-}$复合阴离子。这些复合阴离子和熔体中的AlF_6^{3-}、AlF_5^{2-}和AlF_4^-复合阴离子一样，体积都较为庞大，它们对Na^+的迁移过程形成了阻塞作用，因而降低了熔体的电导率。

2.5.6 LiF对熔体电导率的影响

图2-46所示为(Na_3AlF_6-40% K_3AlF_6)-24% AlF_3-2% Al_2O_3熔体添加不同量的LiF后熔体的电导率随温度的变化关系。(Na_3AlF_6-40% K_3AlF_6)-24% AlF_3-2% Al_2O_3-LiF熔体电导率及经过式(2-23)计算得到的电导率计算值标在图2-47中直线部分。和(Na_3AlF_6-40% K_3AlF_6)-AlF_3熔体及

$(Na_3AlF_6-40\%K_3AlF_6)-AlF_3-Al_2O_3$熔体类似，$(Na_3AlF_6-40\%K_3AlF_6)-24\%AlF_3-2\%Al_2O_3$熔体添加了不同含量的 LiF 后其电导率基本和温度呈线性关系，符合阿仑尼乌斯关系式。$(Na_3AlF_6-40\%K_3AlF_6)-24\%AlF_3-2\%Al_2O_3$分别添加 1%、2%、3% 和 4% LiF 后，熔体的电导率随温度的变化率列于表 2-13。

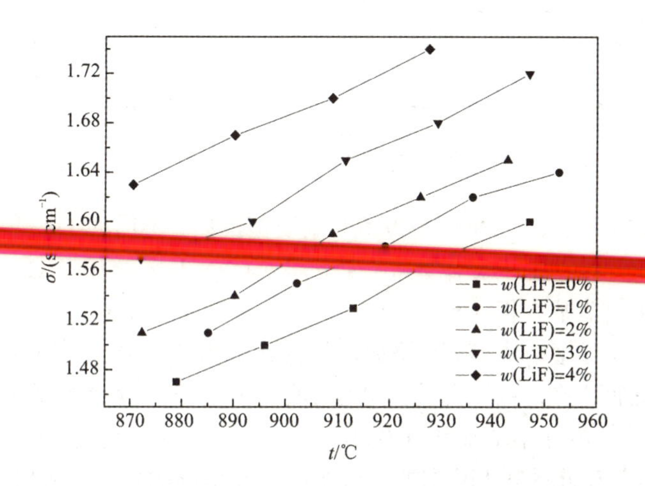

图 2-46　$(Na_3AlF_6-40\%K_3AlF_6)-24\%AlF_3-2\%Al_2O_3-LiF$ 熔体电导率和 LiF 含量的关系

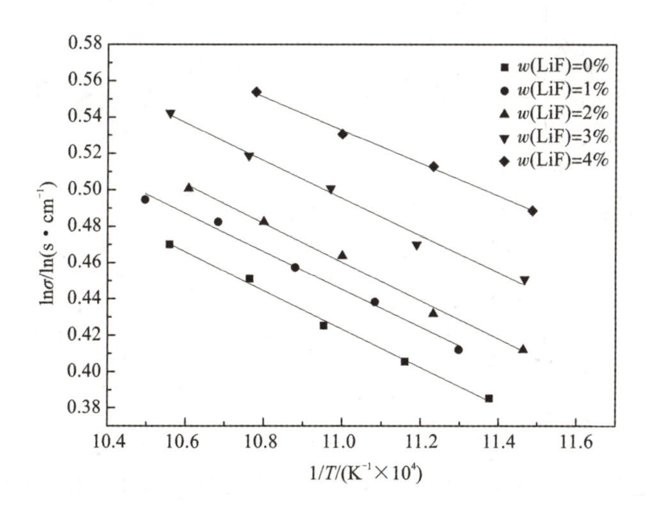

图 2-47　$(Na_3AlF_6-40\%K_3AlF_6)-24\%AlF_3-2\%Al_2O_3-LiF$ 熔体阿仑尼乌斯公式中电导率与温度的关系

表 2-13 不同 LiF 含量下电导率随温度的变化率

x(LiF)/%	电导率 σ 随温度变化率/($\Omega^{-1} \cdot cm^{-1}$)	温度范围/℃
0	1.95×10^{-3}	875 ~ 950
1	1.95×10^{-3}	880 ~ 955
2	2.04×10^{-3}	875 ~ 945
3	2.04×10^{-3}	870 ~ 950
4	1.89×10^{-3}	865 ~ 930

从表 2-13 可知，在 865℃ ~955℃温度范围内，不同的 LiF 添加量下，平均每升高 1℃熔体电导率增加幅度介于 1.95×10^{-3} ~ 2.04×10^{-3} $\Omega^{-1} \cdot cm^{-1}$之间，和没添加氧化铝前基本相同。

从图 2-48 可把熔体随 LiF 添加量的变化分为两部分，一部分为 LiF 的添加量在 0 ~2% 之间，在此区间内熔体电导率随 LiF 的添加量增加幅度较小，平均每添加 1% LiF 熔体电导率增加约 0.028 $\Omega^{-1} \cdot cm^{-1}$。另一部分为 LiF 的添加量在 2% ~4% 之间，在此区间 LiF 添加量对熔体电导率影响较大，平均每添加 1% LiF 熔体电导率增加约 0.06 $\Omega^{-1} \cdot cm^{-1}$。

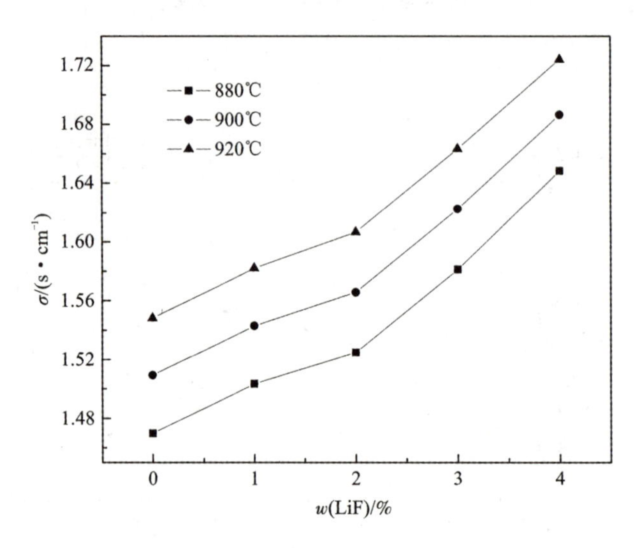

图 2-48 (Na_3AlF_6 -40% K_3AlF_6) -24% AlF_3 -2% Al_2O_3 - LiF 熔体电导率与 LiF 含量关系图

LiF 对铝电解质电导率的影响在文献上有很多报道，表 2-14 列出了部分研究者对冰晶石熔体中添加 LiF 后熔体电导率随 LiF 含量的变化量。每增加 1% LiF 冰晶石熔体电导率增加幅度在 0.03 ~ 0.07 $\Omega^{-1}\cdot cm^{-1}$之间。其中，LiF 添加使熔体电导率增加幅度最小的有 Yim、Matiasovsky、Xiangwen、Fellner 和 Kryukovsky。他们的测定结果都是每添加 1% LiF，熔体电导率增加约 0.03 $\Omega^{-1}\cdot cm^{-1}$。LiF 添加使熔体电导率增加幅度最大的除了本文外，还有 Choudhary 和 Xiangwen Wang 对 Na_3AlF_6熔体的测定，其测定结果分别为 0.07 $\Omega^{-1}\cdot cm^{-1}$和 0.06 $\Omega^{-1}\cdot cm^{-1}$。

表 2-14　不同作者测定的 LiF 对冰晶石熔体电导率的影响

熔体	*CR*	t/℃	1% LiFσ 增加量 /($\Omega^{-1}\cdot cm^{-1}$)	作者
$Na_3AlF_6-AlF_3$	3	[illegible]	[illegible]	[illegible] 等
$Na_3AlF_6-AlF_3$	1.3	755	0.03	Yim 等
Na_3AlF_6	3	1000	0.03	Matiasovsky 等
$Na_3AlF_6+4\%CaF_2+4\%MgF_2+3\%Al_2O_3$	2.6	935	0.03	Xiangwen 等
$K_3AlF_6-AlF_3$	1.3	750	0.03	Fellner 等
$Na_3AlF_6-AlF_3$	2.2	950	0.07	Choudhary
$K_3AlF_6-AlF_3$	1.3	755	0.03	Kryukovsky 等
$K_3AlF_6-Na_3AlF_6-AlF_3$	$CR=1.8$, $w(AlF_3)=24\%$	900	0.06	本书

参考文献

[1] 刘业翔，李劼. 现代铝电解[M]. 北京：冶金工业出版社. 2013.

[2] 邱竹贤. 预焙槽炼铝[M]. 北京：冶金工业出版社，2005.

[3] N. W. F. Phillips, R. H. Singleton, E. A. Hollingshead. Liquidus curves for aluminium cell electrolyte in cryolite - aluminium[J]. J. Electrochem. Soc., 1955, 102(11): 648-649.

[4] N. W. F. Phillips, R. H. Singleton and E. A. Hollingshead. Liquidus Curves for Aluminium Cell Electrolyte II: Ternary System of Cryolite Aluminium with Sodium Fluoride, Sodium Chloride, and Aluminium Fluoride[J]. J. Electrochem. Soc., 1955, 102(12): 690-692.

[5] A. Fenerty, E. A. Hollingshead. Liquidus Curves for Aluminium cell Electrolyte III Systems Cryolite - Aluminium with Aluminium Fluoride and calcium fluoride[J]. J. Electrochem. Soc., 1960, 107(12): 993-997.

[6] D. A. Chin, E. A. Hollingshead. Liquidus Curves for Aluminum Cell ElectrolyteIV systems

$Na_3AlF_6-Al_2O_3$ and MgF_2, Li_3AlF_6 and K_3AlF_6[J]. J. Electrochem. Soc., 1996, 113(7): 736-739.

[7] V. Danielik and J. Gabcova. Phase Diagram of the System NaF-KF-AlF_3[J]. Journal of Thermal Analysis and Calorimetry, 2004, 76: 763-773.

[8] R. Fernandez, K. Grjotheim, T. østvold. Physicochemical Properties of Cryolite and Cryolite Alumina Melts with KF Additions. I, Temperature of Primary Crystallization.[C]. In: H. O. Bohner, eds. Light Metals 1985, New York, USA: TMS, 1985: 501-506.

[9] 迟亮, 丁益民, 陈念贻. KF-KCl二元相图的研究[J]. 上海大学学报(自然科学版), 2003, 9(5): 464-466.

[10] 丁益民, 阎立诚, 陈念贻. KF-KCl体系相图测定和相图热力学评估问题的探讨[J]. 盐湖研究, 2003, 11(1): 4-6.

[11] 张金生, 邱竹贤. 冰晶石-氟化铝二元系相平衡研究[J]. 东北工学院学报, 1990, 11(4): 340-344.

[12] Perry A., Foster J. R. Phase Equilibria in the System $Na_3AlF_6-AlF_3$[J]. Journal of the American Ceramic, Society, 1970, 53(11): 598-600.

[13] Ray D. Petterson Alton T. Tabereaux. Liquidus Curves for the Cryolite-AlF_3-CaF_2-Al_2O_3 System in Aluminum Cell Electrolytes[C]//In: Zabreznik R. D., eds. Light Metals 1987, Denver, Colorado, USA: TMS, 1987: 383-388.

[14] Steven S. Lee, Kuan. Shaur Lei, Paul Xu, et al. Determination of Melting Temperature and Al_2O_3 Solubilities for Hall Cell Electrolyte Compositions[C]//Light Metals 1984, Los Angeles, USA: TMS, 1984: 841-855.

[15] Perry A., Foster J. R.. Determination of the Cryolite-Aluminia Phase Diagram by Quenching Methods[J]. Journal of the American Society, 1960, 43(2): 66-68.

[16] Perry A., Foster J. R.. Phase Diagram of a Portion of the System $Na_3AlF_6-AlF_3-Al_2O_3$[J]. Journal of the American Ceramic Society, 1975, 56(7-8): 288-291.

[17] Douglas F., Craig, Jesse J., et al. Phase Equilibria in the system $CaF_2-AlF_3-Na_3AlF_6$ and Part of the System $CaF_2-AlF_3-Na_3AlF_6-Al_2O_3$[J]. Journal of the American Ceramic Society, 1980, 63(5-6): 254-260.

[18] Roger T., Cassidy, Jesse J., et al. Phase Equilibria in the System LiF-AlF_3-Na_3AlF_6-Al_2O_3[J]. Journal of the American Ceramic Society, 1979, 62(11-12): 547-551.

[19] 许茜, 邱竹贤. KF-AlF_3系热力学性质的计算[J]. 有色金属, 1994, 46(1): 58-61.

[20] 许茜, 邱竹贤. LiF-MgF_2, NaF-MgF_2, KF-MgF_2系热力学性质和相图的计算[J]. 有色金属, 1994, 46(3): 48-52.

[21] Zhou Chuanhua, Shen Jianyun, Li Guoxun. Phase Diagram Calculation of Quasi-binary System $Na_3AlF_6-K_3AlF_6$[J]. Transactions of NF. Soc., 1995, 5(2): 26-29.

[22] 许茜, 邱竹贤, 于亚鑫. 铝电解质初晶温度的拟合及预报[J]. 有色金属, 1995, 47(2): 70-72.

[23] 任凤莲, 练文柳, 李向群. 铝电解质初晶温度检测及其数学拟合的研究[J]. 有色金属(冶

炼部分)，2003，(2)：30 – 32.

[24] H. G. Johansen, A. sterten, J. Thonstad. The Phase Diagrams of the Systems Na_3AlF_6 – $Fe_{0.947}O$ and Na_3AlF_6 – FeF_2 and Related Activities of FeF_2 from EMF Measure[J]. Acta Chem. Scand., 1989, 43(5): 417 – 420.

[25] A. R. Johns. On Alumina Crusting and Dissolution in Molten Electrolyte[C]//In: Gordon M. Bell, eds. Light Metals 1981, Chicago, USA: TMS, 1981: 373 – 387.

[26] J. Thonstad, F. Nordmo, J. B. Paulsen. Dissolution of Alumina in Molten Cryolite Melts[C]// Light Metals 1971, New York, USA: TMS, 1971: 213 – 222.

[27] Winkhaus G. Dissolution of Alumina in Cryolite Melts[C]. Light Metals 1970, New York, USA: TMS, 1970: 1 – 11.

[28] Qiu Z., Yang Z., Gao B., et al. Dissolution of Alumina in Molten Cryolite (a Video Recording [illegible] 1999, San Diego, CA, USA: TMS, 1999: 467 – 471.

[29] Maeda H., Matsui S., Era A.. Measurement of Dissolution Rate of Alumina in Cryolite Melt [C]. In: H. O. Bohner, eds. Light Metals 1985, New York, USA: TMS, 1985: 763 – 780.

[30] Xiaoling Liu, Simon F. Gerge, Valerie. A. Willis. Visualisation of Alumina Dissolution in Cryolitic Melts[C]//In: U. Mannweiler, eds. Light Metals 1994, San Francisco, California, USA: TMS, 1994: 359 – 364.

[31] Kobbeltvedt Ove, Thonstad Jomar, Rolseth Sverre. On the Mechanisms of Alumina Dissolution with Relevance to Point Feeding Aluminium Cells[C]//In: W. Hale, eds. Light Metals 1996, TMS: Anaheim, CA., USA: TMS, 1996: 421 – 427.

[32] Tarcy G. P., Rolseth S., Thonstad J.. Systematic Alumina Measurement Errors and Their Significance in the Liquidus Enigma[C]//In: Das S. K., eds. Light Metals 1993, Denver, Colorado, USA: TMS, 1993: 227 – 232.

[33] J. Gerlach, U. Hennig, K. Kern. The Dissolution of Aluminum Oxide in Cryolite Melts[C]. In: Helge Forberg, eds. Light metals 1974, New York, USA: TMS, 1974: 49. – 61.

[34] Jack L., Henry, W. M. Lafky. Solubility Data for Aluminum Reduction System[J]. Industrial and Engineering Chemistry, 1956, 48(1): 126 – 128.

[35] Yunshu Zhang, Xiaoxia Wu, Robert A. Rapp. Solubility of Alumina in Cryolite Melts: Measurements and Modeling at 1300K[J]. Metallurgical and Materials Transactions B, 2003, 34B: 235 – 242.

[36] E. Robert, J. E. Olsen, V. Danek, et al. Structure and Thermodynamics of Alkali Fluoride – Aluminum Fluoride – Alumina Melts. Vapor Pressure, Solubility, and Raman Spectroscopic Studies[J]. J. Phys. Chem. B, 1997, 101(46): 9447 – 9457.

[37] R. M. Kibby, H. C. Marshall, N. E. Richards. Alumina Concentration Meter[P]. U. S. Patent 3471390, 1969.

[38] R. E. Smids. Electrolytes Cell Solute Determining Apparatus and Method. US. 3539456 [P], 1970.

[39] B. J. Welch, R. J. Snow. The Repeatability of Anode Effect in Cryolite – Alumina melts[J]. J. Electrochem. Soc., 1966, 113: 1338 – 1340.

[40] J. Thonstad, P. Johansen, E. W. Kristensen. Some Properties of Alumina Sludge[C]//In: Curtis J. McMinn, eds. Light Metals 1980, Warrendale, PA., USA: TMS, 1980: 227 – 239.

[41] Gerard Picard, Yves Bertaud, Evelyne Prat, et al. Process for Electrochemical Measurement of the Concentration of Oxides ions in a Bath – Based on Molten Halides. US. 4935107[P], 1990.

[42] J. Thonstad. Chronopotentiometric Measurements on Graphite Anodes in Cryolite – Alumina Melts [J]. Electrochim. Acta, 1969, 14: 127 – 134.

[43] Thonstad J., Nordmo F., Paulsen J. B.. Dissolution of Alumina in Molten Cryolite[J]. METALL TRANS., 1972, 3(2): 403 – 408.

[44] V. A. Kryukovsky, A. V. Frolov, O. Yu. Tkacheva. Physical – Chemical Properties of Potassic Cryolite as a Basic Component of Bath for Aluminum Production[C]//International Conference – Exhibition, ALUMINIUM of SIBERIA, 2006, Krasnoyarsk, Russia.

[45] 邱竹贤, 张明杰, 何鸣鸿. 低温铝电解的研究[J]. 轻金属, 1984(6): 33 – 36.

[46] Hovland R., Rolseth S., Solheim A.. On the Alumina Dissolution in Cryolitic Melts[C]. Light Metals Processing and Applications, Quebec, Canada, 1993: 3 – 16.

[47] R. G. Haverkamp, B. J. Welch, J. B. Metson. An Electrochemical Method for Measuring the Dissolution rate of Alumina in Molten Cryolite [J]. Bulletin of Electrochem, 1992, 8(7): 334 – 340.

[48] R. G. Haverkamp, B. J. Welch, J. B. Metson. The Influence of Fluorination on the Dissolution Rare of Alumina in Smelter Electrolyte[C]//In: U. Mannweiler, eds. Light Metals 1994, San Francisco, California, USA: TMS, 1994: 365 – 370.

[49] Bagshaw, B. J. Welch. The Influence of Alumina Properties on its Dissolution in Smelting Electrolyte[C]//In: Miller R. E., eds. Light Metals 1986, New Orleans, Louisiana, USA: TMS, 1986: 35 – 39.

[50] A. N. Bagshaw, G. Kuschel, M. P. Taylor, et al. Effect of Operationg Conditions on the Dissolution of Primary and Secondary(Reacted) Alumina Powders in Electrolytes[C]//In: H. O. Bohner, eds. Light Metals 1985, New York, USA: TMS, 1985: 649 – 659.

[51] Jain R. K., Taylor M. P., Tricklebank S. B., et al. Study of the relationship between the Properties of Alumina, its Interaction with Aluminum Smelting Electrolytes[C]//Proceeding of 1st International Symposium on Molten Salt Chemistry and Technology, Kyoto, Japan, 1983: 59 – 64.

[52] R. K. Jain, S. B. Tricklebank, B. J. Welch, et al. Interaction of Aluminas with Aluminium Smelting Electrolytes[C]//In: E. M. Adkins, eds. Light Metals 1983, Atlanta, Georgia, USA: TMS, 1983: 609 – 622.

[53] S. Rolsrth, R. Hovland, O. Kobbeltvedt. Alumina Agglomeration and Dissolution in Cryolitic Melts[C]. In: U. Mannweiler, eds. Light Melts 1994, San Francisco, California, USA: TMS 1994: 351 – 357.

[54] G. . I. Kuschel, B. J. Welch. Futher Studies of Alumina Dissolution Under Conditions Similar to Cell Operation[C]//In: Elwin Rooy, eds. Light Metals 1991. New Orleans, Louisiana, USA: TMS, 1991: 299 – 305.

[55] Kuschel G. I. , Welch B. J. . Effect of Alumina Properties and Operation of Smelting Cells on the Dissolution Behaviour of Alumina [C]//Alumina Quality in a Highly Dynamic Market Environment. Second International Alumina Quality Workshop, Perth, Western Australia, Australia, 1990: 58 – 69.

[56] J. Bard, L. R. Faulkner. Electrochemical Methods – Fundamentals and Applications[M], John wiley & Sons, New York, 1980.

[57] J. Thonstad, A. Solheim, S. Rolseth, et al. The Dissolution of Alumina in Cyolite Melts[C]. In: G. C. Paul, eds. Light Metals 1988, Warrendale PA, USA: TMS, 1988: 655 – 661.

[58] [illegible] of Interest for Aluminum Electrolysis and Related Phase Diagram Data[J]. Metallurgical and Materials Transactions B, 1997, 28B: 81 – 86.

[59] Y. Bertaud, A. Lectard. Aluminium Pechiney Specifications for Optimizing the Aluminas Used in Sidebreak and Point Feeding Reduction Pots[C]//Light Metals 1984, Los Angeles, USA: TMS, 1984: 667 – 686.

[60] Homsi P. . Alumina Requirements for Modern Smelters [C]//6th Australasian Aluminium Smelting Technology Conference and Workshop, Queenstown, New Zealand, 1998: 73 – 89.

[61] X. Wang. Alumina Dissolution in Cryolitic Melts: a Literature Review[C]//In: J. Kazadi and J. Masounave, eds. Light Metals 2000 Métux Légers, 2000: 41 – 54.

[62] Neal Wai – Poi, Barry J. welch. Comparing Alumina Quality Specifications and Smelter Expectations in Cells [C]//In: U. Mannweiler, eds. Light Metals 1994, San Francisco, California, USA: TMS, 1994: 345 – 350.

[63] Qian Xu, Yiming Ma, Zhuxian Qiu. Calculation of Thermodynamic Properties of $LiF-AlF_3$, $NaF-AlF_3$ and $KF-AlF_3$[J]. Calphad, 2001, 25(1): 31 – 42.

[64] Edwards J D, Taylor C S, Russell A S, Maranville L F. Electrical Conductivity of Molten Cryolite and Potassium, Sodium, and Lithium Chlorides[J]. Journal of the Electrochemical Society, 1952, 99(12): 527 – 535.

[65] Kryukovsky V A, Frolov A V, Tkatcheva O Y, Redkin A A, Zaikov Y P, Khokhlov V A, Apisarov A P. Electrical conductivity of low melting cryolite melts[A]. In: GALLOWAY T J, eds. Light Metals[C], Warrendale, PA: TMS, 2006: 409 – 413.

[66] Robbins G D. Measurement of Electrical Conductivity in Molten Flulrides. A Survey[J]. Journal of the Electrochemical Society, 1969, 116(6): 813 – 817.

[67] Edwards J D, Taylor C S, Cosgrove L A, Russell A S. Electrical Conductivity and Density of Molten Cryolite with Additives[J]. Journal of the Electrochemical Society, 1953, 100(11): 508 – 512.

[68] Fellner P, Kobbeltvedt O, Sterten A, Thonstad J. Electrical Conductivity of Molten Cryolite –

Based Binary Mixtures Obtained with a Tube - type Cell Made of Pyrolytic Boron nitride[J]. Electrochimica Acta, 1993, 38(4): 589 - 592.

[69] Yim E W, Feinleib M. Electrical Conductivity of Molten Fluorides Ⅰ. Apparatus and Method [J]. Journal of the Electrochemical Society, 1957, 104(10): 622 - 626.

[70] Yim E W, Feinleib M. Electrical Conductivity of Molten Fluorides Ⅱ. Conductance of Alkali Fluorides, Cryolites, and Cryolite - Base Melts[J]. Journal of the Electrochemical Society, 1957, 104(10): 626 - 630.

[71] Xiangwen Wang, Peterson R D, Tabereaux A T. Electrical Conductivity of Cryolitic Melts[A]. In: CUTSHALL E R, eds. Light Metals[C]//Warrendale, PA: TMS, 1992, 1991: 481 - 488.

[72] Kim K B, Sadoway D R. Electrcal Conductivity Measurements of Molten Alkaline - Earth Fluorides[J]. Journal of the Electrochemical Society, 1992, 139(4): 1027 - 1033.

[73] Cuthbertson J W, Waddington J. A Study of The Cryotite - Alumina Cell With Particular Reference to Decomposition Votage[J]. Transactions of the Faraday Society, 1936, 32: 745 - 760.

[74] Shigeta H, Hidehiro H, Kazumi O. Electrical Conductivity of Molten Slags for Electro - Slag [J]. Transactions of the Iron and Steel Institute of Japan, 1983, 23: 1053 - 1058.

[75] 梁连科, 郭仲文, 王运志, 骆启斌, 姜兴渭, 梁景凯. 交流四探针法测定炉渣电导率的研究[J]. 东北工学院学报, 1985, 44(3): 71 - 77.

[76] 马秀芳, 张世荣, 李德祥, 李国华. Na_3AlF_6 - AlF_3 - LiF - CaF_2系熔体变温电导率的研究[J]. 有色金属, 1998, 50(4): 77 - 81.

[77] Silny A, Haugsdal B. Electrical Conductivity Measurement of Corrosive Liquids an High Temperatures[J]. Review of Scientific Instruments, 1993, 64(2): 532 - 537.

[78] Jones G, Christian S M. The Measurement of the Conductance of Electrolytes. Ⅵ. Galvanic Polarization by Alternating Current[J]. Journal of the American Chemical Society, 1935, (57): 272 - 280.

[79] 王兆文, 胡宪伟, 高炳亮. CVCC 法测定冰晶石系熔盐电导率的应用研究[J]. 东北大学学报(自然科学版), 2006, 27(7): 786 - 789.

[80] 曹楚南, 张鉴清. 电化学阻抗谱导论[M], 北京: 科学出版社, 2004.

[81] 舒余德, 陈白珍. 冶金电化学研究方法[M], 长沙: 中南工业大学出版社, 1990.

[82] Hives J, Thonstad J, Sterten A, Fellner P. Electrical conductivity of the molten cryolite - based ternary mixtures Na_3AlF_6 - Al_2O_3 - CaF_2 and Na_3AlF_6 - Al_2O_3 - MgF_2[J]. Electrochimica Acta, 1993, 38(15): 2165 - 2169.

[83] Apisarov A, Dedyukhin A, Redkin A, Tkacheva O, Nikolaeva E, Zaikov Y, Tinghaev P. Physical - chemical properties of the KF - NaF - AlF_3 molten system with low cryolite ratio[A]. In: BEARNE G, eds. Light Metals[C]. Warrendale, PA: TMS, 2009: 401 - 403.

[84] Matiasovsky, Malinovsky, Ordzovensky. Electrical Conductivtiy of the Melts in the System Na_3AlF_6 - Al_2O_3 - NaCl[J]. Journal of the Electrochemical Society, 1964, 111(8): 973 - 976.

[85] Wang X, Peterson R D, Tabereaux A T. Multiple Regression Equation for the Electrical

Conductivity of Cryolitic Melts[A]. In: DAS S K, eds. Light Metals[C], Warrendale, PA: TMS, 1993: 247 -255.

[86] Hives J, Thonstad J, Sterten A, Fellner P. Electrical Conductivity of Molten Cryolite - Based Mixtures Obtained with a Tube - Type Cell made of Pyrolytic Boron Nitride [A]. In: MANNWEILER U, eds. Light Metals[C]//Warrendale, PA: TMS, 1994: 187 -194.

[87] Chrenkova M, Danek V, Silny A, Utigard T A. Density, Electrical Conductivity and Viscosity of Low Melting Baths for Aluminium Electrolysis[A]. In: HALE W, eds. Light Metals[C], Warrendale, PA: TMS, 1996: 227 -232.

[88] Redkin A, Tkatcheva O, Zaikov Y, Apisarov A. Modeling of Cryolite - Alumina Melts Properties and Experimental Investigation of Low - Melting electrolytes[A]. In: SØRLIE M, eds. Light Metals[C]//Warrendale, PA: TMS, 2007: 513 -517.

[illegible]
Smelting[J]. Electrochimica Acta, 2004, 49(28): 5111 -5114.

[90] Matiasovsky K, Danek V, Malinovsky M. Effect of LiF and Li_3AlF_6 on the Electrical Conductivity of Cryolite - Alumina Melts[J]. Journal of the Electrochemical Society, 1969, 116(10): 1381 -1383.

[91] Choudhary G. Electrical Conductivity for Aluminum Cell Electrolyte between 950℃ ~1025℃ by Regression Equation[J]. Journal of The Electrochemical Society, 1973, 120(3): 381 -383.

第3章 $NiFe_2O_4$基金属陶瓷的腐蚀行为

3.1 引 言

铝电解惰性阳极材料，应具有良好的高温抗氧化性、抗热震性及导电性能等。然而，惰性阳极在铝电解条件下的耐腐蚀性能是评价其性能优劣的首要标准，它不仅关系到惰性阳极的使用寿命，在应用过程中表现“惰性”的特征，也影响到产品金属 Al 的质量，直接关系到能否实现其在工业上的实际应用。了解金属陶瓷惰性阳极电解条件下腐蚀行为及腐蚀机理，有助于选择合理的阳极材料组成及电解质组成，为材料和电解工艺的设计提供重要参考。

本章讨论了$NiFe_2O_4$基金属陶瓷组元与氟化物之间的化学反应，阐述了电解条件下惰性阳极的腐蚀机理与行为特征，介绍了阳极组元腐蚀后在电解质中的分布特征。

3.2 阳极组元与熔体间化学反应的热力学

反应热力学和动力学研究是原位反应制备复合材料工艺参数确定的重要依据。对反应进行热力学分析是必要的，因为它不仅给出了反应发生的可能性，还可以提供优化反应参数的方法；而反应动力学关系到反应速度、反应途径、生成物形态及尺寸等。反应物之间的化学反应能否进行，取决于反应是否满足一定的热力学条件：只有当反应过程的吉布斯自由能变化小于零时，该反应在理论上才可能发生。在反应过程中，可能有多个反应同时或交错进行，产生亚稳定的中间产物，伴随着反应条件的改变，这些中间产物有的将会继续转变成稳定相，有的则成为最终产物。

众所周知，化学反应的吉布斯自由能变化可由下式计算得到：

$$\Delta rG_m^\ominus(T) = \Delta rH_m^\ominus(298\text{K}) - T\Delta rS_m^\ominus(298\text{K}) + \Delta C_p T\left(\ln\frac{298}{T} + 1 - \frac{298}{T}\right) \quad (3-1)$$

式中：$\Delta rS_m^\ominus(298\text{K})$为标准反应熵差。

$$\Delta rS_m^\ominus(298\text{K}) = \sum(n_i\Delta S_{i,f,298\text{K}}^\ominus)_{生成物} - \sum(n_i\Delta S_{i,f,298\text{K}}^\ominus)_{反应物} \quad (3-2)$$

式(3-1)所表示的相对焓只适用于在298K至T间的物质没有发生相变的情况。若发生晶型转变，则相对焓和标准摩尔熵计算将由其他公式计算。

要将一个化学反应用于生产实践通常要考虑两个方面的问题：一是要了解反应进行的方向和最大限度以及外界条件对平衡的影响；二是要知道反应进行的速率和反应的历程(即机理)。前者属于热力学范畴，而后者属于动力学范畴。

3.2.1 含 Fe 化合物反应热力学分析

电解过程中，$NiFe_2O_4$会发生微弱的离解反应，形成 Fe_2O_3、FeO，这两种物质可能会与氧化铝反应生成耐蚀层物相(铝铁尖晶石)。并且由于氧化物在冰晶石熔盐中有一定的溶解度，溶解生成氟化物，因此铝铁尖晶石还可能按如下方式形成：

$$FeF_2 + 4/3Al_2O_3 = FeAl_2O_4 + 2/3AlF_3 \quad (3-3)$$

另外，铝铁尖晶石[illegible]

$$FeAl_2O_4 + 1/4O_2 = 1/2Fe_2O_3 + Al_2O_3 \quad (3-4)$$

并且生成的铝铁尖晶石也在冰晶石熔体中有一定的溶解度，其溶解度相对于铁酸镍陶瓷基体更大，会发生如下反应：

$$FeAl_2O_4 + AlF_3 + 1/4O_2 = FeF_3 + 3/2Al_2O_3 \quad (3-5)$$

下面从热力学角度分析一下上述反应发生的可能性。

表3-1所列为 Fe-Al-O-F 系中可能参与反应的所有物质以及反应产物的等压热容 C_p，标准生成焓和熵。

表3-1 不同温度范围 Fe 及其化合物的标准焓变、熵变和定压比热容

物质	$\Delta rH_m^{\ominus}$Y298 /(kJ·mol^{-1})	$\Delta rS_m^{\ominus}$Y298 /(J·mol^{-1}·K^{-1})	C_p/(J·mol^{-1}·K^{-1})	温度范围/℃
Fe	0.89956	27.27968	$-134.305+79.862\times10^{-3}T+696.012\times10^{-5}T^2$	787~911
Fe	0.89956	27.27968	$5.734+1.998\times10^{-3}T$	911~1392
FeO	-272.04368	60.75168	$12.142+2.059\times10^{-3}\times T-0.791\times10^{-5}/T^2$	866~1870
Fe_2O_3	-825.5032	87.4456	$31.71+1.76\times10^{-3}\times T$	780~1462
Fe_3O_4	-1118.3832	146.44	48	593~1597
FeF_2	-705.8408	86.98536	$17.822+1.922\times10^{-3}\times T-1.948\times10^{-5}/T^2$	0~1100
FeF_3	-1041.816	98.324	$24.894-3.752\times10^{-3}\times T-1.967\times10^{-5}/T^2+3.313\times10^{-6}\times T^2$	0~927

续表 3 - 1

物质	$\Delta rH_m^{\ominus}$Y298 /(kJ·mol^{-1})	$\Delta rS_m^{\ominus}$Y298 /(J·mol^{-1}·K^{-1})	C_p/(J·mol^{-1}·K^{-1})	温度范围/℃
$FeAl_2O_4$	-1975.60948	106.2736	$37.14 + 6.25 \times 10^{-3} \times T - 7.49 \times 10^{-5}/T^2$	620 ~ 1621
Al	10.71104	11.476712	7.588	760 ~ 2493.8
Al_2O_3	-1675.2736	50.936016	$28.804 + 2.197 \times 10^{-3} \times T - 11.56 \times 10^{-5}/T^2$	0 ~ 2256
AlF_3	-1510.424	66.48376	$22.147 + 2.166 \times 10^{-3} \times T - 2.137 \times 10^{-5}/T^2$	0 ~ 1250

结合上述各反应物质在不同温度下的标准焓变，熵变和定压比热容，通过式(3 - 1)可以计算出各反应在不同温度下的标准自由能变化，如表 3 - 2 所示。

表 3 - 2　含铁物质在电解温度下反应的标准吉布斯自由能

反应式	标准吉布斯自由能/(kJ·mol^{-1})			
	850℃	870℃	900℃	920℃
$FeO + Al_2O_3 = FeAl_2O_4$	-45.1042	-44.8362	-44.4344	-44.1623
$FeAl_2O_4 + 1/4O_2 = 1/2Fe_2O_3 + Al_2O_3$	-28.356	-27.4643	-26.129	-25.2458
$6FeAl_2O_4 + O_2 = 2Fe_3O_4 + 6Al_2O_3$	-95.6961	-93.3059	-89.752	-87.4037
$FeAl_2O_4 + AlF_3 + 1/4O_2 = FeF_3 + 3/2Al_2O_3$	33.53405	33.87311	34.37962	34.70613
$FeF_2 + 4/3Al_2O_3 = FeAl_2O_4 + 2/3AlF_3$	-46.7953	-46.5065	-46.0627	-45.7614

上述热力学结果表明，除了反应的吉布斯自由能为正值，反应不能自动发生外，其他反应的吉布斯自由能都为负值，反应都会自动发生。

$$FeAl_2O_4 + AlF_3 + 1/4O_2 = FeF_3 + 3/2Al_2O_3 \qquad (3-6)$$

而且生成的 $FeAl_2O_4$不会与电解质中的 AlF_3反应，能够在熔盐体系中稳定地存在。但是 $FeAl_2O_4$在电解温度下，会发生分解反应，与氧化铝浓度有很大的关系，在氧化铝浓度较大时，$FeAl_2O_4$将会稳定存在，并且能够抑制分解反应的发生。

3.2.2　含 Ni 化合物反应热力学分析

金属陶瓷中金属相为 Cu - Ni，金属相 Ni 在电解过程中首先会被新生态氧氧化生成 NiO、$NiAl_2O_4$；陶瓷相 $NiFe_2O_4$离解生成 NiO 进而与氧化铝反应生成 $NiAl_2O_4$；另外 $NiAl_2O_4$的形成也可能是 NiO 溶解在冰晶石中生成 NiF_2，NiF_2与电解质中的氧化铝反应生成 $NiAl_2O_4$，如下式所示：

$$NiF_2 + 4/3Al_2O_3 = NiAl_2O_4 + 2/3AlF_3 \qquad (3-7)$$

表 3-3 所列为 Ni-Al-O-F 反应系中可能参与反应的所有物质以及反应产物的等压热容 C_p，标准生成焓和熵。

表 3-3　Ni 及其化合物的标准焓变、熵变和定压比热容

物质	$\Delta rH_m^\ominus$Y298 /(kJ·mol^{-1})	$\Delta rS_m^\ominus$Y298 /(J·mol^{-1}·K^{-1})	C_p/(J·mol^{-1}·K^{-1})	温度范围/℃
Ni		29.87376	[illegible] $13.498\times10^{-5}/T^2 - 3.941\times10^{-6}\times T^2$	427 ~ 1227
NiO	-240.58	38.0744	$11.18 + 2.02\times10^{-3}\times T$	292 ~ 1984
NiF_2	-657.7248	73.6384	$15 + 4.3\times10^{-3}\times T$	0 ~ 1474
$NiAl_2O_4$	-1921.502	98.324	$38.05 + 5.58\times10^{-3}\times T - 7.53\times10^{-5}/T^2$	0 ~ 1727
Al	10.71104	11.476712	7.588	760 ~ 2493.8
Al_2O_3	-1675.2736	50.936016	$28.804 + 2.197\times10^{-3}\times T - 11.56\times10^{-5}/T^2$	0 ~ 2256
AlF_3	-1510.424	66.48376	$22.147 + 2.166\times10^{-3}\times T - 2.137\times10^{-5}/T^2$	0 ~ 1250

结合上述各反应物质在不同温度下的标准焓变、熵变和定压比热容，通过式(3-1)可以计算出各反应在不同温度下的标准自由能变化，如表 3-4 所示。

表 3-4　含 Ni 物质在电解温度下反应的标准吉布斯自由能

反应式	标准吉布斯自由能 /(kJ·mol^{-1})			
	850℃	870℃	900℃	920℃
$NiF_2 + 4/3Al_2O_3 = NiAl_2O_4 + 2/3AlF_3$	-44.3297	-44.5432	-44.8655	-45.079
$NiO + Al_2O_3 = NiAl_2O_4$	-17.4054	-17.5979	-17.891	-18.0835
$Ni + Al_2O_3 + 1/2O_2 = NiAl_2O_4$	-155.363	-153.827	-151.529	-150.001

上述热力学数据表明，生成的 $NiAl_2O_4$的反应吉布斯自由能均为负值，即在

电解过程中含 Ni 物质的物相转变均可能发生，由于电解过程反应相当复杂，从吉布斯自由能计算数据看 Ni 直接转变为 $NiAl_2O_4$的程度最大，氟化物与电解质中氧化铝反应生成 $NiAl_2O_4$次之，NiO 转变为 $NiAl_2O_4$程度最慢。同理生成的 $NiAl_2O_4$不会与电解质中的 AlF_3发生化学反应而溶解。

3.2.3 含 Cu 化合物反应热力学分析

Cu 同样作为金属陶瓷中的金属相，在电解过程中会发生与金属相 Ni 相同的反应，但是不同的是金属 Cu 在反应过程中可能会有两种价态存在形式，CuO 或者 Cu_2O，这就使得生成铜铝尖晶石的反应有所不同，可能由下列两种反应得到：

$$6CuF + 4Al_2O_3 = 3Cu_2Al_2O_4 + 2AlF_3 \quad (3-8)$$

$$CuF_2 + 4/3Al_2O_3 = CuAl_2O_4 + 2/3AlF_3 \quad (3-9)$$

另外在电解过程中氧化生成的 CuO 还可能与 $NiFe_2O_4$离解产生的 Fe_2O_3反应生成 $CuFe_2O_4$尖晶石物相。

表 3－5 所列为 Cu－Al－O－F 系中可能参与反应的所有物质以及反应产物的等压热容 C_p，标准生成焓和熵。

表 3－5　Cu 及其化合物的标准焓变、熵变和定压比热容

物质	$\Delta rH_m^{\ominus}$Y298 /(kJ · mol⁻¹)	$\Delta rS_m^{\ominus}$Y298 /(J · mol⁻¹ · K⁻¹)	C_p/(J · mol⁻¹ · K⁻¹)	温度范围/℃
Cu		33.107992	$5.94 + 0.905\times10^{-3}\times T - 0.332\times10^{-5}/T^2$	0 ~ 1083
CuO	−155.854	42.59312	$10.476 + 4.007\times10^{-3}\times T - 1.406\times10^{-5}/T^2$	0 ~ 1158
Cu_2O	−170.2888	92.92664	13.52	0 ~ 1236
CuF	−280.328	64.852	$12.782 + 3.881\times10^{-3}\times T - 1.26\times10^{-5}/T^2 - 1.403\times10^{-6}\times T^2$	0 ~ 1227
NiF_2	39.3296	37.706208	22.5	769 ~ 1449
$CuAl_2O_4$	−465.3	23.826	$37.192 + 8.165\times10^{-3}\times T - 8.056\times10^{-5}/T^2$	0 ~ 2568
$Cu_2Al_2O_4$	−447	32	$41.99 + 8.053\times10^{-3}\times T - 9.25\times10^{-5}/T^2$	0 ~ 2539
$CuFe_2O_4$	−1025.9168	177.73632	$43.74 + 7.2\times10^{-3}\times T$	0 ~ 2456
Al	10.71104	11.476712	7.588	760 ~ 2493.8

续表3-5

物质	$\Delta rH_m^{\ominus}$Y298 /(kJ·mol^{-1})	$\Delta rS_m^{\ominus}$Y298 /(J·mol^{-1}·K^{-1})	C_p/(J·mol^{-1}·K^{-1})	温度范围/℃
Al_2O_3	-1675.2736	50.936016	$28.804+2.197\times10^{-3}\times T-11.56\times10^{-5}/T^2$	0~2256
AlF_3	-1510.424	66.48376	$22.147+2.166\times10^{-3}\times T-2.137\times10^{-5}/T^2$	0~1250

结合上述各反应物质在不同温度下的标准焓变、熵变和定压比热容，通过式(3-1)可以计算出各反应在不同温度下的标准自由能变化，如表3-6所示。

表3-6 含Cu物质可能发生反应的标准吉布斯自由能

反应式	标准吉布斯自由能/(kJ·mol^{-1})			
	850℃	870℃	900℃	920℃
$CuF_2+4/3Al_2O_3=CuAl_2O_4+2/3AlF_3$	-206.395	-205.323	-203.703	-202.619
$CuO+Al_2O_3=CuAl_2O_4$	-125.58	-125.835	-126.225	-126.484
$6CuF+4Al_2O_3=3Cu_2Al_2O_4+2AlF_3$	-269.294	-266.686	-262.738	-260.08
$CuO+Fe_2O_3=CuFe_2O_4$	119.728	124.4958	131.7837	136.7231

上述热力学数据表明，生成的$CuAl_2O_4$、$CuAlO_2$的反应吉布斯自由能均为负值，氟化物与电解质成分反应生成$CuAl_2O_4$、$CuAlO_2$的可能性大于由Cu氧化后的氧化物转变为铜铝尖晶石。

3.3 $NiFe_2O_4$基金属陶瓷的腐蚀机理

材料腐蚀是材料受环境介质化学作用而破坏的现象。随着对$NiFe_2O_4$基金属陶瓷惰性阳极在氟化盐熔体中腐蚀研究的深入，对其腐蚀机理也有了初步了解。一般认为，电解过程中，$NiFe_2O_4$基金属陶瓷在氟化物熔体中主要包括化学腐蚀和电化学腐蚀。其中化学腐蚀又可以分为化学溶解、铝热还原、晶间腐蚀及电解液浸渗等。

3.3.1 化学腐蚀

1)化学溶解腐蚀

Diep 等对 Fe_2O_3 在 $Na_3AlF_6-Al_2O_3$ 熔体中的溶解度进行了研究，认为 Fe_2O_3 与 AlF_3、NaF 之间存在反应：

$$1/2Fe_2O_3 + 1/3AlF_3 + xNaF = Na_xFeOF_{(1+x)} + 1/6Al_2O_3 \qquad (3-10)$$

进一步测定发现 Fe_2O_3 的溶解度在 *CR* 为 3.0 时达到最大。这表明氧化物陶瓷可与氟化物熔体中的组分发生化学溶解。

$NiFe_2O_4$ 基金属陶瓷惰性阳极在电解质中的化学溶解是指阳极组元中的氧化物如 NiO 与 $Na_3AlF_6-Al_2O_3$ 熔体中氟化物、金属 Al 之间的相互作用。电解条件下，$NiFe_2O_4$ 陶瓷可能离解生成 NiO、Fe_2O_3 或 FeO。因此，阳极与电解质之间可能发生下列反应。

(1)阳极组元与电解质熔体中的氟化物反应：

$$3NiO(s) + 2AlF_3(s) = 3NiF_2(s) + Al_2O_3(s) \qquad (3-11)$$

$$Fe_2O_3(s) + 2AlF_3(s) = 2FeF_3(s) + Al_2O_3(s) \qquad (3-12)$$

$$3FeO(s) + 2AlF_3(s) = 3FeF_2(s) + Al_2O_3(s) \qquad (3-13)$$

(2)阳极组元的 Al 热还原：

$$Fe_2O_3(s) + 2Al(l) = 2Fe(s) + Al_2O_3(s) \qquad (3-14)$$

$$3FeO(s) + 2Al(l) = 3Fe(s) + Al_2O_3(s) \qquad (3-15)$$

$$3NiO(s) + 2Al(l) = 3Ni(l) + Al_2O_3(s) \qquad (3-16)$$

(3)反应产物与金属 Al 的作用：

$$FeF_3(s) + Al(l) = Fe(s) + AlF_3(s) \qquad (3-17)$$

$$3FeF_2(s) + 2Al(l) = 3Fe(s) + 2AlF_3(s) \qquad (3-18)$$

$$3NiF_2(s) + 2Al(l) = 3Ni(s) + 2AlF_3(s) \qquad (3-19)$$

上述各反应在电解温度下的标准吉布斯自由能 ΔG_T^0 分别列于表 3-7。热力学数据显示，式(3-11)~式(3-13)在 800℃和 965℃时的标准自由能 $\Delta G_T^0 > 0$，但受反应物及生成物在电解质熔体中活度的影响，反应是有可能进行的。而对于式(3-14)~式(3-19)，从热力学角度来看，其进行趋势较大。因此，$NiFe_2O_4$ 基金属陶瓷惰性阳极中氧化物 NiO、FeO 和 Fe_2O_3 以及化学溶解后的产物 FeF_3、FeF_2 和 NiF_2 将与溶解在电解质中的金属 Al 或阴极熔融金属 Al 发生铝热还原反应，从而使阳极不断发生化学溶解腐蚀，阴极产品 Al 受到污染。

电解质中氧化铝浓度的提高，能够抑制式(3-11)~式(3-16)的进行，降低阳极化学溶解腐蚀，提高惰性阳极在电解条件下的耐腐蚀性能。电解质 *CR* 的降低，AlF_3 含量的适当提高以及金属 Al 在电解质中溶解度的降低也将抑制阳极溶解反应的进行，有利于提高阳极耐腐蚀性能。此外，减小熔融金属 Al 阴极与电解质接触的表面积，能有效降低反应式(3－17)～式(3－19)在 Al 阴极表面的进行，降低阳极组元在金属 Al 中的杂质含量。

表 3－7　电解条件下阳极可能发生化学溶解反应的吉布斯自由能

反应式	吉布斯自由能 $\Delta G_T^0/(kJ \cdot mol^{-1})$	
	800℃	965℃
式(3－11)	81.21	81.29
式(3－12)	173.24	173.57
式(3－13)	57.51	61.52
式(3－14)	[illegible]	[illegible]
式(3－15)	－729.16	－705.82
式(3－16)	－904.57	－891.94
式(3－17)	－482.72	－476.14
式(3－18)	－786.67	－767.34
式(3－19)	－985.78	－973.23

对于 $NiFe_2O_4$基金属陶瓷惰性阳极材料，陶瓷相中添加适量的 NiO，优先与熔体中氟化物作用进入电解质，同时，在一定程度上抑制了复合氧化物 $NiFe_2O_4$陶瓷的分解，减少了与熔体中氟化物作用的 Fe_2O_3或 FeO 总量，从而使电解质中杂质元素 Fe 的含量下降，提高阳极在相同电解条件下的耐腐蚀性能。

2)铝热还原腐蚀

研究发现，在相同电解条件下，电解槽中预先存在一定的铝液时，阳极腐蚀速度明显比不存在铝液时的腐蚀速度大。表明电解液中溶解或悬浮的金属铝对阳极腐蚀速度有较大的影响。例如：

$$Fe_2O_3(s) + 2Al(l) = 2Fe + Al_2O_3 \tag{3-20}$$

反应式(3－20)在 965℃时的吉布斯自由能 $\Delta G^0 = -784.26$ kJ，表明金属铝与金属陶瓷惰性阳极组成中金属氧化物反应在电解条件下具有相当大的趋势。

研究表明，电解质中溶解或悬浮的金属铝是造成阳极腐蚀的一个重要原因；在同样含铝的电解质中，通电极化阳极的腐蚀率较小，主要是由于电解产生的氧气把阳极周围的铝氧化，减缓了铝热反应的进行。然而电流密度的大小也需要加以控制，因为若电流密度过小，则不足以抑制铝热还原作用；若电流密度过大，又会加剧阳极组元电化学腐蚀和阳极气体冲刷导致的磨损腐蚀。

3)晶间腐蚀及电解质渗透

晶间腐蚀是材料在腐蚀介质中材料沿着晶界发生的一种局部腐蚀。某些情况下，惰性阳极受熔盐侵蚀严重，当对电解后的阳极横断面进行 EDX 分析后，发现有 F、Na 和其他电解质元素的特征峰出现，表明阳极内部孔隙和晶粒间隙一定程度上已经被部分电解质所侵蚀进入，形成了所谓的“晶间腐蚀”，引起电极表面出现肿胀、剥落，直至浸入电解质部分的阳极完全溶解消失。另一方面，在电解过程中，高温熔融电解质不断渗入阳极表层，伴随着金属相发生优先腐蚀溶解形成孔洞，陶瓷颗粒被逐步孤立起来，以致从阳极本体脱离进入电解质，使得腐蚀加剧。

王化章等对惰性阳极的耐腐蚀性能研究发现，惰性阳极致密度较低时电解质会进入到阳极的内部孔隙中甚至微观的晶粒间隙中去了，形成所谓的“晶间腐蚀”，导致电极的肿胀、剥落，直至最后的瓦解。

3.3.2 电化学腐蚀

自 20 世纪 80 年代以来，研究者们开始通过各种电化学手段试图对 $NiFe_2O_4$ 基金属陶瓷惰性阳极在极化状态下的腐蚀行为进行研究。一般认为，金属陶瓷惰性阳极的电化学腐蚀过程包括有金属相和陶瓷相的电化学腐蚀。

1)金属相电化学腐蚀

金属陶瓷阳极中的金属相是作为改善基体的电导率而加入的，但是由于它具有相对较强的电化学活性，在阳极极化条件下，阳极上不但发生熔体中含氧配合离子在阳极放电并放出氧气，也有可能发生金属相的阳极氧化并与熔体离子作用，形成相应配合离子进入熔体，从而引起阳极的消耗。以 Ni 为例，当发生电化学溶解时，电解反应可表达为：

$$3Ni(s) + AlF_3(s) \xlongequal{} 3NiF_2(s) + 2Al(l) \qquad (3-21)$$

式(3-21)在 1238K 下的 $E^0_{1238K} = 1.912$ V，这表明在正常氧化铝分解反应电位更低的电位下，此类反应就可能发生并在电化学测试时引起“残余电流”。

Tarcy 在对 $NiFe_2O_4$/NiO-Ni 进行的线性扫描中发现了金属相的优先溶解现象，而作为对比的 Pt 电极却未发现阳极溶解现象。但热力学计算表明，金属 Cu 在电解过程中并不发生阳极溶解，阴极铝中检测到 Cu 的存在，研究表明金属 Cu 首先被 O_2 氧化进而溶解进入电解质。Windisch 等采用循环伏安法对金属 Cu 阳极在电解过程中伏安曲线的各个氧化还原峰分析认为，腐蚀过程中可能存在 Cu 氧化成 CuO 和 Cu_2O 以及 CuO 和 Cu_2O 与氧化铝形成 $CuAlO_2$ 等反应。

2)陶瓷相电化学腐蚀

陶瓷相的电化学腐蚀是就是陶瓷相在阳极极化条件下，发生阳极分解，氧元素在阳极被氧化产生氧气，相应金属元素与熔体作用形成配合离子并进入熔体，导致阳极的消耗。

惰性阳极在铝电解过程中，发生的电化学反应为：

$$2Al_2O_3 = 4Al(l) + 3O_2(g) \tag{3-22}$$

从对该电化学反应的热力学计算来看（见表3-8），氧化铝的分解电压随温度和电解质中氧化铝浓度的降低而升高。

表3-8　氧化铝浓度对其分解电压的影响

氧化铝浓度/%	氧化铝活度	氧化铝分解电压 E/V		
		800℃	965℃	977℃
0.5	[illegible]	[illegible]	[illegible]	2.371
1.0	0.0008	2.418	2.343	2.334
2.0	0.0068	2.385	2.305	2.300
3.0	0.023	—	2.238	2.274
7.0	0.257	—	2.240	2.234

当电流密度较大，电解质中氧离子缺乏，阳极电位超过一定值时，电化学溶解极有可能发生，甚至引起"灾难性腐蚀"。对于$NiFe_2O_4$基金属陶瓷惰性阳极，电解条件下，除有电化学反应式(3-22)发生外，还可能伴随有表3-9所示的电化学反应的进行。

表3-9　不同温度下电化学反应的分解电压

反应式	分解电压 E/V	
	800℃※	965℃★
$3NiO(S) + 2AlF_3(s) = 3NiF_2(s) + 3/2O_2(g) + 2Al(l)$	2.591	2.586
$FeO(s) + AlF_3(s) = FeF_3(s) + 1/2O_2(g) + Al(l)$	2.509	2.540
$3FeO(s) + 2AlF_3(s) = 3FeF_2(s) + 3/2O_2(g) + Al(l)$	2.550	2.552
$Fe_2O_3(s) + 2AlF_3(s) = 2FeF_3(s) + 3/2O_2(g) + 2Al(l)$	2.750	2.745

注：※ AlF_3活度1.0×10^{-2}；★AlF_3活度1.5×10^{-3}。

因此，对于$NiFe_2O_4$基金属陶瓷惰性阳极，金属相的优先电化学腐蚀是难以避免的，但是可以通过下列手段来减小金属相的流失：金属相溶解速度和持续溶解深度随烧结相对密度降低可得到一定程度的抑制；阳极表面金属相的预先处理，采取合金阳极类似的预氧化处理工艺，通过物相转变，避免活性高的金属直接与熔盐接触，减缓金属相的优先腐蚀。对于金属相含量高成连通网状结构的金属陶瓷，阳极的表面预氧化处理更重要；金属相的优先溶解速率和深度还与电流密度相关。

3.4 金属陶瓷阳极表面致密耐蚀层

3.4.1 致密耐蚀层原位形成现象

通常认为，$NiFe_2O_4$基金属陶瓷阳极在铝电解质熔体中将发生化学溶解和电化学腐蚀，且极化状态下金属相存在优先腐蚀，从而在腐蚀界面产生大量孔洞[如图3-1(b)所示]，氟化物熔体渗透进入孔洞，在阳极表面形成腐蚀疏松层；此后，渗透进入阳极基体的电解质进一步优先腐蚀内部金属相(电化学腐蚀或氧化后化学腐蚀)，腐蚀前沿向内推进；随着疏松层不断增厚及孔洞增多，疏松层与阳极本体结合强度降低，同时孔洞内电化学反应加剧，在阳极气泡搅动下，疏松层与基体分离，残余陶瓷相颗粒直接进入电解质熔体，最终导致阳极的灾难性腐蚀而失效。

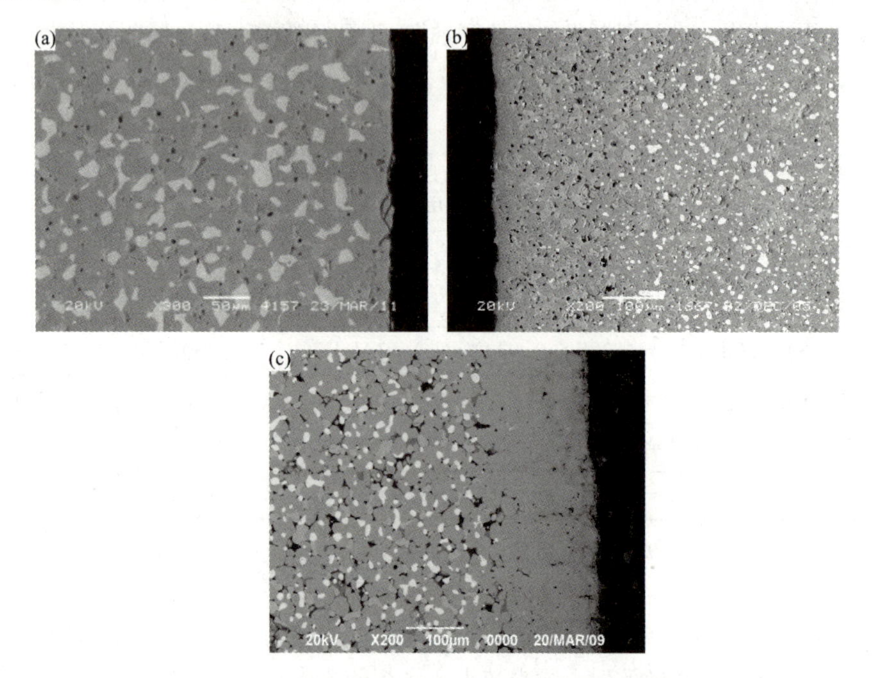

图3-1 $NiFe_2O_4$基金属陶瓷腐蚀前后最外层微观形貌

(a)电解前；(b)电解后未形成致密层；(c)电解后形成致密层

因此，为延长 $NiFe_2O_4$基金属陶瓷惰性阳极在服役环境下的使用寿命，研究主要集中在优化材料金属相与陶瓷相的组成，调整制备工艺(原料处理、烧结温度、烧结气氛或加入添加剂等)方面，以提高阳极自身抗氟化物熔盐的腐蚀能力；或采用更具强溶解氧化铝能力的富 K 盐低温电解质体系，优化电解工艺如电流密度、电解质中氧化铝浓度以及温度等，改善阳极服役环境，进而降低阳极的腐蚀速率。

然而，本书作者在参与惰性电极 20 kA 低温铝电解工程化试验过程中发现，在某些条件下，$NiFe_2O_4$基金属陶瓷惰性阳极表面(反应区域)物相会发生变化：原有金属相消失，而生成一种具有比阳极本体更高致密度的含 Al 复合尖晶石相，且可原位形成一定厚度并稳定存在的高致密层[见图 3-1(c)]；该高致密层物质具有比金属陶瓷惰性阳极材料自身更强的耐蚀性能，能有效阻挡电解质向阳极内部的渗透，对阳极的进一步腐蚀起到良好保护作用，降低电解条件下阳极的腐蚀速率。

显然，这种电解条件下 $NiFe_2O_4$基金属陶瓷阳极反应区域存在物相结构转变，且先形成比本体更强耐腐蚀能力的高致密层，然后再腐蚀的现象，不同于以往对金属陶瓷阳极腐蚀过程的认识。相反，它类似于以金属或合金为阳极时的腐蚀过程：电解状态下阳极在新生态氧和电解质的作用下其基体表面原位自动成膜，新生氧化膜再发生腐蚀。

事实上，其他研究者也曾报道过 $NiFe_2O_4$基金属陶瓷阳极在电解过程中存在表面(反应区域)发生物相结构的转变而形成高致密耐蚀层的现象。并为使阳极(金属陶瓷或合金)表面在电解过程中能获得具有比本体更强耐腐蚀能力的致密层，降低阳极的腐蚀速率，研究者们针对腐蚀过程中金属陶瓷或合金阳极表面物相结构转变进行了研究。

3.4.2 致密耐蚀层形成原因

2001 年 Alcoa 对 $NiFe_2O_4$基金属陶瓷进行了研究，指出 17Cu(Cu-Ni)-18NiO-$NiFe_2O_4$金属陶瓷表现出良好的导电性和耐腐蚀性。其后来的一份报告指明，由于 NiO 在高氧化铝浓度的电解质中形成 $NiAl_2O_4$，有利于降低材料在熔体中的溶解度，从而起到保护阳极的作用。

Lorentsen 等研究氧化铝浓度与铜的氧化物溶解度之间的关系发现：在低的氧化铝浓度时，铜氧化物的溶解度随着 $c(Al_2O_3)$的降低而呈现减小的趋势。并且可能会发生如下反应：

$$Cu_2O + AlF_3 = CuF + Al_2O_3 \quad (3-23)$$

即可能有氧化铝的生成。在氧化铝浓度大于 11% 时，可能会发生下面的反应：

$$Cu_2O + Al_2O_3 = CuAlO_2 \quad (3-24)$$

热力学研究表明，阳极中的 FeO 可能 $FeAl_2O_4$：

$$FeO + Al_2O_3 = FeAl_2O_4 \tag{3-25}$$

在 $c(Al_2O_3) < 5\%$ 时，FeO 是稳定存在的，$c(Al_2O_3) > 5\%$ 时，则 $FeAl_2O_4$ 是稳定的。

Johansen 和 Keller 等的研究也表明，$NiFe_2O_4$尖晶石在电解过程中除了通过物理溶解进入到熔盐中外，还会发生离解反应生成 Fe_2O_3和 NiO，且均有可能与电解质中的氧化铝发生反应，生成 $FeAl_2O_4$和 $NiAl_2O_4$，并且通过热力学计算证实了离解生成 $FeAl_2O_4$反应的可能性最大，而且生成 $FeAl_2O_4$也最为稳定。McLeod 等以钴铁尖晶石为阳极在氧化铝饱和浓度下进行电解后也获得了类似的结果：阳极表层会生成厚度约为 8 μm 的高铝致密层，认为元素铝来源于熔体中的氧化铝。

Liu Baogang 等研究发现致密层仅仅为 $NiFe_2O_4$相（见图 3－2），说明其形成过程并非是阳极本体与电解质中成分发生反应，而是阳极基体中的 NiO 与 $Ni_{1-y}Fe_yFe_2O_4$之间的反应，归结于阳极本体中的 Fe^{2+} 和 Fe^{3+} 转换。这也是其电导率增大的原因。

$$Ni_{1-x}Fe_xO + x/4O_2 = x/2NiFe_2O_4 + (1-3x/2)NiO \tag{3-26}$$

$$Ni_{1-y}Fe_yFe_2O_4 + y/4O_2 + 3y/2NiO = (1-y/2)NiFe_2O_4 \tag{3-27}$$

式(3－26)导致 NiO 相中小的 $NiFe_2O_4$沉淀物的长大，式(3－27)促进 NiO 相向界面反应中移动。两个反应都会使得 NiO 相逐渐减小。致密层的形成归结于 NiO 相的逐渐转变。

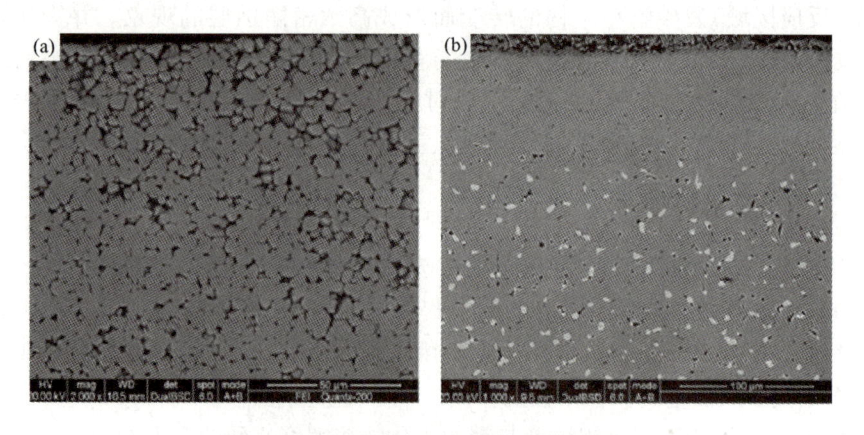

图 3－2　24 h 电解后阳极的 SEM 照片

(a)空气烧结样品；(b)氮气烧结样品

其合作者在后来的试验中也证实了该现象：在电解过程中，材料表面形成 $NiFe_2O_4$相致密层，该致密层随电解时间的延长而增厚。在 $NiFe_2O_4$相致密层形成与增厚的过程中，首先金属相被氧化，其次 $NiFe_2O_4$相会吞噬 NiO 相。因此提出，将阳极预先在高温富氧状态下使表层氧化，以提高材料的抗腐蚀能力。

在此之后，陶玉强等在研究惰性阳极熔盐腐蚀行为时认为氧化铝浓度不仅影响电解质中 Al－O－F 配合离子的结构和相对含量、陶瓷相的溶解速率，还存在与惰性阳极组元间的化学反应，进而影响惰性阳极的腐蚀行为。在高氧化铝浓度的冰晶石熔体中，Al－O－F 配合离子以 $Al_2O_2F_4^{2-}$ 为主（$Al_2OF_6^{2-}$ 和 $Al_3O_3F_6^{3-}$ 次之）的含氧配合阴离子阳极放电的同时，也可与 NiO 或 FeO 发生反应，生成 $NiAl_2O_4$ 或 $FeAl_2O_4$，可能的反应式如下：

$$FeO + 3Al_2O_2F_4^{2-} = FeAl_2O_4 + 2Al_2OF_6^{2-} + 2e \quad (3-28)$$

$$NiO + 3Al_2O_2F_4^{2-} = NiAl_2O_4 + 2Al_2OF_6^{2-} + 2e \quad (3-29)$$

由于存在与电解质熔体间的物质交换与反应及受到新生态氧的作用，在电解过程中惰性阳极表层陶瓷相的组成和显微结构将发生改变。在一定电解条件下可在阳极表面形成金属相消失的致密陶瓷层，这是金属相的氧化、NiO 相的转变以及阳极与熔体中氧化铝反应物沉积的共同作用的结果。在电解过程中产生的原子氧的作用下，未与电解质直接接触的金属相将可能发生氧化，高体积密度的金属相转变为低密度的氧化物。

席锦会等在分析电解后阳极试样的表面层发现 Al 元素较多而 Na 元素相对较少，分析其原因为：铝电解过程中 Na^+ 的迁移数为 0.99，F^- 的迁移数很小为 0.01，AlF_3^{6-}、AlF^{4-} 和 $Al_xO_yF_z^{(2y+z-3x)-}$ 离子在阳极表面放电并形成 AlF_3，在阳极表面富集熔盐中一部分氧化铝与 $NiFe_2O_4$ 分解产生的 Fe_2O_3 反应生成 $(Fe_{0.837}Al_{0.163})(Fe_{0.159}Al_{1.83})O_4$ 固溶体所以 Al 元素较多。

焦万丽等的研究表明，添加 2% 的 MnO_2 可以明显降低 $NiFe_2O_4$/NiO 基阳极的静态热腐蚀率，原因是 MnO_2 主要富集于晶界处，电解过程中与电解反应生成具有相结构致密的 $MnAlO_4$，减慢了 $NiFe_2O_4$ 冰晶石熔体向尖晶石内扩散的速度。但从腐蚀后阳极的分析来看，未出现如 E. Olsen 等提及的 $NiFe_2O_4$ 与冰晶石发生反应生成 $FeAl_2O_4$ 的现象，并推测其可能是由于生成的 $FeAl_2O_4$ 相很不稳定，在熔盐中极易溶解或分解，无法起到保护的作用。该推测在席锦会等对添加 TiO_2 的镍铁尖晶石惰性阳极材料进行研究时得到了证实：添加 2% TiO_2 的阳极试样腐蚀后表面有新生物相 $FeAl_2O_4$ 存在，认为其形成的原因在于：$NiFe_2O_4$ 在腐蚀的同时会发生离解反应，生成的 Fe_2O_3 和 NiO 可能与电解质中的氧化铝反应生成 $FeAl_2O_4$ 和 $NiAl_2O_4$，但新生物相 $FeAl_2O_4$ 的耐腐蚀性能相比 $NiFe_2O_4$ 更差，从而加速材料的腐蚀。

这种现象如果能得以充分利用，则可维持电解过程中阳极表层形成一层动态的高致密度耐蚀层，且能够极大地提高金属陶瓷惰性阳极的电解耐腐蚀性能。因此，应从材料结构与电解工艺两方面来缓解金属相的优先溶解。从材料结构着手，设计并获得陶瓷晶粒界面结合强、金属颗粒非连续网络分布、开孔率低的微结构，抑制电解质熔体沿孔隙向金属陶瓷基体的渗透，避免金属相的持续电化学溶解，减缓陶瓷相的晶界溶解以及阳极可能的肿胀开裂。在电解工艺方面，低温、高氧化铝浓度的工作环境可降低金属陶瓷的腐蚀速率，降低金属相优先溶解的深度，尤其当电解质熔体中某些参与致密陶瓷层形成的物质(如氧化铝)含量较高时，能够加快金属优先溶解层的致密化，促使致密陶瓷层变厚。

3.4.3 致密耐蚀层形成随时间的变化

1)阳极形貌分析

图 3－3 所示为组成 22%(Cu－Ni)/($NiFe_2O_4$－10NiO)的金属陶瓷惰性阳极在 870℃的 Na_3AlF_6－AlF_3－Al_2O_3熔体中不同电解时间后的外观形貌。在电解时间内，阳极可以很好地抵抗熔盐的侵蚀，阳极外观形貌较好，未出现肿胀、脱皮等明显的腐蚀现象。但浸入电解质部分要远远比裸露在空气中部分受侵蚀更严重，即阳极受到电解质侵蚀要比受高温气体氧化更为剧烈，同时在阳极中部我们可以观察到一条明显的分界线，此处为阳极、电解质、空气三相交界处，化学和电化学反应最为剧烈。

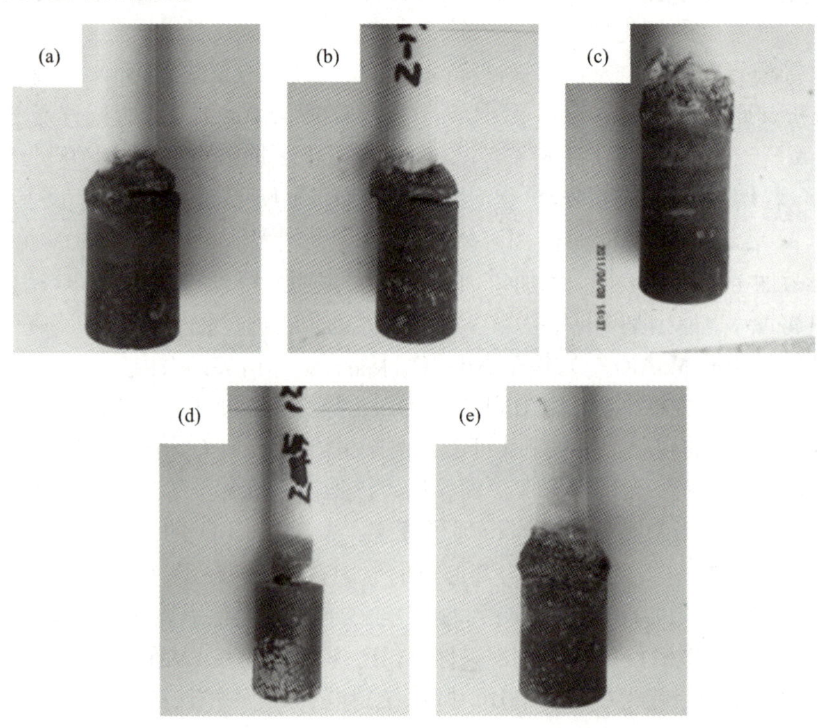

图 3－3　不同电解时间电解后阳极外观形貌

(a)5 h；(b)8 h；(c)10 h；(d)12 h；(e)15 h

2)微观形貌分析

对比电解前后阳极的微观形貌(见图 3－4)可知：经过电解后的阳极金属相

都存在不同程度的消失，除了 5 h 电解没有在表层出现分层之外，其余阳极形都可以看出明显的分界线，外层为较致密、不含金属相的灰色层，里层为金属陶瓷本体。不同电解时间电解后阳极对比可知：电解 8 h 和 10 h 表面都形成不含金属相并具有一定厚度的致密层，这层大部分为灰色物相，也存在部分的浅灰色物相（见图 3－4 的 A、B 区域），不同的是随着电解时间的延长，浅灰色物相的量逐渐减少；电解 12 h、15 h 同样出现了致密层，并且致密极高，几乎没有孔隙，并且不含有如 8 h 和 10 h 的浅灰色物相，仅仅为灰色物相，不同的是在 15 h 电解后阳极的表层有很薄的一层腐蚀层的生成，这可能与后期电解质中氧化铝的浓度有很大的关系。

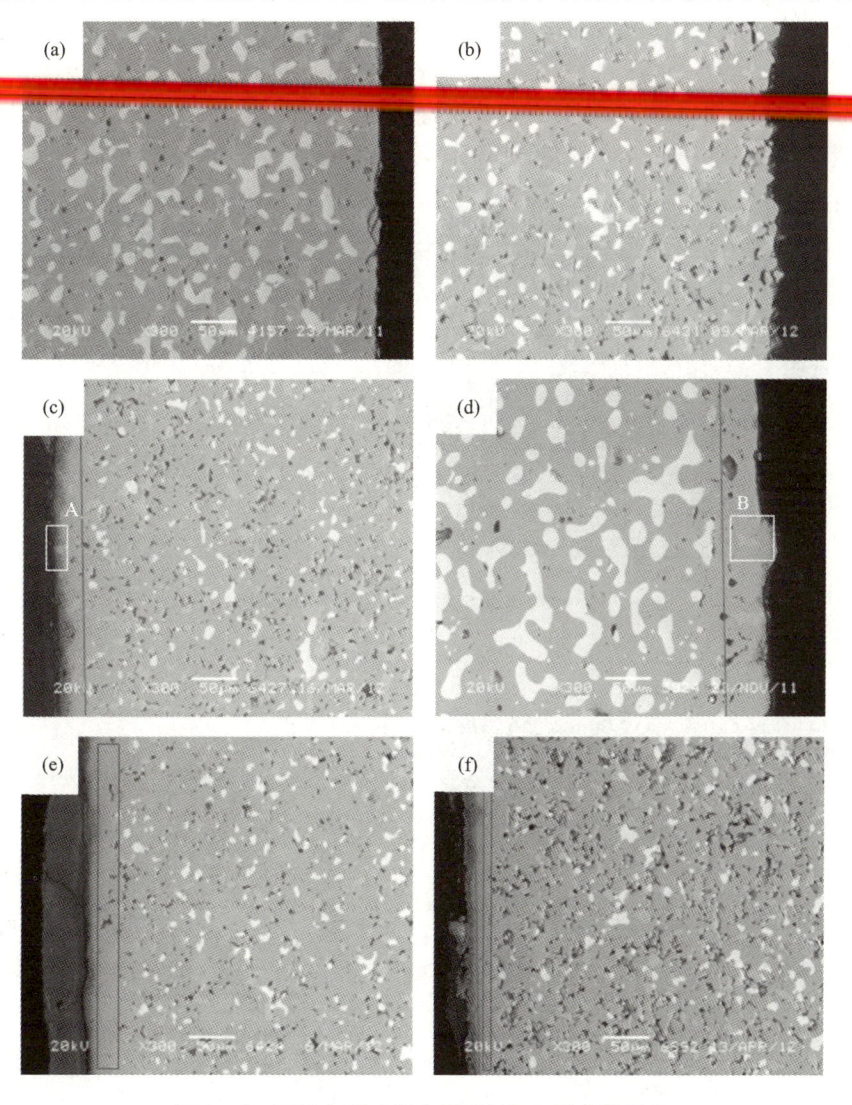

图 3－4　不同电解时间电解后阳极扫描电镜照片

(a)电解前阳极；(b)电解 5 h；(c)电解 8 h；(d)电解 10 h；(e)电解 12 h；(f)电解 15 h

图 3－4 也表明，电解 8 h 开始形成耐蚀层，8～15 h 电解过程中致密层会发生一些物相转变，其中的浅灰色物相转变为灰色基体相，通过 EDS 对阳极表面该灰色基体相进行元素分析，可以更好地解释电解过程中阳极表面发生的致密化反应。对电解 8 h 后阳极灰色基体区域分析（见图 3－5），主要元素为 Fe、Ni、Cu，含有少量的 Al、O，它们之间的原子数不符合化学计量比关系，可能是因为 O 为轻质元素，其含量存在偏差所致，推测主要物相为 $NiFe_2O_4$，含有少量含铝的新生物质。电解 10 h 分析结果如图 3－6 所示，选取 A、B、C 三个区域，分析结果显示 A、B 区域的元素组成相同，不同的是 A 区域 Al 元素含量较高，含量为 9.15%，主要物相应该是 $NiFe_2O_4$，同样含有含铝的新生物质；B 区域的物相分析显示 Ni 的含量很高，达到 52.53%，说明此浅灰色层物相应该主要是金属相的氧化得到的 NiO 或者 CuO，可能含有少量镍铝化合物的新生化合物。C 区域白色物相主要为金属 Cu、Ni，Cu 的含量更高，与阳极成分金属相配比相符合。

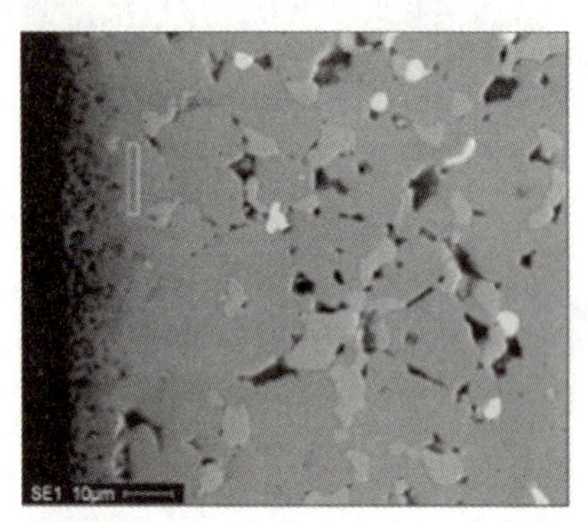

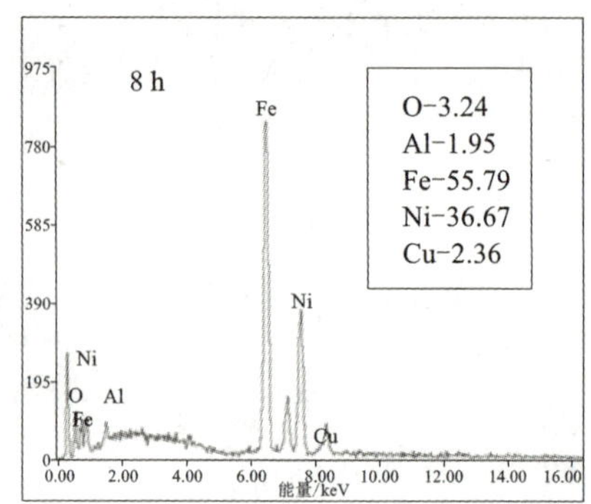

图 3－5　8 h 电解阳极表层 EDS 分析

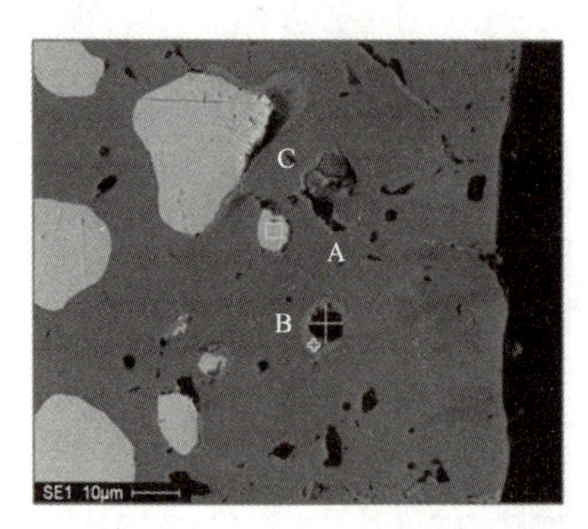

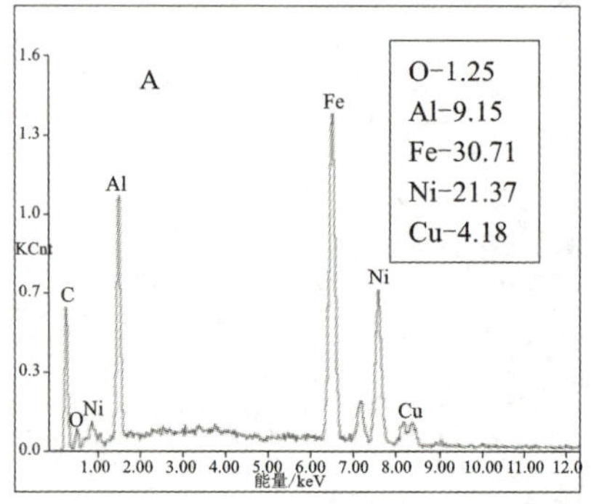

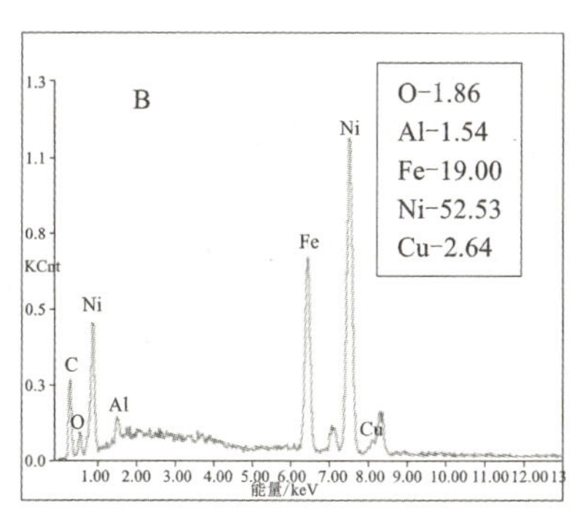

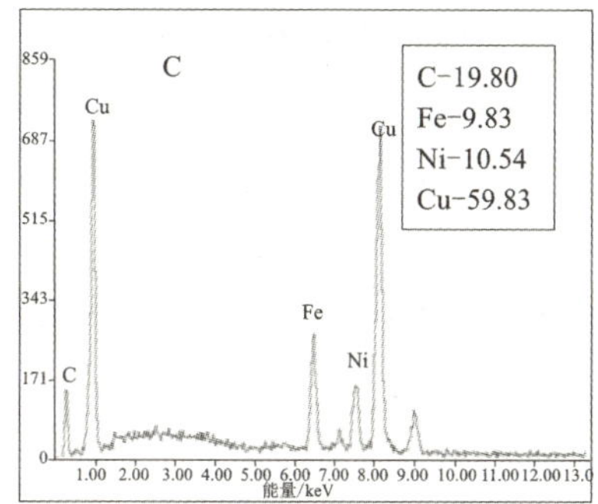

图 3－6　10 h 电解阳极表层 EDS 分析

由此，电解过程中阳极表层可能发生的反应首先是金属相的氧化，其次是金属相与含铝物质反应，使形成的氧化铝发生物相转变。电解时间为 12 h 和 15 h 的表层(不含浅灰色物相)EDS 元素分析结果(见图 3－7)表明，两个电解时间电解后阳极微区元素分析结果相同，均含有 O、Al、Fe、Ni、Cu，但含量还是有一定的差别的，电解 12 h 时，Fe 含量很多达到 61.94%，Al 含量较少仅为 3.55%，根据元素原子数比例可以推测主要物相为 $NiFe_2O_4$及 $FeAl_2O_4$。电解 15 h，Al、Ni、Fe 含量分别为 17.58%、41.61%、33.74%，根据原子数比例可以推测主要物相应为 $NiFe_2O_4$及 $NiAl_2O_4$。

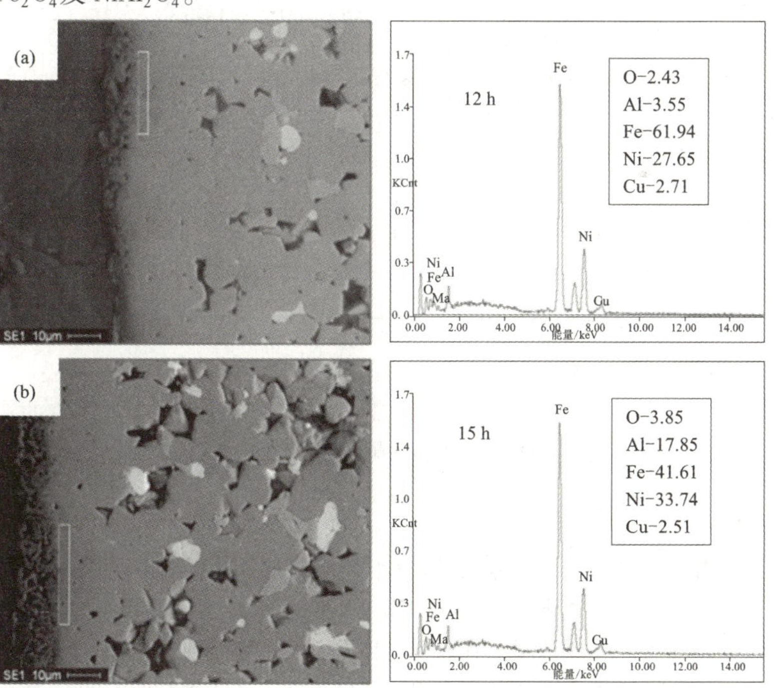

图 3－7　12 h 电解和 15 h 电解阳极 EDS 分析

(a)电解 12 h；(b)电解 15 h

3)阳极表层物相组成

SEM/EDS 分析表明，电解过程中阳极表层除了金属相的氧化还会生成一些含铝的尖晶石物相。对电解后阳极的表层的 XRD 分析证实了这一点(见图 3-8)。图 3-8 所示为 22%(Cu-Ni)/($NiFe_2O_4$-10NiO)电解 5 h 和 12 h 的阳极表层的 X 射线衍射图谱。

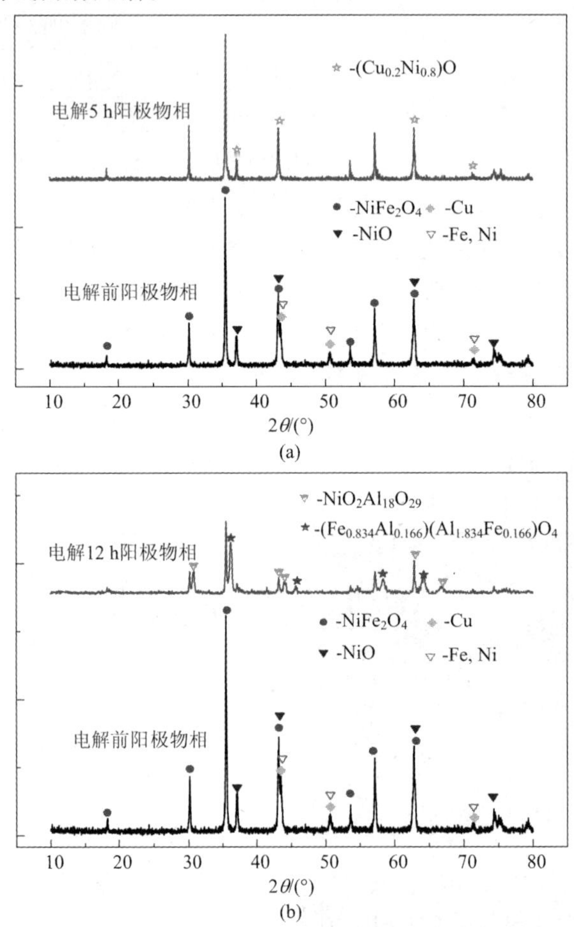

图 3-8 电解 5 h、12 h 后阳极表层物相 X 射线衍射图

(a)电解 5 h；(b)电解 12 h

结果表明，电解 12 h 后，除了阳极本体 $NiFe_2O_4$ 外，阳极表层还检测出新生物相$(Fe_{0.834}Al_{0.166})(Al_{1.834}Fe_{0.166})O_4$和 $Ni_2Al_{18}O_{29}$，这恰好解释了在 EDS 元素分析检测出 Al 元素；而在电解 5 h，阳极表层物相分析几乎与电解前阳极的本体物相分析相同，仅仅是一些金属相被氧化生成$(Cu_{0.2}Ni_{0.8})O$ 氧化物物相，并没有检测出如电解 12 h 出现的物相。

3.4.4　电解工艺对致密耐蚀层形成的影响

1)电解温度的影响

由图3-9可知，不同温度下，电解后阳极表层都出现明显的分层，即形成了之前定义的电解耐蚀层，并且随着电解温度的升高阳极表层致密耐蚀层生成的厚度会逐渐增加。有870℃的15 μm到900℃的50 μm，随着电解温度的增加，生成尖晶石物相的反应吉布斯自由能随着温度的升高其值更负，即在电解过程中更容易生成，因此在电解过程中致密耐蚀层的生成逐渐变厚。从而随着电解温度的升高，阳极表层的致密耐蚀层更厚，能够更好地抵抗熔盐的侵蚀。

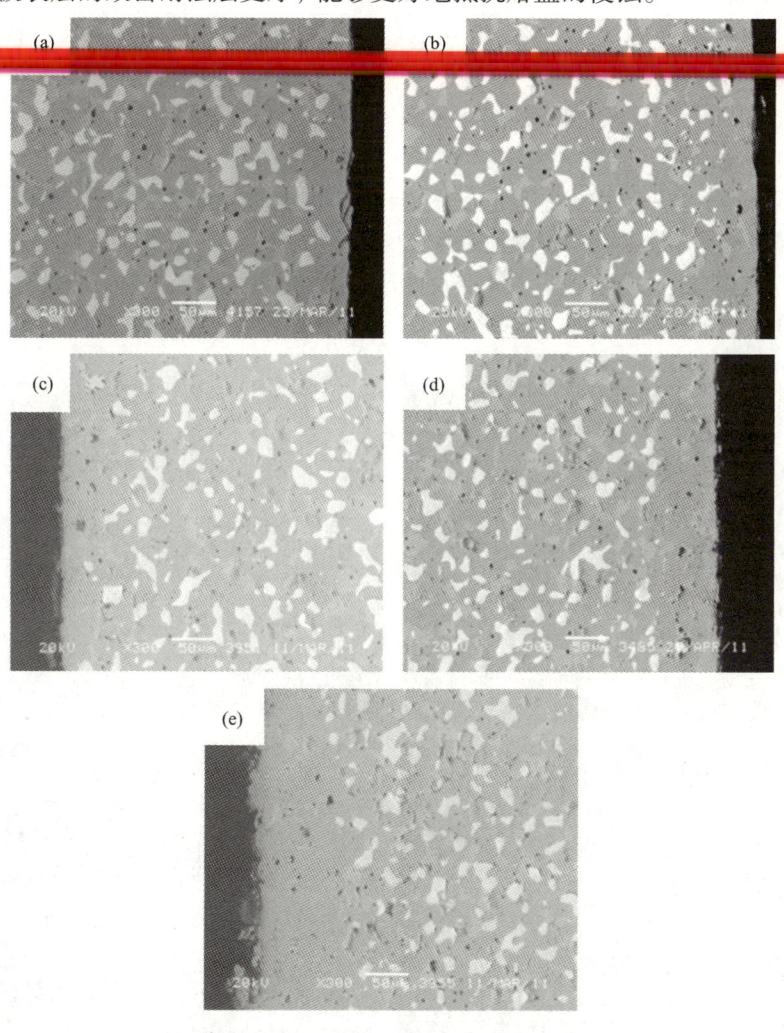

图3-9　不同电解温度电解后阳极扫描电镜照片(×300)

(a)电解前阳极；(b)870℃；(c)880℃；(d)890℃；(e)900℃

因此，电解温度的升高，可以加速阳极表面致密耐蚀层的形成，但同时，电解温度的提高将加剧阳极表面新生物相致密耐蚀层的腐蚀，从而加速阳极的腐蚀。

2)电流密度的影响

对比电解前后阳极的SEM图(见图3－10)可知，不同电流密度下10 h电解后阳极都出现了明显的分层，外层为不含金属相的灰色层，内层为阳极本体。对各电流密度电解后阳极相互比较发现，除了电流密度为1.75 $A \cdot cm^{-2}$电解后的阳极表层可以看到电解腐蚀的迹象，最外层出现了一层有孔洞的腐蚀层；0.75 $A \cdot cm^{-2}$、1 $A \cdot cm^{-2}$、1.25 $A \cdot cm^{-2}$、1.5 $A \cdot cm^{-2}$、2 $A \cdot cm^{-2}$电解后阳极表层均形成了相对致密的一层灰色层，不同的是在电流密度为1 $A \cdot cm^{-2}$、1.25 $A \cdot cm^{-2}$时灰色层最致密，并且不含有浅灰色的物相推测这层灰色致密物主要为尖晶石物相，；电流密度为0.75 $A \cdot cm^{-2}$、1.5 $A \cdot cm^{-2}$、2 $A \cdot cm^{-2}$时，阳极表层也都存在一层较为致密的灰色层，其中含有很多的浅灰色区域(见图3－10的A、B、C区域)，推测这些浅灰色物相为Cu、Ni金属相氧化得到的氧化物。与耐蚀层形成随电解时间的变化结果一致。对不同电流密度下阳极表层耐蚀层形成的不一致，分析原因可能是耐蚀层形成需要电解产生氧及电解质中氧化铝(铝氧氟离子)的参与，并且形成后在电解过程中也存在腐蚀，其最终表现出的形貌是致密层形成与电解溶蚀的动态平衡过程。

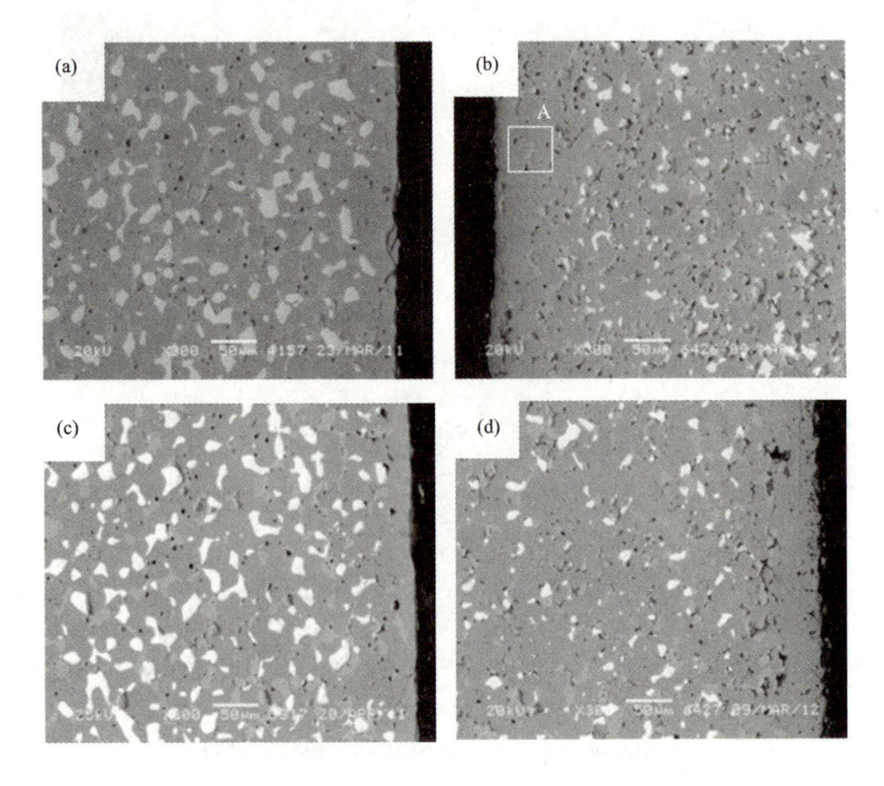

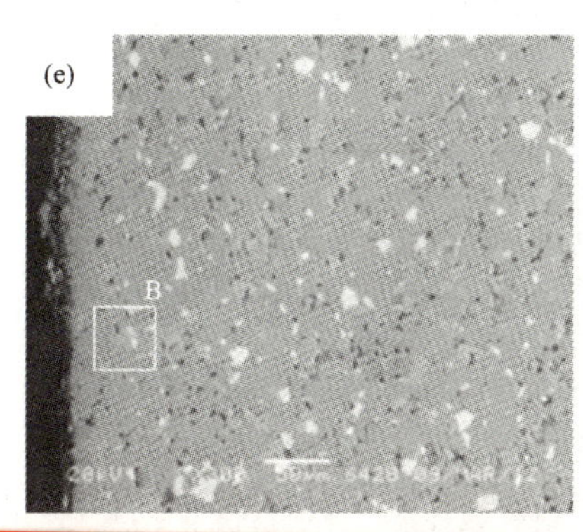

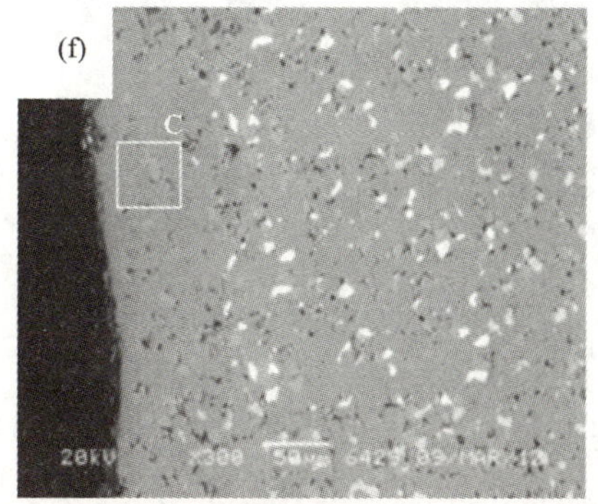

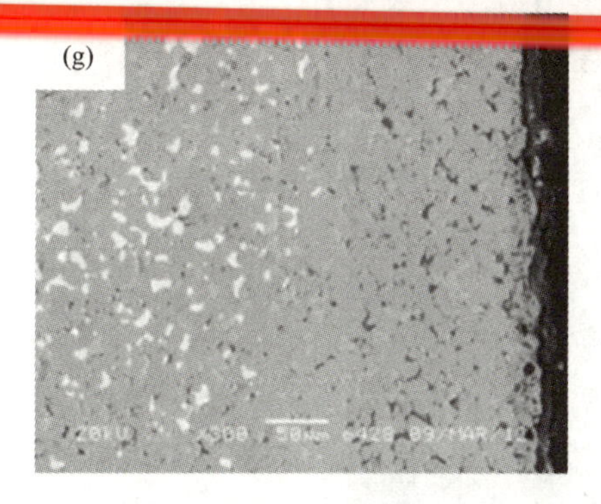

图 3－10　不同电流密度下电解后阳极扫描电镜照片

(a)电解前阳极；(b)0.75 $A \cdot cm^{-2}$；(c)1.0 $A \cdot cm^{-2}$；(d)1.25 $A \cdot cm^{-2}$；
(e)－1.5 $A \cdot cm^{-2}$；(f)1.75 $A \cdot cm^{-2}$；(g)2.0 $A \cdot cm^{-2}$

但图 3－10 标注的位置 A、位置 B 和位置 C 的 EDS 分析结果(见图 3－11)表明，电流密度为 0.75 $A \cdot cm^{-2}$时阳极表层生成了致密耐蚀层，但在阳极最外层可以看到很薄的一层电解质腐蚀留下的孔洞，这表明此电流密度下，氧气产生较慢，耐蚀层的形成速率小于电解质对生成耐蚀层的腐蚀速率。电流密度为 1.0 $A \cdot cm^{-2}$，阳极表层最为致密，灰色致密层含有 O、Al、Fe、Ni、Cu 五种元素，结合原子数比例可以推测此致密层的物相组成主要是 $NiFe_2O_4$，还有部分的 $FeAl_2O_4$ 或者 $CuAlO_2$等尖晶石物相。电流密度为 2.0 $A \cdot cm^{-2}$时，与扫描电镜分析的结果相同，阳极基体出现了明显的晶界腐蚀，除了最外层的腐蚀层外，可以看到晶粒被隔离开来，并且 EDS 分析，含有大量的 F、Na、K、Al 冰晶石元素。说明电流密度较大时，主要是阳极产生气体及电解质对阳极的冲刷侵蚀作用(即物理溶解)占主导地位，耐蚀层的形成速度小于腐蚀速率，因此阳极表现出较为严重的电解腐蚀。

因此，阳极电流密度的增大，有利于表面致密耐蚀层的形成，减缓阳极的腐

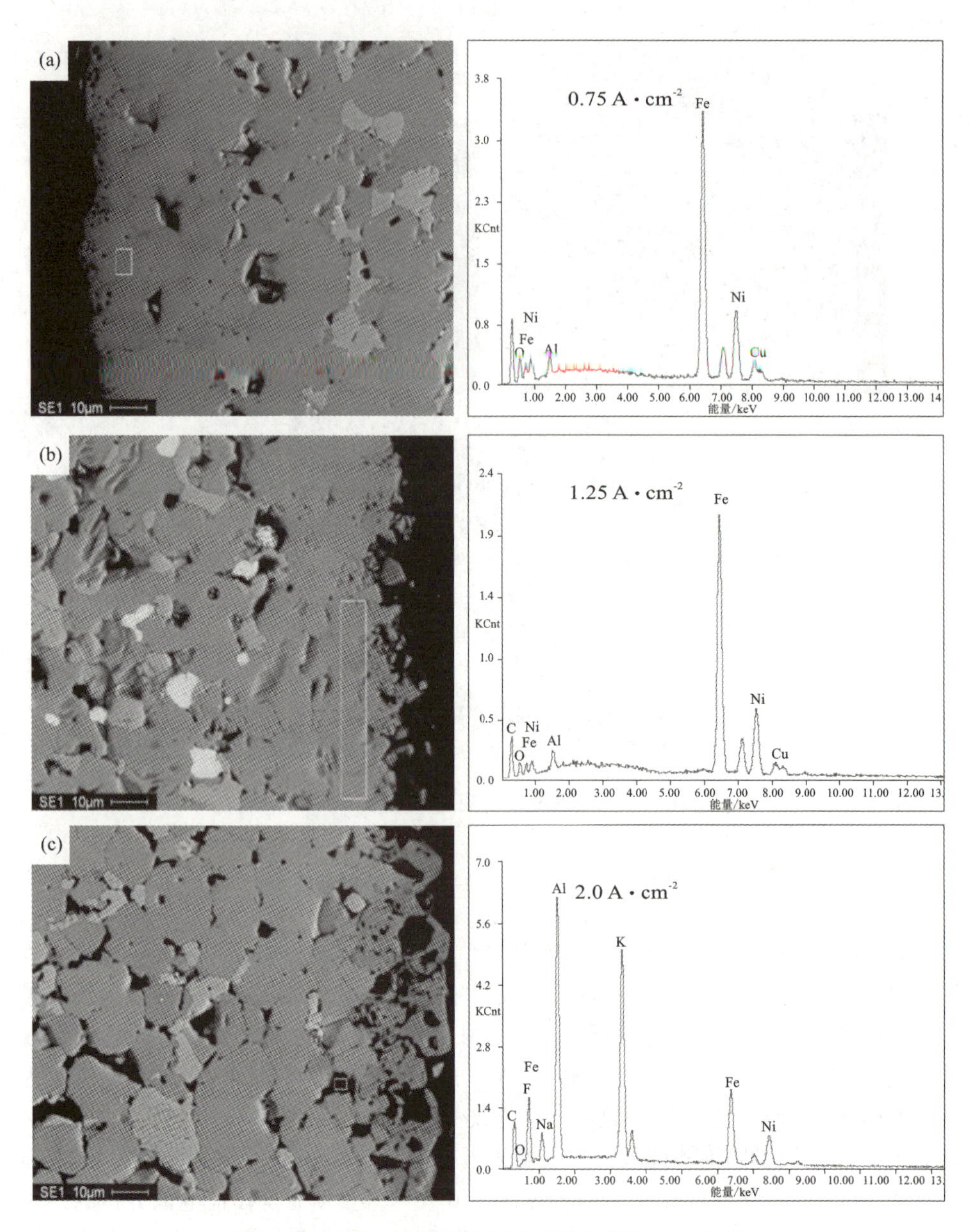

图 3 - 11　不同电流密度电解后阳极表层 EDS 分析

(a)电流密度 0.75 $A \cdot cm^{-2}$；(b)电流密度 1.25 $A \cdot cm^{-2}$；(c)电流密度 2.0 $A \cdot cm^{-2}$

蚀速率；但过高的阳极电流密度，将加快表面致密耐蚀层的腐蚀，加快阳极的腐蚀。

3)氧化铝浓度的影响

对比电解前后阳极的 SEM 照片(见图 3 - 12)可知，电解后阳极表层出现了分层，图 3 - 12(a)阳极表层形成腐蚀层；图 3 - 12(b)阳极表层生成致密耐蚀层。两种状态电解后阳极对比可知图 3 - 12(a)阳极出现了很多裂纹，并且晶粒间有了明显的界限，晶粒被隔离开来，说明阳极发生了晶界腐蚀。图 3 - 12(b)阳极表面生成了一层灰色致密物质，并未出现孔洞、裂纹等。

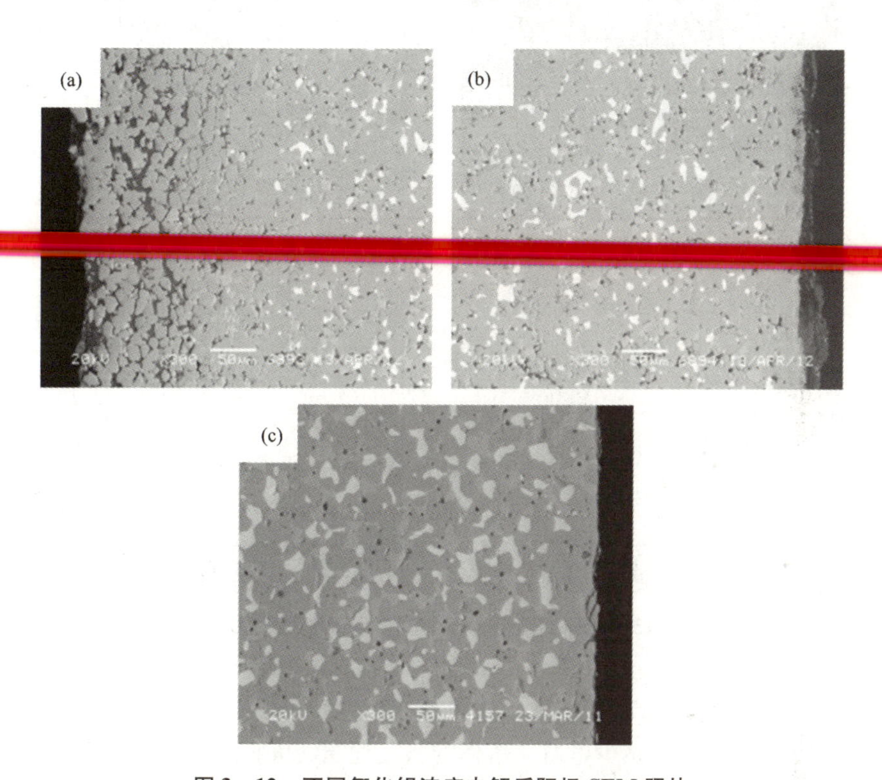

图 3 - 12　不同氧化铝浓度电解后阳极 SEM 照片

(a)氧化铝浓度 4%；(b)氧化铝浓度 5.2%；(c)电解实验前阳极

从图 3 - 13 来看，A 区域检测出 K、Al、F 元素，表明电解质的存在。B 区域致密层的元素分析结果：Al 为 6.99%、Fe 为 55.30%、Ni 为 25.52%、O 为 7.33%，推测可能存在的物质为 $NiFe_2O_4$和 $FeAl_2O_4$等。C 区域孔洞分析，除了 Al 元素外其余均为阳极本体中所含的元素，表明并没有电解质的进入。

图 3 - 14 为不同氧化铝浓度下阳极腐蚀后表层物质的 X 射线衍射图。图中表明，氧化铝 4% 电解后阳极表层(去除最外层的肿胀层)沉积有 FeF_2，并且有电解质的侵入(AlF_3)。而电解质中氧化铝浓度为 5.2% 时，阳极表面则生成的是 $(Fe_{0.807}Al_{0.193})(Al_{1.807}Fe_{0.193})O_4$、$CuAlO_2$等物质，或者是原来的金属相 Cu 氧化得到的 CuO，这些也是致密物的组成成分，上述物质的摩尔体积依次为：40.94 $cm^3 \cdot mol^{-1}$、24.26 $cm^3 \cdot mol^{-1}$、12.66 $cm^3 \cdot mol^{-1}$。形成致密层主要是因

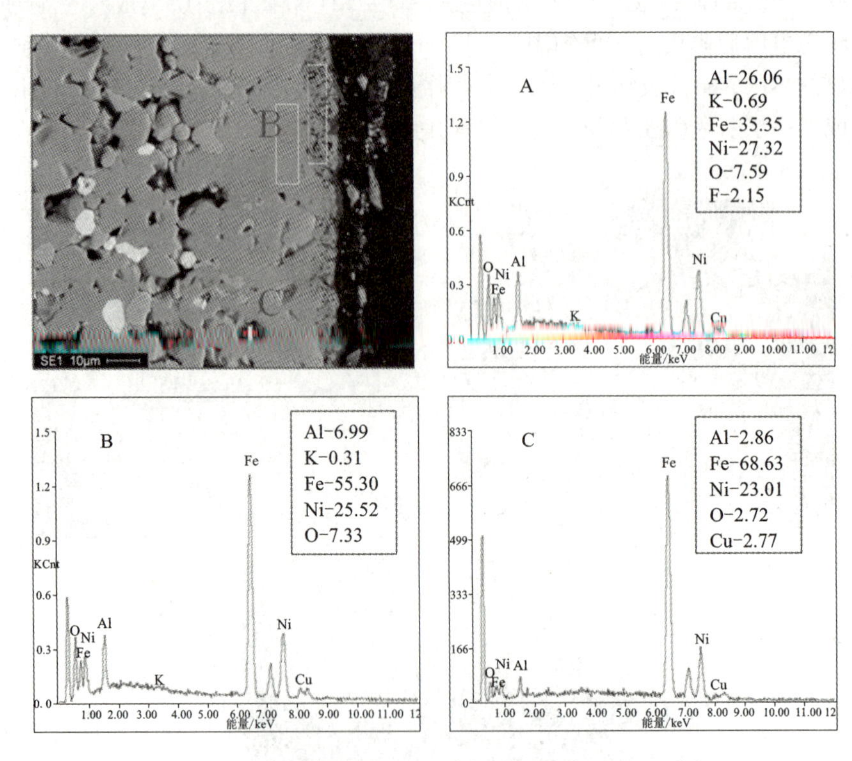

图 3-13　氧化铝浓度 5.2%电解后阳极表层 EDS 分析

为这些新生物质的摩尔体积密度大于原来位置上物质的体积密度，因此使得表层变得比以前更加致密，减少电解质熔体的入侵通道，从而能够更好地抵抗熔盐的侵蚀。

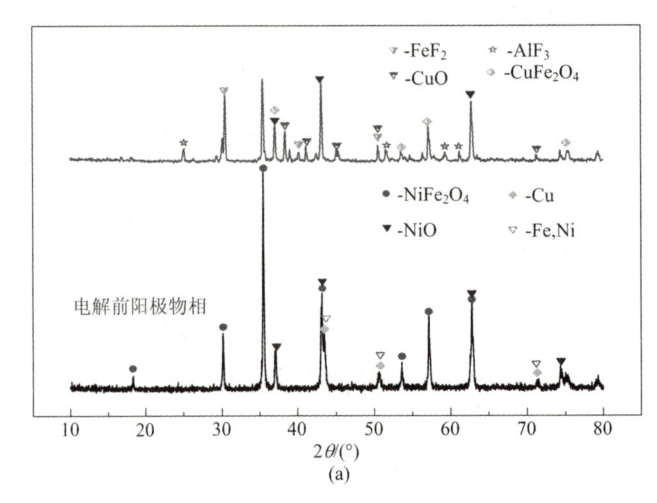

(a)

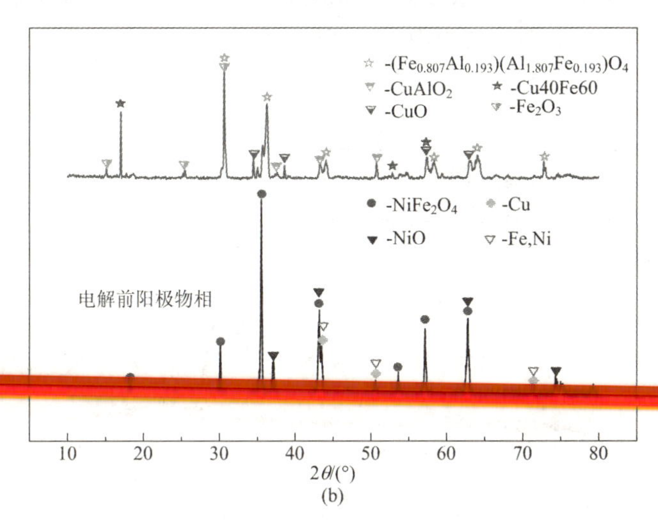

图 3－14　电解后阳极表层物质的 XRD 分析

(a)氧化铝浓度 4%；(b)氧化铝浓度 5.2%

因此，电解过程中维持氧化铝浓度处于较高水平(接近饱和)时，将有利于金属陶瓷惰性阳极电解耐蚀层的形成。

3.5　阳极组元离子在电解质中的分布

Alcoa 在 1986 年关于惰性阳极的研究报告中指出，对电解后的电解质进行研究时发现，覆盖在阴极 Al 液上面的灰色电解质层中的杂质元素 Ni、Fe 含量远高于白色本体电解质，其浓度接近于金属 Al 中的杂质元素含量。此外，P. Chins 等在不通电的情况下，研究了 Ni、Fe、Cu 在电解质中的分布规律。结果发现，在未通电的情况下，从惰性阳极进入电解质中的 Ni、Fe、Cu 分别有 55%、63%、13% 被还原，并与预先所加入的 Al 形成合金；杂质元素如 Ni 和 Fe 集中在电解质本体中，而 Cu 则富集在铝液附近 1～2 mm 的电解质薄层。R. Keller 等研究了电解条件下 Fe、Ni、Sn 的传质行为，认为其控制步骤为杂质元素在电解质中的传质过程，并将惰性阳极的电解腐蚀近似为其中氧化物的化学溶解。并同时探讨了溶解速度与电解质中杂质元素浓度的关系、杂质元素在铝液周围的部分还原及与铝的不完全合金化等现象。

3.5.1　电解质中阳极组元离子浓度的变化

图 3－15 和图 3－16 分别为电解过程中不同阳极电流密度下阴极和阳极附近

电解质中的杂质元素 Ni、Fe 浓度随时间的变化情况。图中虚线所示为电解过程中电流强度的变化，其对应的阳极电流密度分别为 $0.2\ \mathrm{A \cdot cm^{-2}}$、$0.6\ \mathrm{A \cdot cm^{-2}}$、$1.0\ \mathrm{A \cdot cm^{-2}}$、$2.0\ \mathrm{A \cdot cm^{-2}}$。

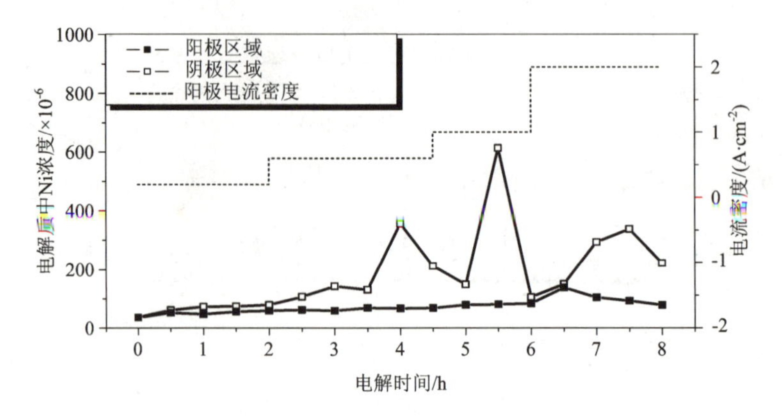

图 3-15　电解质中杂质元素 Ni 浓度随时间变化

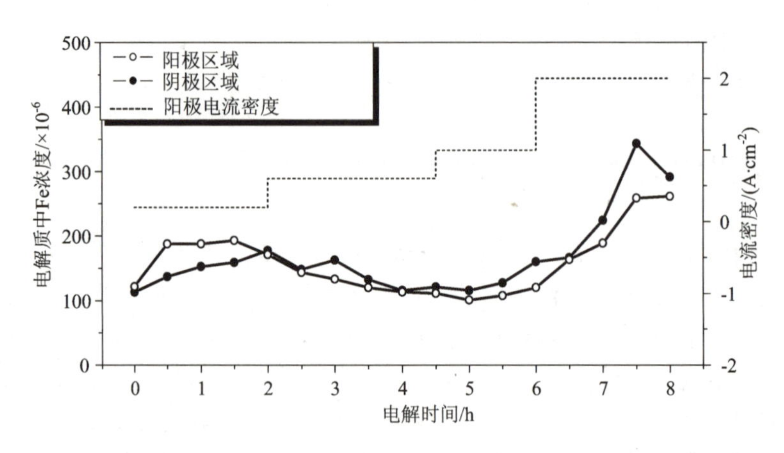

图 3-16　电解质中杂质元素 Fe 浓度随时间变化

从图 3-15 来看，当阳极电流密度在 $0.2 \sim 2.0\ \mathrm{A \cdot cm^{-2}}$之间变化时，相同电流密度条件下，杂质元素 Ni 在阳极区域附近没有出现富集的现象，而在阴极区域随电解时间的延长不断上升而富集。这说明阳极腐蚀进入电解质中的杂质元素 Ni 离子在阳极附近能有效地扩散开来，不会因阳极的腐蚀而使杂质元素离子浓度出现上升；在阴极附近由于受电场力的影响，电解质本体迁移至阴极附近的杂质元素离子速度比阴极附近杂质元素离子向电解质本体的扩散速度快，从而导致杂质元素 Ni 浓度的不断上升富集。随电流密度的增加，阴阳极附近杂质元素 Ni 浓度均呈上升趋势，且阴极附近区域变化更大，二者间的浓度差增大。如阳极电流密度为0.2 $A \cdot cm^{-2}$、0.6 $A \cdot cm^{-2}$、1.0 $A \cdot cm^{-2}$、2.0 $A \cdot cm^{-2}$时，阴极附近电解质中杂质元素 Ni 的平均浓度分别为 71.62×10^{-6}、189.21×10^{-6}、288.56×10^{-6}、250.31×10^{-6}，而阳极附近则为 53.27×10^{-6}、64.67×10^{-6}、80.96×10^{-6}、102.87×10^{-6}。产生这种现象的可能原因是电流密度的升高，使阳极腐蚀加快，从而更多的杂质元素 Ni 腐蚀进入电解质熔体中，使阳极附近浓度升高，增大阴阳极间的离子化学位梯度，使迁移速度加快。电流密度的升高，也会使阴极附近电场对杂质元素离子的作用增强，从而导致更多的杂质元素离子在阴极附近富集。

研究表明，电流密度为0.8 $A \cdot cm^{-2}$时，电解质中的杂质离子 Ni 和 Fe 的迁移系数为 1.92×10^{-4}和 3.05×10^{-5}。因此，电解条件下，杂质元素 Fe 离子在电解质中的迁移能力比 Ni 更差，其在阴阳极附近电解质中的浓度变化表现出与 Ni 不同的特征(见图 3－16)。在低电流密度(0.2 $A \cdot cm^{-2}$)下，电场作用力较小，阳极腐蚀后进入电解质中的杂质元素离子 Fe 未及时有效地扩散到电解质本体中，从而导致阳极附近出现富集，且高于阴极附近浓度。电流密度的增大，电场作用增强，加速了杂质元素离子 Fe 向阴极附近电解质的迁移，从而使阳极附近离子浓度下降并低于阴极。然而，当电流密度提高到 1.0 $A \cdot cm^{-2}$或更高时，阳极腐蚀速度加快，阳极组元中将有更多的 Fe 进入电解质熔体中，使阴阳极附近电解质中的杂质元素浓度均增加。

因此，$NiFe_2O_4$基金属陶瓷惰性阳极在电解过程中，阳极组元腐蚀进入电解质后的杂质元素 Ni、Fe 离子呈不均匀分布特征。阴极附近杂质元素离子浓度比阳极附近相对较高，且随电流强度的提高，二者间杂质元素 Ni 离子浓度差值增大，而杂质元素 Fe 离子则相近。

3.5.2　电解质中离子不均匀分布理论

假设在通电情况下，电解槽的阴阳极为一对平板电容器，如图 3－17 所示。则电解质本体中杂质离子在水平迁移时主要受到三种力的作用，即极间电场力、化学位梯度引起的扩散作用力、电解质本身的黏滞力。在电解初期，电解质中的腐蚀生成的杂质离子如 Ni^{2+}、Fe^{3+} 仅存在阳极表面附近，由于阳极气泡的扰动，阳极附近某个区域内杂质离子浓度均一。电解质本体中这些带正电的离子由于电场力和化学位梯度影响向阴极迁移，而电解质的黏滞力会在一定程度上减缓这一过程，迁移到阴极表面的离子得到电子被还原。随着迁移的进行，阴极附近区域杂质离子浓度逐渐升高，超过一定阀值后，化学位梯度方向变反，离子可能又向阳极反迁移，达到平衡时，假设杂质元素离子在水平方向仅受电场力和物理扩散作用。

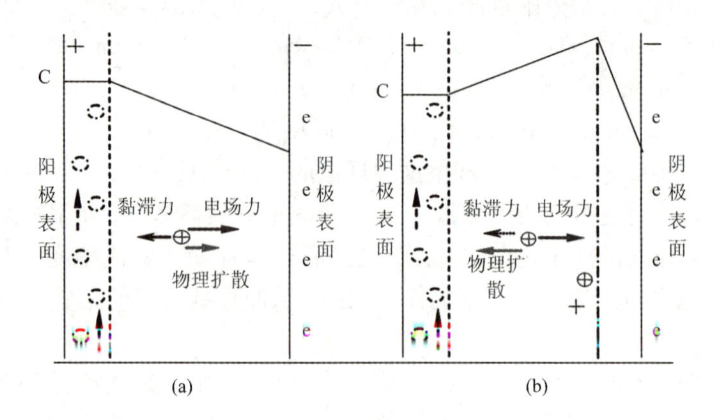

图 3-17　电解过程中杂质元素离子在电解质中的受力示意图

(a)电解初期；(b)稳定状态

杂质元素离子发生扩散时，其流量可表示为菲克第一定律：

$$J_i = -D_{扩}\frac{\mathrm{d}C_i}{\mathrm{d}x} \tag{3-30}$$

式中：J_i 是该杂质元素离子的流量；$D_{扩}$ 是对应的扩散系数；$\frac{\mathrm{d}C_i}{\mathrm{d}x}$是 x 处离子的浓度梯度。当电解池中插入两个电极时，离子电导的流量可表示为：

$$J_{电导} = \bar{u}C\vec{f} \tag{3-31}$$

式中：$\bar{u}$ 是绝对淌度；C 为杂质元素离子浓度；$\vec{f}$ 是其所受的电场力。在本实验中，阳离子如 Ni^{2+}、Fe^{3+} 向阴极扩散时，改变外电场使电极带上正电荷，平衡时两种扩散抵消而使其净流量为零，即 $J_{扩散} + J_{电导} = 0$。根据式(3-30)和式(3-31)，得出：

$$-D_{扩}\frac{\mathrm{d}C}{\mathrm{d}x}C\bar{u}\vec{f} = 0 \tag{3-32}$$

因此，

$$\frac{\mathrm{d}C}{\mathrm{d}x} = \frac{\bar{u}C\vec{f}}{D_{扩}} \tag{3-33}$$

对于固定的体系，可认为式中 $\bar{u}$，$\vec{f}$，$D_{扩}$ 为常数，则

$$C = C_0 e^{\frac{\bar{u}\vec{f}}{D_{扩}}x} \tag{3-34}$$

式中：C_0 为 $x=0$ 时，即阳极表面处杂质元素离子浓度。

由此可以看出，在电场力和化学梯度的共同作用下，电解质本体中杂质离子浓度随离阳极的距离符合波尔兹曼分布规律，而不是简单的线性扩散关系。

因此，电解过程中阳极组元在电解质中的不均匀分布受电场力、化学位梯度、电解质黏度以及气体扰动等多种因素的影响，利用电解过程电解质中杂质元素离子的不均匀分布特点，通过优化电解质体系，以改变杂质元素离子的存在形式，使其在电场力作用下的迁移向有利于降低惰性阳极腐蚀的方向进行；同时，也可考虑采用改变电解槽结构的方式，减少金属铝液与电解质的接触面积，降低单位时间内杂质元素离子从电解质向金属铝中的迁移量，从而降低惰性阳极的腐蚀率。

3.5.3　离子分布对阳极腐蚀率估算的影响

[illegible]惰性阳极腐蚀率是对材料耐腐蚀性能的重要评价指标，目前，腐蚀率的测定方法主要存在以下三种：

(1)测定电极试样腐蚀前后质量的改变，从而获得惰性阳极在电解条件下的腐蚀率。

(2)基于惰性阳极试样在腐蚀前后体积或尺寸的变化，可计算出电解腐蚀条件下的腐蚀率。

(3)基于熔盐电解质或产品金属 Al 中杂质元素含量的变化，从而推算出所研究惰性阳极的腐蚀率。

前两种估算方法极为相似，一般的做法是采用 $AlCl_3$ 溶液对实验后试样进行清洗，以去除黏附于试样表面和渗透入阳极内部的电解质，再测量实验后试样体积或质量，根据实验前后试样质量或体积的变化计算获得腐蚀率。显然，这种方式存在明显的缺陷：其一，渗透入电极内部的电解质，或与阳极基体发生化学反应生成的其他物质并不能完全清洗干净，影响阳极腐蚀前后质量的真实变化；其二，由于各种原因引起的阳极膨胀或变形在电解过程中经常出现，给体积测量带来较大误差，从而影响对阳极腐蚀率评估结果的可靠性。

有研究工作趋向于采用电解质或产品金属 Al 中杂质元素含量的变化来推算阳极腐蚀率。V. Blinov 等利用式(3-35)对 $Cu-NiO-Fe_2O_3$ 金属陶瓷的腐蚀率进行了计算：

$$V_c = \frac{C_{Cu(m)} \cdot M_{Al}}{C_{Cu(cer)} \cdot \tau \cdot S} \tag{3-35}$$

式中：$C_{Cu(m)}$，$C_{Cu(cer)}$ 是产品金属 Al 和金属陶瓷基体中元素 Cu 的质量含量；M_{Al} 是产品金属 Al 质量；S 是阳极与电解质的接触面积；τ 是电解时间。

该方法的优点是不需要对实验后阳极进行测量，克服了上述不确定因素对腐蚀率的影响，但它忽略了熔盐电解质中的杂质元素离子含量，显然存在不足之处。E. Olsen 和 R. Keller 等考虑了电解质中的杂质离子，将电解质中某点的杂质元素离子含量反推至电解质体系。然而，J. D. Weyand 等以及本书作者在实验研究中证明，电解过程中，杂质元素离子在电解质中存在不均匀分布，电解质中某点杂质元素含量是否具有代表性存在疑问，它不能反映整个体系中的杂质浓度。

因此，对于铝电解惰性阳极在电解条件下的腐蚀率计算，还存在许多不够完善的地方。在估算惰性阳极腐蚀率时，须考虑不同方法、不同杂质离子和离子取样点带来的误差，未考虑这些因素而估算的腐蚀率是不令人信服的。

参考文献

[1] 刘业翔.铝电解惰性阳极与可湿润性阴极的研究与开发进展[J].轻金属，2001(5)：26－29.

[2] K Billehaug，H A. Øye. Inert Cathodes and Anodes for Aluminum Electrolysis[J]. Düsseldorf：Aluminium－Verlag，1981：15－23.

[3] D. R. Sadoway. Inert Anodes for the Hall－Héroult Cell：the Ultimate Materials Challenge[J]. JOM，2001，53(5)：34－35.

[4] V. de Nora. How to Find an Inert Anode for Aluminum Cells[J]. In：G. M. Haarberg and A. Solheim，eds. Eleventh International Aluminium Symposium. Norway，September 19－22，2001：155－160.

[5] 赵群，邱竹贤，王兆文.铝电解惰性阳极的材料设计[J].轻金属，2001(11)：42－44.

[6] 梁英教，车荫昌.无机物热力学数据手册[M].沈阳：东北大学出版社，1993.

[7] 肖纪美，曹楚南.材料腐蚀学原理[M].北京：化学工业出版社，2002：1－18.

[8] S P Ray. Inert Anodes for Hall Cells[J]. In：R. E. Miller，eds. Light Metals 1986. Warreudale PA：TMS，1986：287－298.

[9] 杨建红.铝电解惰性电极暨双极多室槽模拟研究[D].长沙：中南工业大学，1992.

[10] Yu X J，Qiu Z X，Jin S H. Corrosion of Zinc Ferrite in NaF－AlF_3－Al_2O_3 Molten Salts[J]. Journal of Chinese Society for Corrosion and Protection，2000，20(5)：275－280.

[11] Xiao Haiming. On the Corrosion and the Behavior of Inert Anodes in Aluminium Electrolysis[D]. Trondheim：Norwegian Institute of Technology，1993.

[12] Q. B. Diep，E. W. Dewing，A. Sterten. The Solubility of Fe_2O_3 in Cryolite－Alumina Metls[J]. Metallurgical and Material Transactions B，2002，33B(1)：140－142.

[13] J. D. Weyand，D. H. DeYoung，S. P. Ray，et al. Inert Anodes for Aluminium Smelting (Final Report)[J]. Washington D C：Aluminum Company of America，February，1986：1－516.

[14] 薛济来，邱竹贤.铝电解用 SnO_2 基惰性阳极的制备及其性能[J].东北工学院学报，1984(2)：107－115.

[15] 蔡祺风，刘业翔. SnO_2 基惰性阳极在 Na_3AlF_6－Al_2O_3 熔融电解质中腐蚀行为的研究[J].轻金属，1986(9)：28－33.

[16] Wang Huazhang，J. Thonstad. The Behavior of Inert Anodes as a Functin of Some Operating Parameters[J]. In：G. C. Paul，eds. Light metals 1989. Warreudale PA：TMS，1989：283－290.

[17] G. P. Tracy. Corrosion and Passivation of Cermet Inert Anodes in Cryolite – Type Electrolyte[J]. In: R. E. Miller, eds. Light Metals 1986. Warreudale PA: TMS, 1986: 309 – 320.

[18] C. F. Windisch, Jr. and C. M. Steven. Electrochemical Polarization Studies on Cu and Cu – Containing Cermet Anodes for the Aluminum Industry[J]. In: R. D. Zabreznik, eds. Light Metals 1987. Warrendale, Pa, USA: TMS, 1987: 351 – 355.

[19] Wangxing Li, Gang Zhang, Jie Li, Yanqing Lai. $NiFe_2O_4$ – Based Cermet Inert Anodes for Aluminum Electrolysis[J]. JOM, 2009, 61(5): 39 – 43.

[20] Zhigang Zhang, Yihan Liu, Guangchun Yao, Di Wu, Junfei Ma. Effect of Nanopowder Content on Properties of $NiFe_2O_4$ Matrix Inert Anod for Aluminum Electrolysis[A]. Light Metals 2012. Warrendale, PA: TMS, 2012: 1381 – 1384.

[21] Zhongning Shi, Junli Xu, Bingliang Gao, Xianwei Hu, Zhaowen Wang. Aluminium Electrolysis with Fe – Ni – Al_2O_3 Inert Anodes at 850℃[J]. High Temperature Materials and Processes, 2011, 30(3): 247 – 251.

[22] Rudolf P. Pawlek. Inert Anodes: an Update[A]. Light metals 2004. Warreudale PA: TMS, 2004: 283 – 287.

[23] Ray S P. Effect of Cell Operating Parameters on Performance of Inert Anodes in Hall – Héroult Cells[C]//In: Zabreznik R D, eds. Light Metals1987, Warrendale, PA: TMS (The Minerals, Metals & Materials Society), 1987: 367 – 380.

[24] Lorentsen O A, Jentoftsen T E, Dewing E W, et al. The Solubility of Some Transition Metal Oxides in Cryolite – Alumina Melts: Part III. Solubility of CuO and Cu_2O [J]. Metallurgical and Materials Transactions B. 2007, 38(5): 833 – 839.

[25] Johansen H G, Thonstad J, Sterten A. Iron as Contaminant in a VS Soderberg Cell[C]. In: Paul G C eds. Light Metals 1977, Ga Atlant A: TMS (The Minerals, Metals & Materials Society), 1977: 253 – 261.

[26] Keller R, Rolseth S, Thonstad J. Mass Transport Considerations for the Development of Oxygen – evolving Anodes in Aluminum Electrolysis [J]. Electrochemical Acta, 1997, 42 (12): 1809 – 1817.

[27] McLeod A D, Lihrmann J M, Haggarty J S, et al, Selection and testing of inert anode materials for Hall cells[C]//In: Zabreznik R D, eds. Light Metals 1987, Warrendale, PA: TMS (The Minerals, Metals & Materials Society), 1987: 357 – 365.

[28] Baogang Liu, Lei Zhang, Kechao Zhou, et al. Electrical conductivity and molten salt corrosion behavior of spinel nickel ferrite[J]. Solid State Sciences. 2011(7): 1483 – 1487.

[29] Liu Jianyuan, Li Zhiyou, Tao Yuqiang, et al. Phase Evolution of 17(Cu – 10Ni) – ($NiFe_2O_4$ – 10NiO) Cermet Inert Anode During Aluminum Electrolysis[J]. Transaction of Nonferrous Metals Society of China. 2011, 21(4): 566 – 572.

[30] 周科朝，陶玉强，刘宝刚，等. 铁酸镍基金属陶瓷的强化烧结与熔盐腐蚀行为[J]. 中国有色金属学报，2011，21(6)：1348 – 1358.

[30] 席锦会，姚广春，刘宜汉，等. 镍铁尖晶石基金属陶瓷惰性阳极的电解腐蚀行为[J]. 过程

工程学报, 2006(6): 758 - 762.

[31] 焦万丽, 张磊, 姚广春. MnO_2添加剂对镍铁尖晶石基惰性阳极耐腐蚀性的影响[J]. 过程工程学报, 2005(6): 309 - 312.

[32] 席锦会, 姚广春, 刘宜汉, 等. 添加 TiO_2对镍铁尖晶石惰性阳极材料性能的影响[J]. 功能材料, 2008, 37(8): 1242 - 1245.

[33] Olsen E, Thonstad J. Nickel Ferrite as Inert Anodes in Aluminum Electrolysis: Part Ⅰ Material fabrication and Preliminary Testing[J]. Journal of Applied Electrochemistry, 1999, 29(3): 293 - 299.

[34] P. Chin, P. J. Sides, R. Keller. The Transfer of Nickel, Iron, and Copper from Hall Cell Melts to Molten Aluminum[J]. Canadian Metallurgical Quaterly, 1996, 35(1): 61 - 68.

[35] R. Keller, S. Rolseth, J. Thonstad. Mass Transport Considerations for the Development of Oxygen - Evolving Anodes in Aluminum Electrolysis[J]. Electrochimica Acta, 1997, 42(12): 1809 - 1817.

[36] E. Olsen and J. Thonstad. Nickel Ferrite as Inert Anodes in Aluminum Electrolysis: Part Ⅱ Material Performance and Long - Term Testing[J]. Journal of Applied Electrochemistry, 1999, 29(3): 301 - 311.

[37] Xiao Haiming, R. Hovland, S. Rolseth. On the Corrosion and Behavior of Inert Anodes in Aluminum Electrolysis[J]. In: R. C. Euel, eds. Light metals 1992. Warreudale PA: TMS, 1992: 389 - 399.

[38] V. Blinov, P. Polyakov, J. Thonstad, et al. Behaviour of Cermet Inert Anodes for Aluminium Electrolysis in a Low Temperature Electrolyte[J]. In: G. M. Haarberg and A. Solheim, eds. Eleventh International Aluminium Symposium. Norway, September 19 - 22, 2001: 123 - 131.

[39] K. Grjotheim, H. Kvande. Physico - Chemical Properties of Low - Melting Baths in Aluminium Electrolysis. Metall. 1985, 38(6): 510 - 513.

第 4 章　$NiFe_2O_4$基金属陶瓷低温电解新工艺

4.1　引言

铝电解 $NiFe_2O_4$基金属陶瓷惰性阳极的耐腐蚀性能不仅与材料的组成(金属相和陶瓷相)相关，而且也受电解工艺和服役环境的影响。为此，研究者们通过调整阳极材料的组分、改善制备工艺以提高阳极自身的抗腐蚀能力。研究主要集中在调整材料金属相与陶瓷相组成，并通过优化制备工艺(原料处理、烧结温度、烧结气氛或加入添加剂等)和改善金属陶瓷惰性阳极的致密度来提高阳极自身抗氟化物熔盐的腐蚀能力，取得了一定的成果。

电解温度的降低不仅可显著降低金属相的氧化速率(温度每降低 100℃，金属的氧化速率可降低一个数量级)，而且可以显著降低陶瓷相的溶解速度。通过选择合理的服役环境和电解工艺，如电解质组成、氧化铝浓度、电解温度和电流密度等来减缓环境对材料的腐蚀，以降低电解条件下 $NiFe_2O_4$基金属陶瓷惰性阳极的腐蚀速率，从而延长其使用寿命，提高产品金属 Al 的质量。

因此，将惰性阳极与低温电解质相结合，即惰性阳极的低温铝电解工艺备受铝冶金界的广泛关注。本章以具有低温、高氧化铝浓度的 $Na_3AlF_6 - K_3AlF_6 - AlF_3$熔体作为新型低温电解质，介绍了 $NiFe_2O_4$基金属陶瓷阳极惰性材料组成、电解工艺以及电解质组成对阳极腐蚀速率影响的研究成果。

4.2　不同组成 $NiFe_2O_4$基金属陶瓷的腐蚀性能

4.2.1　不同金属相金属陶瓷的腐蚀性能

1)电解后阳极形貌

图 4 - 1 所示为不同金属相 $NiFe_2O_4$ 基金属陶瓷惰性阳极在电解质 $Na_3AlF_6 - K_3AlF_6 - AlF_3$[(NaF + KF)与 AlF_3的摩尔比为 1.72]中电解后阳极的表观外形貌。对 Ni 和 Fe 两种金属相的 $NiFe_2O_4$基金属陶瓷而言，金属含量提高之后，阳极的耐腐蚀性能均明显降低，17Cu 有掉皮，17Ni 有肿胀。从 5Cu 和 5Ni 来看，5Cu 的阳极电解后表观比较光滑完整，而 5Ni 阳极底表面有少量凸起部分。

因此，从实验后阳极的外观可以明显看出，5Cu 阳极具有很好的耐腐蚀性能。

图 4 – 1　$NiFe_2O_4$基金属陶瓷惰性阳极电解后阳极外观形貌

图 4 – 2 为不同金属相阳极电解后的 SEM 照片。从图 4 – 2 可知，金属相为 5Cu 和 5Ni 的 $NiFe_2O_4$基金属陶瓷惰性阳极腐蚀均不是很严重。但相比于金属相为 17Cu 和 17Ni 的 $NiFe_2O_4$基金属陶瓷惰性阳极来说，腐蚀更明显。

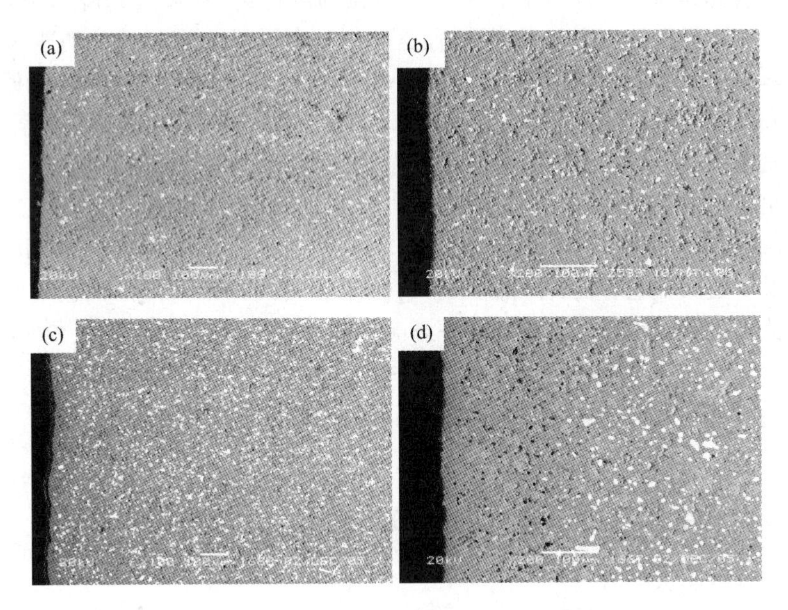

图 4 – 2　电解腐蚀后阳极 SEM 照片

(a)5Cu；(b)5Ni；(c)17Cu；(d)17Ni

2)金属陶瓷阳极的腐蚀速率

表 4 – 1 所列为不同金属相与不同含量的 $NiFe_2O_4$基金属陶瓷惰性阳极电解

后，杂质在电解质以及阴极产品铝中的变化量，以及据此获得的阳极腐蚀率。从表4-1可知，在相同金属相含量的条件下，以Cu为金属相的$NiFe_2O_4$基金属陶瓷惰性阳极腐蚀率较低，表现更强的耐腐蚀性能。如金属相为5Cu和5Ni惰性阳极，其对应的腐蚀率为1.23 cm·a^{-1}和3.80 cm·a^{-1}。

表4-1　不同金属相含量$NiFe_2O_4$基金属陶瓷阳极腐蚀率

金属相组成	电解质/g	阴极铝/g	腐蚀率/(cm·a^{-1})
5Cu	0.0031	0.1251	1.23
5Ni	0.0533	0.3446	3.80
[illegible]	[illegible]	[illegible]	[illegible]
17Ni	0.0147	0.3096	2.99

注：表中所列阳极腐蚀速率根据式(3-35)计算获得。

对于不同含量的$NiFe_2O_4$基金属陶瓷惰性阳极而言，随着金属相含量的增加，其腐蚀率变化受金属相种类影响较大。如对于5Ni和17Ni金属陶瓷惰性阳极，其电解后获得的阳极腐蚀率则分别为3.80 cm·a^{-1}和2.99 cm·a^{-1}，腐蚀率降低；对于5Cu和17Cu金属陶瓷惰性阳极，其电解后获得的阳极腐蚀率则分别为1.23 cm·a^{-1}和2.76 cm·a^{-1}，其腐蚀率增大。

但总体而言，当金属相为5Cu时，$NiFe_2O_4$基金属陶瓷惰性阳极在新型低温$Na_3AlF_6-K_3AlF_6-AlF_3$铝电解质中表现出更强的耐腐蚀性能。

4.2.2　助烧剂CaO对$NiFe_2O_4-NiO$陶瓷腐蚀的影响

图4-3所示为材料制备过程中添加不同含量助烧剂CaO的$NiFe_2O_4-NiO$陶瓷在电解质$Na_3AlF_6-K_3AlF_6-AlF_3$[(NaF+KF)与AlF_3摩尔比为1.72]中的腐蚀结果。从图4-3可知，随着CaO含量的增加，阳极表面的平整度变得越差，都出现了不同程度的掉皮和长包现象，当CaO含量为4%时，阳极的腐蚀极为严重，表层出现了一个环状开裂。

这是由于CaO含量高于一定量后，其可能存在于陶瓷基体的晶界而非晶格中，在氟化物熔盐体系中，渗入阳极的电解质发生了反应：

$$Ca^{2+} + F^- = CaF_2 \tag{4-1}$$

CaF_2是一种很稳定的氟化物，当Ca^{2+}和F^-发生反应后的CaF_2分子阳离子形成近似面心立方结构，这种晶体结构可以形成弗仑克尔缺陷，弗仑克尔缺陷的晶格结点空位和填隙离子带相反的电荷，如果它们彼此接近时，会互相吸引成对。虽然整个晶体表现出电中性，但缺陷对带有偶极性，它们可互相吸引形成较大的

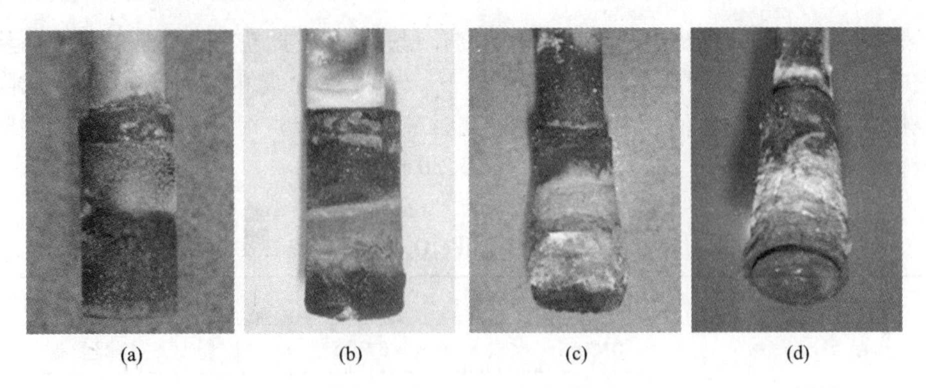

图 4-3 添加不同含量助烧剂 CaO 的 $NiFe_2O_4$ 陶瓷电解后形貌

(a)不添加 CaO；(b)1% 添加 CaO；(c)2% 添加 CaO；(d)3% 添加 CaO

聚集体或缺陷簇，此时会起到第二相的晶核形核的作用。因此，电解实验中，阳极都发生了不同程度的肿胀现象。

电解腐蚀后，$NiFe_2O_4$ 陶瓷阳极表层物质的 X 射线衍射分析结果表明(见图 4-4)，阳极表层均为阳极本体成分和电解质成分以及相互发生反应后的产物，主要物相为 NiF_2、NiO、$NiFe_2O_4$、AlF_3、Fe_2O_3、Al_2O_3、$Na_5Al_3F_{14}$ 和 Ni_3Fe。

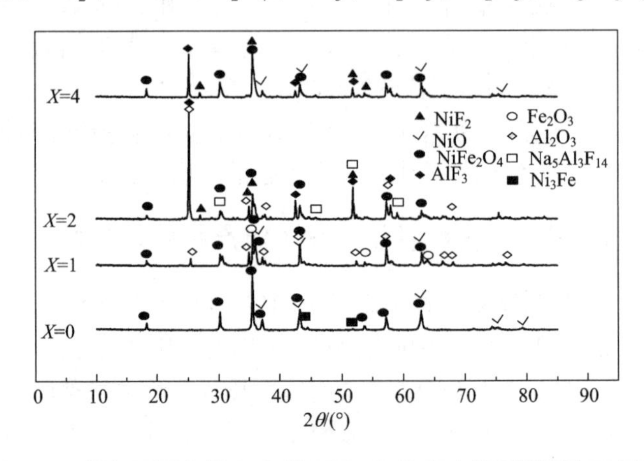

图 4-4 添加不同含量 CaO 的 $NiFe_2O_4$ 陶瓷电解后阳极表层 XRD

从图 4-5 看出，当 CaO 添加量为 0 时，电解后阳极的致密度比较高，在电解期间能够有效阻止氟化物熔体对阳极的腐蚀，而随着 CaO 含量的增加，阳极的致密度明显降低，尤其当 CaO 添加量为 2% 时，阳极内部留下很多孔洞，电解质通过毛细管作用进入阳极基体。对 CaO 添加量为 2% 的 $NiFe_2O_4$-NiO 陶瓷阳极进行能谱分析后(见图 4-6)，发现 Na、F、K 和 Ca 在阳极表面到内部出现了梯度变化，表明有电解质渗透到阳极表面层中，但是 Fe 和 Ni 却在阳极表面和内部基本保持一致，可见，电解质和阳极基体（NiO、$NiFe_2O_4$）之间的反应是有限的，阳极腐蚀的可能原因是电解质与 CaO 之间发生反应导致的。

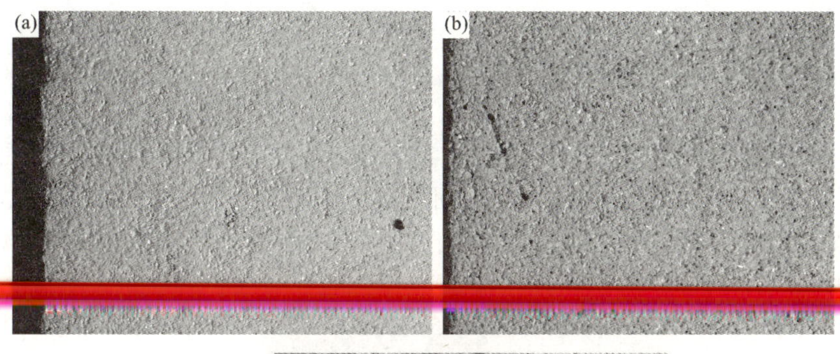

图 4－5　添加不同含量助烧剂 CaO 的 $NiFe_2O_4$ 陶瓷电解后 SEM

(a)不添加 CaO；(b)1% 添加 CaO；(c)2% 添加 CaO

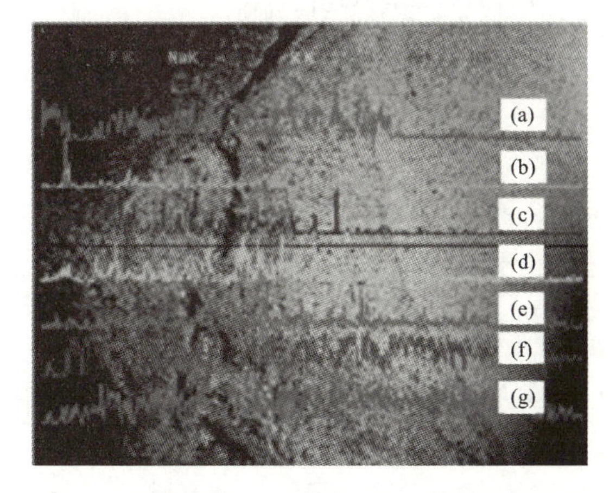

图 4－6　CaO 添加量为 2% 的 $NiFe_2O_4$ 陶瓷阳极电解后 EDS 分析

(a)F；(b)Na；(c)Al；(d)K；(e)Ca；(f)Fe；(g)Ni

图4-7所示为不同CaO添加量$NiFe_2O_4$-NiO陶瓷阳极电解后电解质中杂质(Fe、Ni、Ca)浓度随时间的变化。就组元Fe和组元Ni而言[图4-7(a)和图4-7(b)]，当CaO添加量分别为0、1%、2%和4%时，电解质中Fe浓度分别为105.19×10^{-6}、261.82×10^{-6}、244.15×10^{-6}和241.05×10^{-6}，电解质中Ni浓度分别为67.36×10^{-6}、150.72×10^{-6}、144.21×10^{-6}和138.13×10^{-6}。由此，当添加CaO后，电解质中杂质含量有所增加，且加有CaO助剂的阳极电解后电解质中Fe含量基本维持在250×10^{-6}左右，Ni含量基本维持在140×10^{-6}，说明由于电解质和阳极基体(NiO、$NiFe_2O_4$)之间发生反应而导致阳极腐蚀的可能是很小的。而对于组元Ca[图4-7(c)]，随着CaO添加量的增加，电解质中Ca含量逐渐增加。当CaO添加量分别为1%、2%和4%时，电解质中Ca浓度分别为203.72×10^{-6}、517.15×10^{-6}和1321.05×10^{-6}。

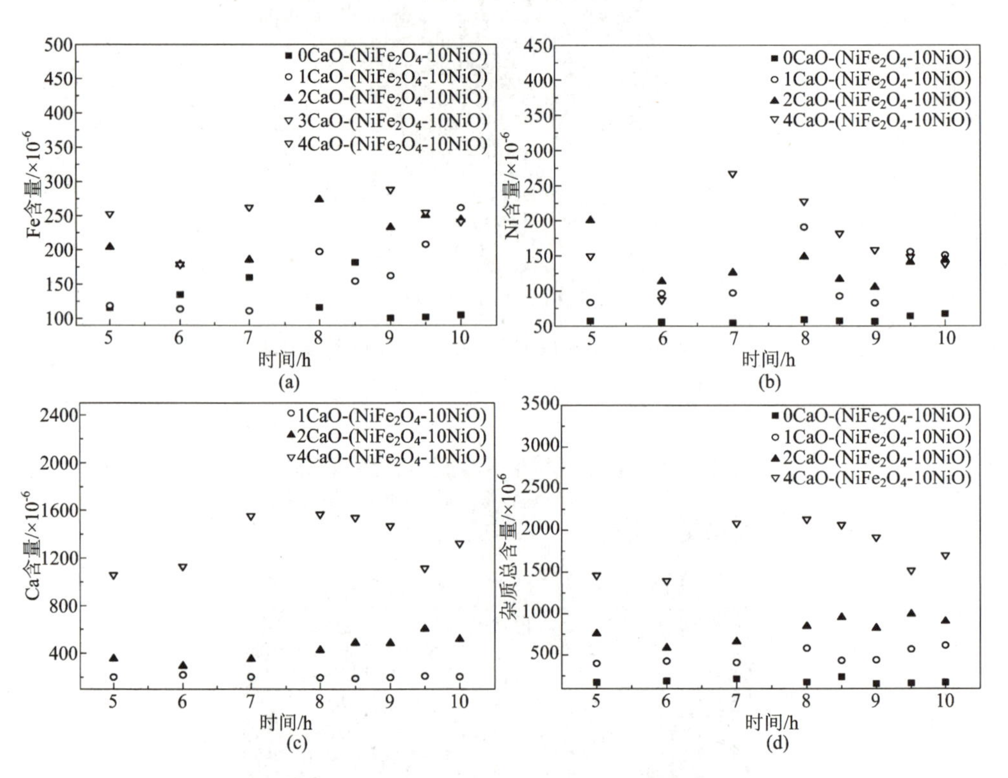

图4-7 不同CaO添加量$NiFe_2O_4$-NiO陶瓷阳极电解后电解质中杂质浓度随时间的变化

(a)Fe；(b)Ni；(c)Ca；(d)杂质总含量

从总杂质含量来看[图4-7(d)]，当CaO添加量分别为0、1%、2%和4%时，电解后阳极组元在电解质中的杂质总含量分别为172.55×10^{-6}、616.26×10^{-6}、

905.51×10^{-6}和1700.23×10^{-6}，随着 CaO 添加量增加，阳极腐蚀加剧。并且 Ca 流失所占比例比较大，Fe 和 Ni 的损失比较小，这是由于陶瓷相的耐腐蚀性能相当好的缘故，这也说明阳极发生严重腐蚀的原因可能是电解质和 CaO 发生化学反应所致。

从表 4-2 中可以看出，当 CaO 添加量分别为 0、1%、2%和 4%时，阴极铝中的阳极组元净增加含量分别为 863×10^{-6}、1557×10^{-6}、1712×10^{-6}和 3800×10^{-6}，随着 CaO 添加量的增加，阳极组元在阴极铝液体中的流失逐渐增加，这与其在电解质中的损失趋势是一致的。当添加有 CaO 助烧剂后，与采用 $5Cu/(NiFe_2O_4-10NiO)$惰性阳极，在传统高温电解质（$Na_3AlF_6-AlF_3$，*CR* 为 2.3，添加5% Al_2O_3 +5% CaF_2）中，950℃电解 20 h 后的阴极铝中阳极组元净增加量（878.3×10^{-6}）相比高很多。

表 4-2　不同 CaO 添加量 $NiFe_2O_4-NiO$ 陶瓷阳极电解后阴极铝中杂质含量（%）

杂质种类	CaO 添加量				
	0	1	2	4	原铝
Fe	0.2464	0.2935	0.2811	0.4152	0.1480
Ni	0.0063	0.0456	0.0623	0.1194	0.0031
Ca	0.0336	0.0166	0.0278	0.0454	0.0489
杂质总增加量	0.0863	0.1557	0.1712	0.3800	

从阳极腐蚀率来看（表 4-3），当 CaO 添加量分别为 0、1%、2%和 4%时，阳极的年腐蚀率分别为 $1.1\ cm\cdot a^{-1}$、$2.8\ cm\cdot a^{-1}$、$4.2\ cm\cdot a^{-1}$和 $10.7\ cm\cdot a^{-1}$，与研究者公认的可接受的惰性阳极腐蚀率（$1\ cm\cdot a^{-1}$）相比较，除了纯陶瓷惰性阳极和其相当外，添加有 CaO 烧结助剂的惰性阳极年腐蚀率都比较高，而且随着 CaO 含量的增加，耐腐蚀性能越差。

表 4-3　不同 CaO 添加量 $NiFe_2O_4-NiO$ 陶瓷阳极腐蚀率

CaO 添加量	电解质/g	阴极铝/g	总杂质含量/g	腐蚀率/($cm\cdot a^{-1}$)
0	0.0038	0.0863	0.0901	1.1
1	0.0720	0.1557	0.2277	2.8
2	0.1692	0.1712	0.3404	4.2
4	0.4653	0.3800	0.8453	10.7

4.3 不同低温电解质中金属陶瓷的腐蚀

4.3.1 $Na_3AlF_6-Li_3AlF_6-AlF_3$熔体中的低温腐蚀

表4-4和表4-5分别列出了Ni/($NiFe_2O_4$-NiO)金属陶瓷惰性阳极在表4-6所列电解质$Na_3AlF_6-Li_3AlF_6-AlF_3$熔体电解过程中，杂质元素Ni、Fe浓度的变化。从表中数据来看，对于试验B1-1和B1-2的电解质组成，尽管电解温度从960℃降低至900℃，但杂质元素Ni、Fe在电解质中的平衡稳定浓度并没有明显降低，其对应的杂质元素Ni平衡浓度稳定值分别为101.88×10^{-6}、117.09×10^{-6}，与相近条件下非极化状态的饱和溶解度相接近；而杂质元素Fe平衡稳定值分别为117.70×10^{-6}、119.0×10^{-6}，远小于其相近条件下的饱和溶解度。试验B1-3至试验B1-7，随着电解质组成的变化，尽管电解温度下降至800℃，但电解质中杂质元素在实验时间内也未达到稳定平衡，Ni、Fe浓度并未降低，反而有不断上升的趋势。如试验B1-4中，电解质中杂质元素Ni在实验进行到360 min和480 min时浓度分别为537.23×10^{-6}和609.37×10^{-6}，杂质元素Fe的浓度则分别为493.36×10^{-6}和673.27×10^{-6}。同时，表中数据也表明，不同电解质组成下，当实验进行至相同时间时，电解质中杂质元素Ni、Fe浓度随AlF_3和LiF总含量的增加而升高，17Ni/(10NiO-90$NiFe_2O_4$)金属陶瓷惰性阳极腐蚀加剧，甚至出现灾难性腐蚀。如电解240 min时，当电解质中AlF_3和LiF总含量由31.9%提高到40.0%，杂质元素Ni在电解质中的浓度由189.57×10^{-6}提高到3256.9×10^{-6}，而杂质元素Fe则由258.28×10^{-6}提高到3578.4×10^{-6}。产生这种现象的原因是由于电解条件下，电解质组成的改变，AlF_3和LiF总含量的增加，降低了氧化铝在熔体中的溶解度和溶解速度。氧化铝在电解质中浓度的降低，使$NiFe_2O_4$基金属陶瓷惰性阳极的腐蚀机理或腐蚀控制步骤发生改变。H. Wang等利用低*CR*电解质对SnO_2基惰性阳极进行试验时，也出现了与此相类似的情况。

表4-4 电解质中杂质元素Ni浓度随电解时间的变化/($\times10^{-6}$)

试验编号	电解时间/min							
	0	30	60	120	240	360	400	480
B1-1	49.65	63.99	73.07	83.64	107.15	115.54	90.97	93.84
B1-2	64.44	48.66	93.22	86.98	114.69	121.75	115.54	116.39
B1-3	46.55	102.15	116.97	120.50	113.79	267.93	332.10	411.45

续表 4-4

试验编号	电解时间/min							
	0	30	60	120	240	360	400	480
B1-4	40.92	73.28	78.84	97.86	189.57	537.23	554.21	609.37
B1-5	65.11	208.63	731.04	2267.5	2933.0	3220.1	—	—
B1-6	68.63	569.37	1954.9	2887.8	3256.9	—	—	—
B1-7	76.21	12213	22220	20894	—	—	—	—

表 4-5 电解质中杂质元素 Fe 浓度随电解时间的变化/($\times 10^{-6}$)

试验编号	电解时间/min							
	0	30	60	120	240	360	400	480
B1-1	149.88	130.86	101.02	118.00	105.96	113.67	137.24	113.49
B1-2	132.21	108.09	99.82	120.96	111.62	120.39	125.67	118.32
B1-3	139.76	99.67	93.93	120.96	143.08	254.28	307.16	373.24
B1-4	121.62	103.25	92.07	111.62	258.28	493.36	594.59	673.27
B1-5	140.59	375.65	802.90	1999.8	2758.5	3360.4	—	—
B1-6	156.49	475.80	1775.8	2669.3	3578.4	—	—	—
B1-7	142.03	12090	22094	25810	—	—	—	—

表 4-6 电解质组成及电解温度

试验编号	电解质组成/%					([NaF]+[LiF])/[AlF_3]	电解温度/℃
	Na_3AlF_6	AlF_3	Al_2O_3	CaF_2	LiF		
B1-1	78.9	9.6	7.5	4.0	—	2.30	960
B1-2	70.7	18.8	6.5	4.0	—	1.80	900
B1-3	64.0	30.0	2.0	4.0	—	1.38	800
B1-4	62.0	29.9	2.0	4.0	2.0	1.48	800
B1-5	57.0	29.0	2.0	4.0	8.0	1.82	800
B1-6	54.0	26.0	2.0	4.0	14.0	2.31	800
B1-7	52.4	21.6	2.0	4.0	20.0	3.00	800

表4－7所示为金属陶瓷惰性阳极组元在金属Al中的杂质含量。对于不同电解质组成下电解所获得的金属原Al，杂质元素Ni、Fe含量都相当高，且存在明显不同。试验B1－2所获金属Al中杂质元素Ni、Fe含量总和为0.2426%，比其他条件下获得的金属Al杂质含量更低。在试验B1－3至试验B1－7中，与电解质中杂质元素变化趋势相一致，随着电解质中AlF_3和LiF总含量的增加，金属Al中杂质元素Ni、Fe含量总和有上升趋势。如试验B1－3和B1－7中，AlF_3和LiF总含量分别为30.0%和41.6%，而相应电解条件下所获金属Al中杂质元素Ni、Fe含量总和为0.3252%、0.7071%。同时，金属Al中杂质Fe、Ni含量比值不是阳极17Ni/($10NiO-90NiFe_2O_4$)金属陶瓷中的0.86。造成这种现象的原因可能是由于电解过程中，杂质元素Ni、Fe在电解质中及电解质向金属Al中的迁移速率存在差别，E. Olsen等发现17% Cu/3% Ni/80% ($NiO-NiFe_2O_4$)金属陶瓷中的组成元素Fe在电解条件下从电解质熔体中向熔融金属Al中的迁移速率约为Ni的2倍；另一可能的原因是杂质元素Fe还存在其他的来源：石墨坩埚及内衬、实验过程中添加的氧化铝以及电解前加入的金属原Al。

表4－7　金属陶瓷惰性阳极组元在金属Al中的含量

试验编号	电解时间/min	金属Al中杂质含量/%		杂质Ni及Fe含量总和/%	Al中杂质元素质量比(Fe/Ni)
		Ni	Fe		
B1－1	480	0.0403	0.2224	0.2627	5.52
B1－2	480	0.0409	0.2017	0.2426	4.93
B1－3	480	0.0668	0.2584	0.3252	3.87
B1－4	480	0.1263	0.2748	0.4011	2.18
B1－5	380	0.1415	0.3005	0.4420	2.13
B1－6	295	0.1681	0.4198	0.5879	2.50
B1－7	180	0.1482	0.5589	0.7071	3.78

表4－8为基于对金属Al中杂质含量的分析，Ni/($NiFe_2O_4-NiO$)金属陶瓷惰性阳极在不同电解质组成下的年腐蚀率。尽管实验B1－1和B1－2电解温度更高，但无论是基于金属Al中杂质元素Ni还是Fe，阳极年腐蚀率均较其他条件下低，900℃下电解时，基于金属Al中杂质元素Ni和Fe的年腐蚀率分别为20.62 mm·a^{-1}和30.47 mm·a^{-1}。$NiFe_2O_4$基金属陶瓷惰性阳极在此条件下表现出相对较好的耐腐蚀性能。

表 4 -8　不同电解质组成下阳极的腐蚀率

试验编号	实验前原铝加入质量/g	电解后原铝质量/g	电流效率/%	腐蚀率/($mm \cdot a^{-1}$)	
				基于杂质 Ni	基于杂质 Fe
B1 -1	501.33	562.48	75.92	22.48	47.49
B1 -2	446.58	505.37	72.99	20.62	30.47
B1 -3	407.30	476.22	85.57	33.25	66.75
B1 -4	516.81	587.41	87.65	79.30	91.16
B1 -5	460.79	512.59	81.24	98.38	122.8
B1 -6	[illegible]	[illegible]	[illegible]	144.0	[illegible]
B1 -7	446.23	467.52	70.49	198.6	630.0

注：阳极年腐蚀率按每年 365 天计。

从图 4 -8 可知，对于低温条件下(800℃)的电解腐蚀实验，惰性阳极的腐蚀率随电解质中([NaF] + [LiF])/[AlF_3]的增加而增大。如 *CR* 为 1.38 和 2.31 的电解质组成，基于 $NiFe_2O_4$基金属陶瓷惰性阳极组元 Ni 在金属 Al 中含量的分析结果，相应腐蚀率分别 33.25 $mm \cdot a^{-1}$、144.0 $mm \cdot a^{-1}$。显然，惰性阳极在 *CR* 为 2.31 的电解质组成下年腐蚀率远远高于铝电解对惰性阳极材料耐腐蚀性能的要求。因此，尽管试验 B1 -3 至试验 B1 -7 的电解质组成降低了电解温度，降低了电解条件对阳极材料物理性能如抗热震性能等的要求，但由于材料表现出极差的耐腐蚀性能，不能作为 $NiFe_2O_4$基金属陶瓷惰性阳极电解时的电解质组成。

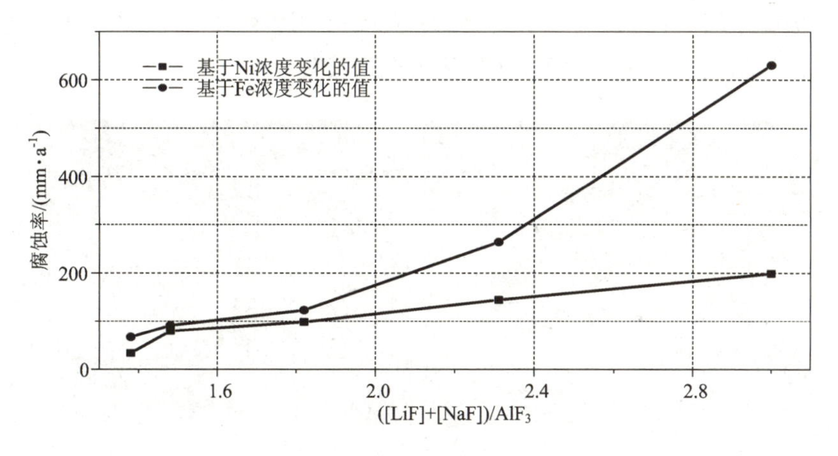

图 4 -8　阳极腐蚀率随电解质中 *CR* 变化的关系

电解后，除试验 B1 -1 和试验 B1 -2 阳极未有明显腐蚀，阳极保持原有形貌外，其余电解条件下的 $NiFe_2O_4$基金属陶瓷惰性阳极都存在明显腐蚀，且阳极都存在不同程度的膨胀，最外层有一层黑色疏松物质，经 X 射线衍射分析为氧化物陶瓷 $NiFe_2O_4$（见图 4 -9）。

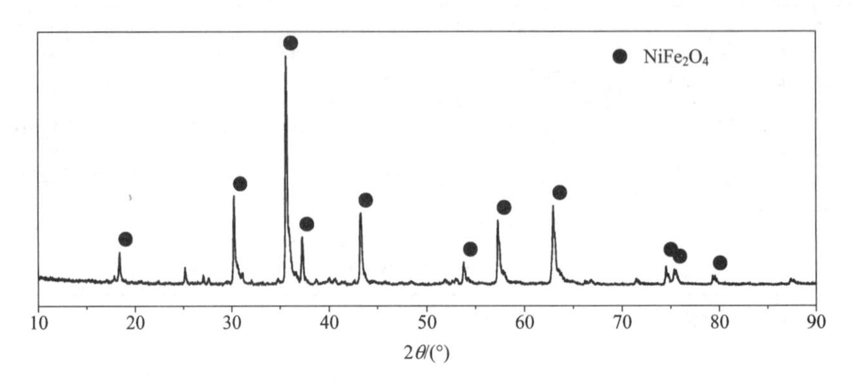

图 4 -9　阳极腐蚀后表层疏松易脱落层 XRD 分析

图 4 -10 为试验 B1 -1 及试验 B1 -6 阳极电解腐蚀后的 SEM 照片。与前文对电解质及所获金属原 Al 中杂质元素 Ni、Fe 的分析结果相一致，试验 B1 -6 中阳极腐蚀比试验 B1 -1 阳极更严重。在阳极腐蚀区域未见到有金属相 Ni 的存在，金属 Ni 优先于阳极其他氧化物组元 NiO 和 $NiFe_2O_4$而腐蚀。同时，由于惰性阳极中金属 Ni 含量较高（占阳极质量的 17%），金属 Ni 腐蚀后在阳极本体留下大量孔洞，降低了阳极腐蚀层的致密度，阳极表层疏松，大量电解质向阳极深层渗透，导致阳极腐蚀加剧，这种现象在试验 B1 -6 中的 SEM 照片更为明显。因此，从阳极腐蚀情况来看，阳极组分中金属相含量不宜过高。

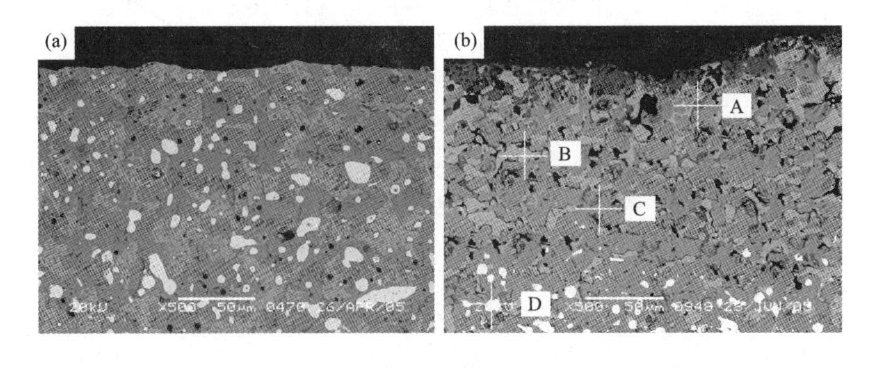

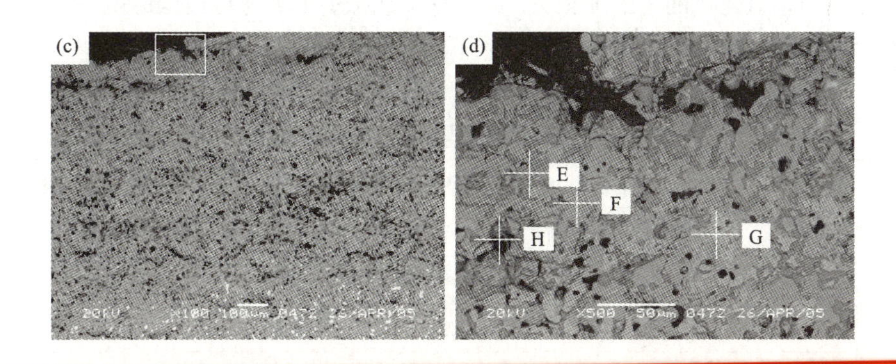

(a)电解前试样；(b)试验 B1 －1 电解后浸入电解质部分；
(c)试验 B1 －6 电解后浸入电解质部分；(d)c 图中标定区域放大

对图 4 －10(b)、图 4 －10(d)中标定区域元素进行 EDS 分析，结果列于表 4 －9。从分析结果来看，金属相 Ni 腐蚀后留下的大量孔洞中(微区 A 和 H)充满了电解质，电解质沿着陶瓷与陶瓷颗粒间的晶界向阳极内部渗蚀。

表 4 －9　图 4 －10(b)、图 4 －10(d)中标定区域 EDS 分析结果

区域	元素百分含量/%						元素总含量/%
	Ni	Fe	Al	O	F	Na	
A	27.24	16.72	22.04	32.45	1.55	—	100
B	47.81	24.65	1.40	26.14	—	—	100
C	27.08	46.69	1.46	24.77	—	—	100
D	78.08	13.27	—	8.65	—	—	100
E	23.69	31.63	—	5.06	39.62	—	100
F	25.88	46.45	—	27.67	—	—	100
G	60.26	17.39	—	22.35	—	—	100
H	9.38	8.56	20.02	8.25	32.40	21.39	100

4.3.2　920℃ $Na_3AlF_6-K_3AlF_6-AlF_3$熔体中电解腐蚀

如表 4 －10 所示，在相同电解温度下，(Cu －Ni)/($NiFe_2O_4$ －NiO)金属陶瓷惰性阳极在 920℃不同 $Na_3AlF_6-K_3AlF_6-AlF_3$熔体组成中腐蚀率存在一定差异，这可能与电解质中氧化铝的溶解度相关。4#电解质组成，阳极获得最低的电解腐蚀率，仅为0.479 cm·a^{-1}，2#电解质组成时，阳极的腐蚀率最大，达到0.656 cm·a^{-1}。

表4-10　920℃电解后阳极腐蚀率

序号	Al_2O_3浓度/%	原铝质量/g		阴极铝杂质含量/×10^{-6}			电解年腐蚀率/(cm·a^{-1})
		电解前	电解后	Fe	Ni	Cu	
1#	4.90	103.55	112.97	2840	170	70	0.568
2#	[illegible]	100.17	109.46	2870	210	15	0.656
3#	5.50	106.90	113.68	3040	160	18	0.524
4#	6.2	109.42	114.13	3160	148	24	0.479

注：电解实验用阴极铝中杂质元素原始含量Fe为1200×10^{-6}，Ni为16×10^{-6}，Cu为4×10^{-6}。

由图4-11可知，920℃电解温度下，1#、2#电解质组成时，金属陶瓷惰性阳极电解后阳极表层金属相有一定程度的流失，并且2#电解质组成时，阳极表层看到很多孔洞，形成了所谓的腐蚀层，这也表明金属陶瓷惰性阳极的腐蚀是逐层进行了，即优先腐蚀金属陶瓷的金属相，从而造成阳极出现空洞，引起致密度降低，最终导致电解质的渗入，耐腐蚀能力急剧下降，这与Thonstad等对镍铁尖晶石基惰性阳极电解腐蚀率的研究结果一致，即在电解过程中阳极基体成分是按非化学计量溶解到电解质中的，且存在金属相Ni优先腐蚀的情况；3#、4#电解质组成时，电解后阳极的表层金属相含量相对于电解前只有很少量的消失，基本维持电解前的形貌，阳极表层并未出现孔洞，晶界腐蚀等现象。几种电解质成分下电解后阳极比较可以发现在1#电解质组成时阳极表层较为致密相对于其他电解质组成电解后的阳极。

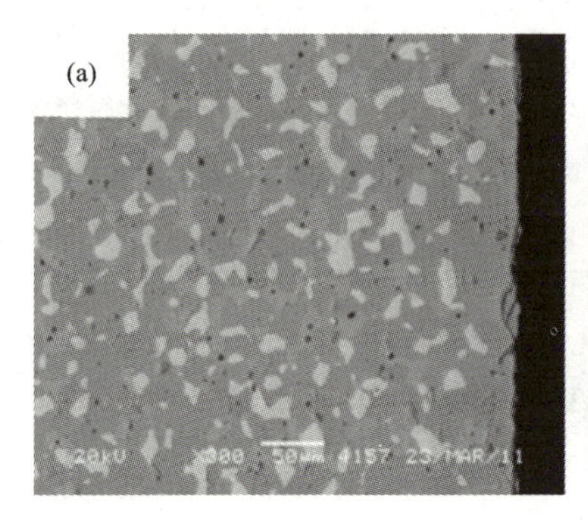

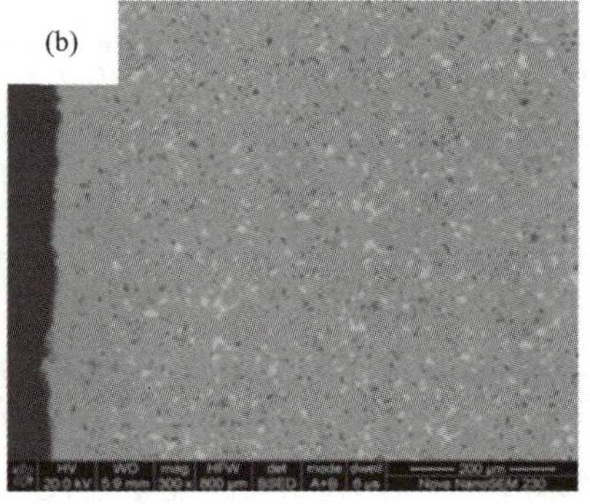

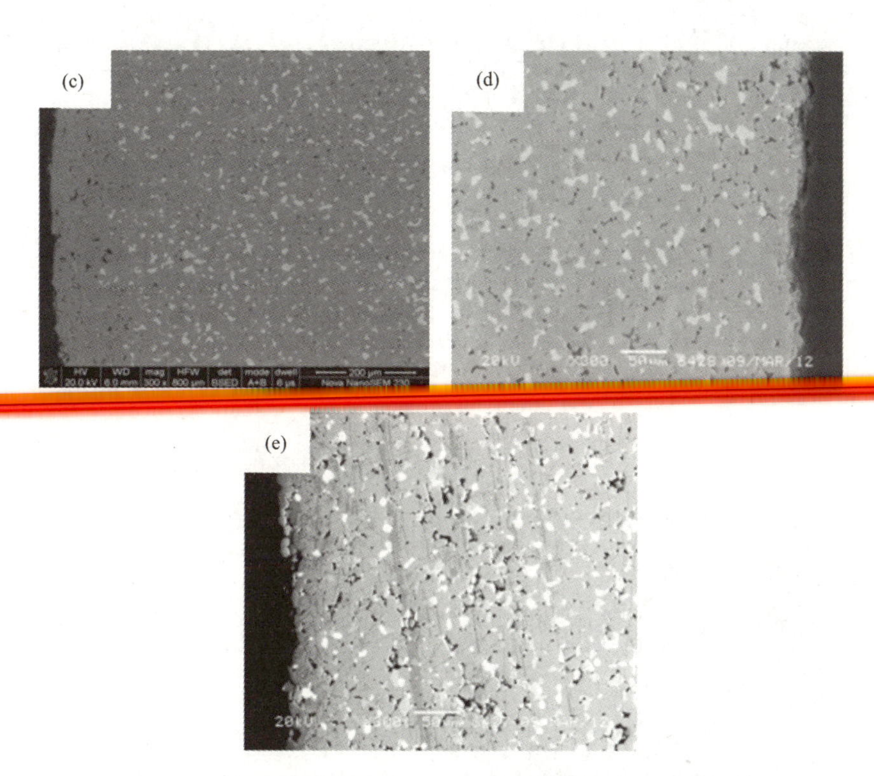

图4-11　920℃不同 $Na_3AlF_6-K_3AlF_6$熔体电解后阳极SEM照片

图中浅灰色的区域为NiO相，深灰色区域为$NiFe_2O_4$相，白色区域为金属相。

(a)电解前阳极；(b)*KR*为0，AlF_3含量为20%；(c)*KR*为10%，AlF_3含量为22%；

(d)*KR*为20%，AlF_3含量为20%；(e)*KR*为30%，AlF_3含量为20%

1#电解质组成腐蚀率较2#电解质组成更低的原因除了氧化铝浓度的影响外，还可能是阳极表层形成了较为致密的一层物质，降低了熔盐的入侵通道，因此降低了金属陶瓷的电解腐蚀率。

针对上述电解后阳极腐蚀率和微观形貌的差异，利用EDS对电解后阳极表层进行微区分析，确定表层致密物的元素组成，分析结果如图4-12、图4-13所示。

对于(Cu-Ni)/($NiFe_2O_4$-NiO)金属陶瓷惰性阳极，阳极元素组成为Fe、Ni、Cu、O，但是从分析结果可知，在1#电解质组成时，电解后阳极表层EDS分析存在的是Fe、Ni、Al、O元素，它们的原子数不遵循化学计量比。主要元素还是Fe、Ni、O，说明这层致密物主要还是$NiFe_2O_4$；没有Cu的存在，可能是因为刚好这个位置不含金属相Cu或者是腐蚀进入电解质熔体中；存在Al却不含有K、Na、F等元素，这可能是在此有新的物相生成所致，这也是致密层形成的原因。2#电

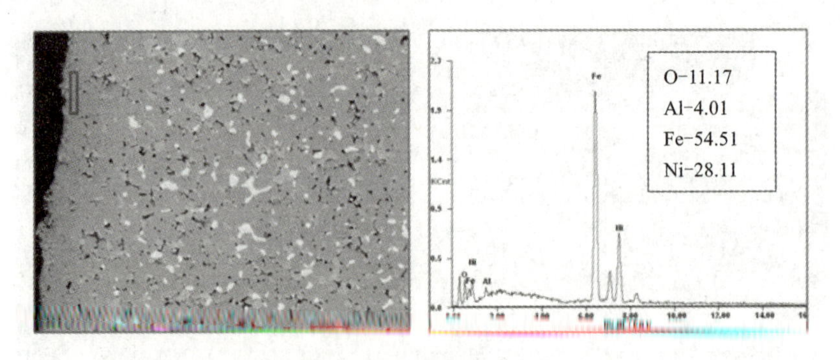

图 4-12　阳极电解后的 EDS 分析（1#电解质：*KR* 为 0，AlF_3含量为 20%）

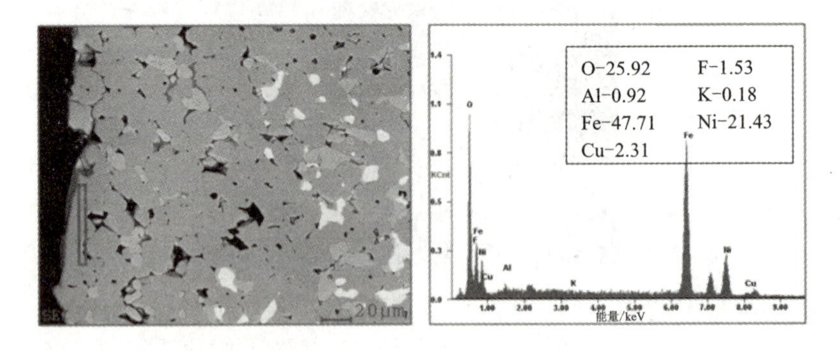

图 4-13　阳极电解后的 EDS 分析（2#电解质：*KR* 为 10%，AlF_3含量为 22%）

解质组成时，阳极微区分析含有的成分为 F、Al、K、Fe、Ni、Cu、O，这表明已经有电解质的侵入，这与其微观形貌的分析结果是一致的，这种电解质组成下阳极虽然能正常进行电解，但是电解质已经形成了腐蚀通道，阳极表层出现了孔洞，导致电解质的渗入。

4.3.3　900℃ $Na_3AlF_6-K_3AlF_6-AlF_3$熔体中电解腐蚀

从表 4-11 看，相同条件下，$(Cu-Ni)/(NiFe_2O_4-NiO)$金属陶瓷惰性阳极在 900℃不同 $Na_3AlF_6-K_3AlF_6-AlF_3$熔体中的电解腐蚀率大小存在一定差异。结合电解质氧化铝饱和溶解度及电解后阳极的腐蚀率可知，腐蚀率大小不仅与电解质中氧化铝含量相关，6#电解质组成时，腐蚀率却最低，仅为 0.388 $cm \cdot a^{-1}$，而 9#电解质组成时，腐蚀率为 0.518 $cm \cdot a^{-1}$。

表 4－11　900℃电解后阳极腐蚀率

序号	Al_2O_3浓度/%	原铝质量/g		杂质增量/ $\times 10^{-6}$			电解年腐蚀率 /($cm \cdot a^{-1}$)
		电解前	电解后	Fe	Ni	Cu	
5#	5.08	138.87	144.62	2540	90	50	0.456
6#	4.92	124.55	132.64	2450	90	15	0.388
7#	5.28	119.08	128.24	2320	140	10	0.52
8#	5.48	110.23	124.24	2000	150	20	0.536
9#	5.72	133.10	141.10	2860	130	40	0.518

注：电解实验用阴极铝中杂质元素原始含量 Fe 为 1200×10^{-6}，Ni 为 16×10^{-6}，Cu 为 4×10^{-6}。

从图 4－14 可知，与电解前阳极形貌相比较，电解后阳极表面都存在一层金属相消失的现象，由于金属相消失但是并没有留下孔洞，也没有形成腐蚀层；并且 5#电解质组成时，阳极照片上的 A 区域可以看到白色的金属相周围一圈转变为灰色，这说明金属相被氧化，因此推测可能是电解过程中金属相 Cu、Ni 被新生态 O 氧化转变为相应的氧化物（NiO、CuO）物相；7#电解质组成时阳极表面的金属相部分的消失，在阳极表层留下了一些孔洞。

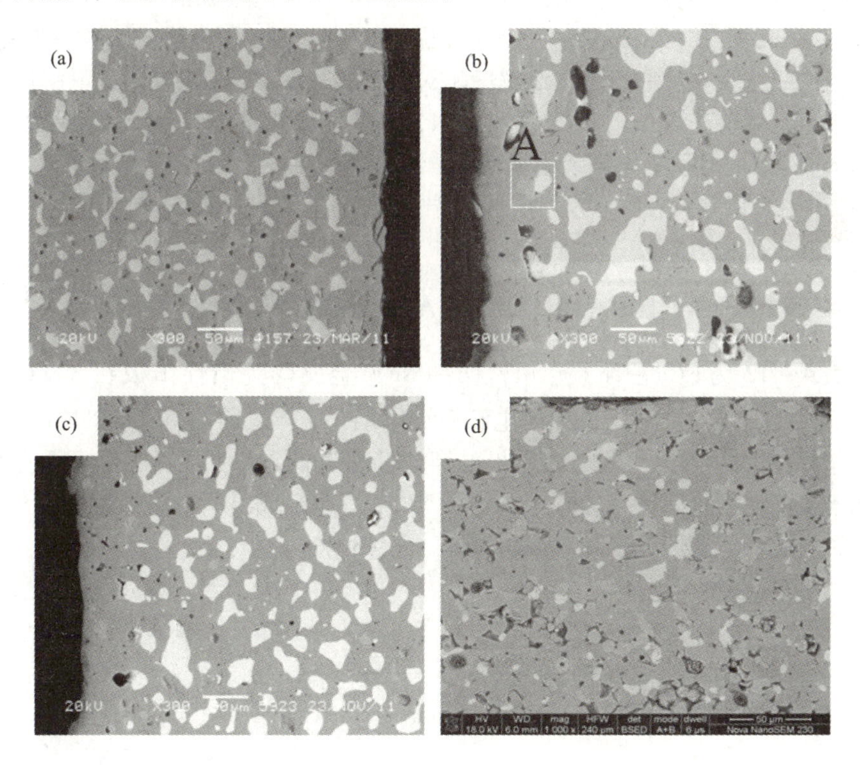

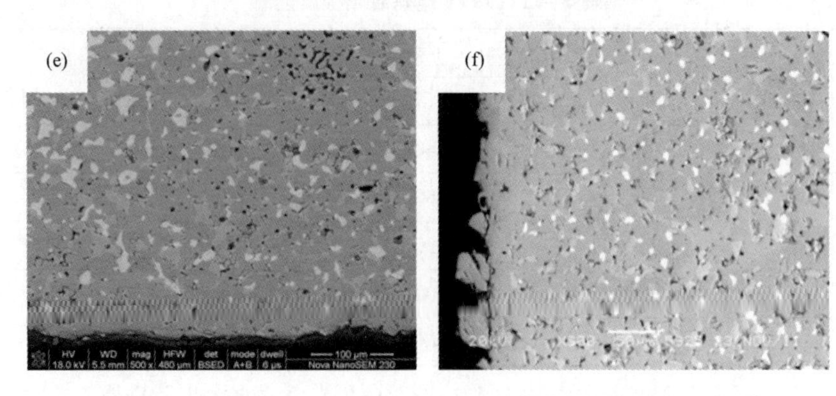

图4-14　900℃不同 $Na_3AlF_6-K_3AlF_6$ 熔体电解后阳极 SEM 照片

(a)电解前阳极；(b)*KR* 为0，AlF_3 含量为23%；(c)*KR* 为10%，AlF_3 含量为25%；
(d)*KR* 为18%，AlF_3 含量为24%；(e)*KR* 为24%，AlF_3 含量为24%；(f)*KR* 为30%，AlF3 含量为22%

不同组分电解质电解后的阳极相互比较可以发现，除了7#电解质组成，阳极表面未出现一层不含金属相的灰色层外，其他几种电解质组成均在阳极的表面有所生成；不同的是当5#、6#电解质组成时，阳极表层的灰色层较为致密，由表3-3电解腐蚀率的计算结果表明这两种电解质成分时，阳极的年腐蚀率分别为 $0.456\ cm\cdot a^{-1}$、$0.388\ cm\cdot a^{-1}$，因为表层的致密物阻挡了电解质的进一步侵蚀，形成新的氧化物在冰晶石中的溶解度相对较小，所以腐蚀率较低；7#电解质组成时阳极电解后与正常情况下的腐蚀类似，但是金属相消失不多，对应腐蚀率为 $0.52\ cm\cdot a^{-1}$；8#和9#电解质组成时，虽然表层存在一层灰色层，但是致密度不是很高，并且可以看到有些地方存在晶界腐蚀，对应阳极的腐蚀率为 $0.536\ cm\cdot a^{-1}$、$0.518\ cm\cdot a^{-1}$。

4.3.4　870℃ $Na_3AlF_6-K_3AlF_6-AlF_3$ 熔体中电解腐蚀

表4-12为 $(Cu-Ni)/(NiFe_2O_4-NiO)$ 金属陶瓷惰性阳极在870℃不同 $Na_3AlF_6-K_3AlF_6-AlF_3$ 熔体中的电解腐蚀率结果，与之前的920℃和870℃阳极腐蚀率相比，870℃电解温度时阳极的舆论蚀率较低，表明电解温度降低有利于金属陶瓷惰性阳极腐蚀率的减小。除了13#电解质组成时阳极腐蚀率较高外，其余几种电解质组成时阳极均表现出较好的腐蚀性能。

表4－12　870℃电解后阳极腐蚀率

序号	Al_2O_3浓度/%	原铝质量/g		杂质增量/$\times10^{-6}$			电解年蚀率/$(cm\cdot a^{-1})$
		电解前	电解后	Fe	Ni	Cu	
10#	4.97	85.57	93.26	3850	70	39	0.198
11#	5.21	92.53	100.86	3890	72	90	0.222
12#	5.33	81.56	90.20	4670	110	60	0.279
13#	5.52	104.53	113.65	4810	170	40	0.565

[illegible]杂质的含量 Fe 为 1200×10^{-6}，Ni 为 16×10^{-6}，Cu 为 4×10^{-6}。

由图4－15阳极微观形貌图可知，各电解质组成下电解后的阳极较电解前变化不大，阳极表层金属相有一定的减少，看不出明显的腐蚀迹象，没有孔洞和腐蚀层的形成。各电解质成分之间电解后阳极对照结果表明：10#、11#和12#三种电解质组成时，电解后阳极形貌有所不同，与之前几个电解温度下电解后阳极出现类似的现象，即表层金属相消失，形成了非常致密的一层灰色物质，与基体相比孔隙度更低，因此他们表现出较好的耐腐蚀性能，计算的年腐蚀率仅为 $0.198\ cm\cdot a^{-1}$（最小）、$0.222\ cm\cdot a^{-1}$和 $0.279\ cm\cdot a^{-1}$。13#电解质组成时，从微观照片看到阳极表层出现较为明显的分层，外面一层阳极金属相流失，并且留下一些孔洞，里面为金属陶瓷的基体本身，因此得到的腐蚀率相对其他几种电解质体系较大，为 $0.565\ cm\cdot a^{-1}$。

由于阳极表面生成了致密物层，因此表现出较好的耐腐蚀性能，870℃电解阳极表层的致密物是否与之前920℃电解温度下出现的致密物相同？图4－16分析结果显示，10#和12#两种电解质组成时，电解后阳极表面都形成了致密的灰色层，对其进行EDS分析。从分析结果看，两种电解质条件下阳极区域分析都含有O、Al、Fe、Ni、Cu元素，只是含量的不同，不存在电解质元素。不同电解温度电解实验结果表明，某些电解质组成时，电解过程中在阳极的表层会生成一层比烧结得到陶瓷基体更为致密的物相层，因为其致密度更高，阻碍了电解质向阳极内部侵渗的通道，因此能够提高阳极的耐腐蚀性能。根据存在的化学元素可以推测这层致密层的物相除了金属相的氧化形成的氧化物之外，可能是 $FeAl_2O_4$、$NiAl_2O_4$、$CuAl_2O_4$等含铝尖晶石化合物，刘建元等的研究也有类似现象，并认为致密层主要是金属相被氧化 NiO 然后被 $NiFe_2O_4$相吞噬，也可能 NiO 与电解质中的氧化铝反应生成 $NiAl_2O_4$沉积在致密层上，因此提出，将阳极预先在高温富氧状态下使表层氧化，以提高材料的抗腐蚀能力。

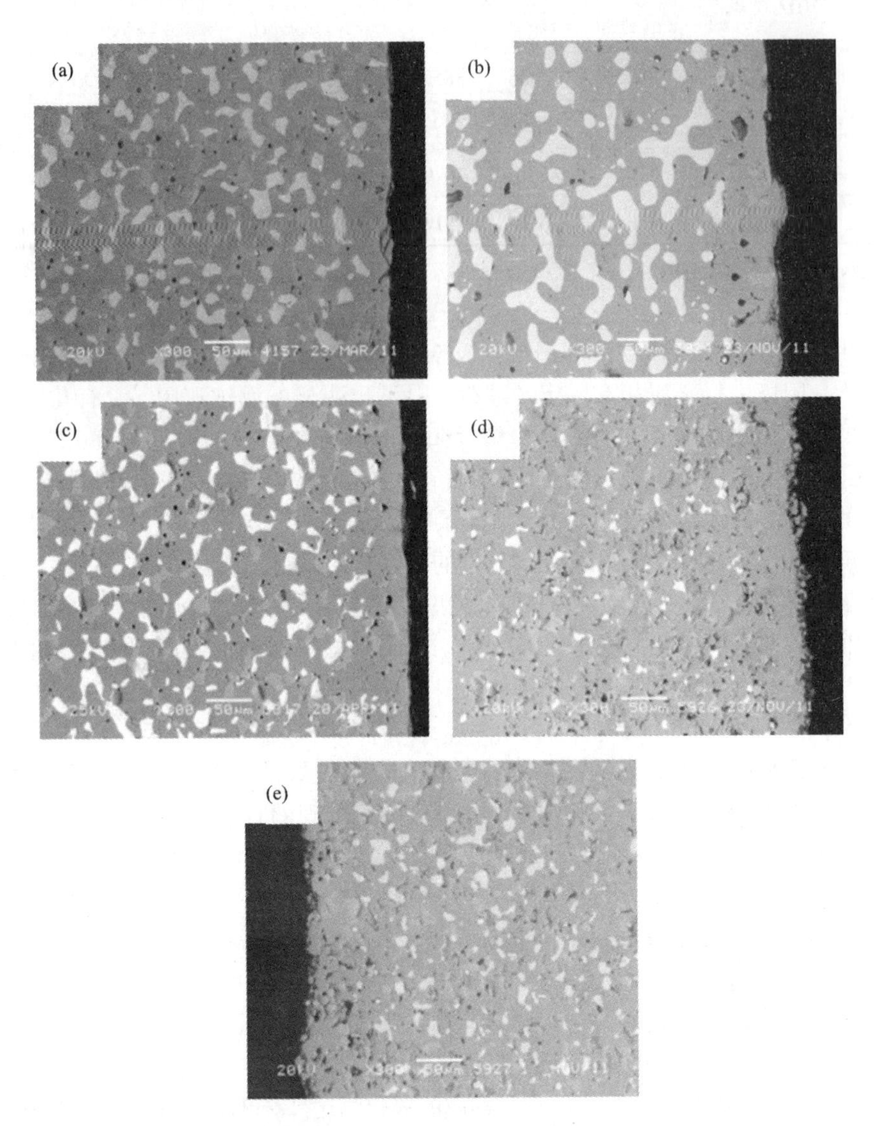

图 4－15　870℃电解后阳极 SEM 照片

(a)电解前阳极；(b)*KR* 为 0，AlF_3 含量为 25%；(c)*KR* 为 18%，AlF_3 含量为 26%；(d)*KR* 为 24%，AlF_3 含量为 26%；(e)*KR* 为 30%，AlF_3 含量为 24%

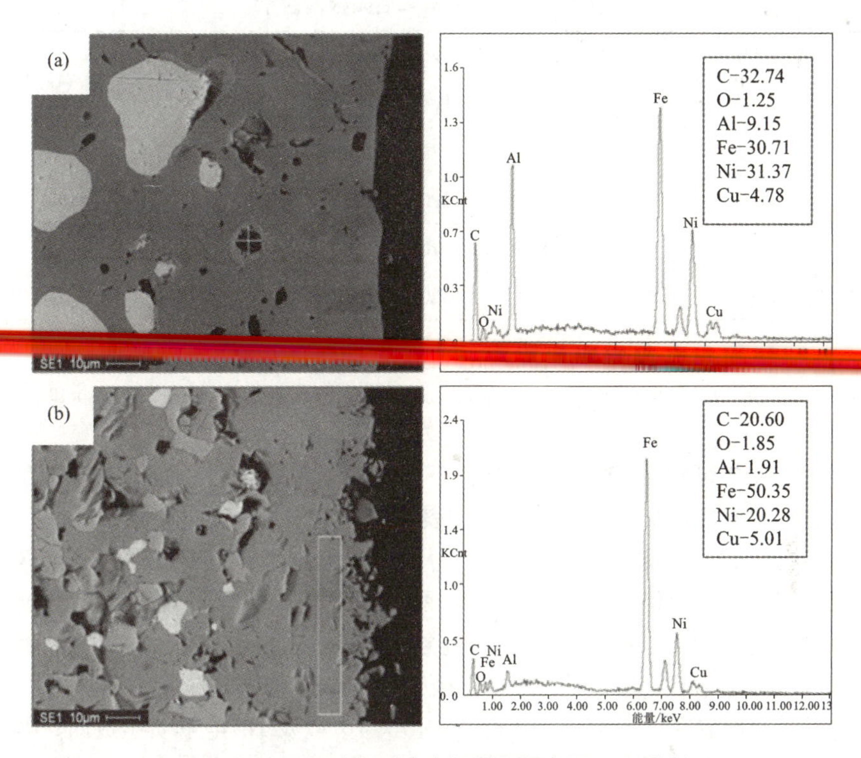

图 4－16　不同电解质中电解后阳极表面 EDS 分析

(a)10#电解质：*KR* 为 0，AlF_3含量为 25%；(b)12#电解质：*KR* 为 24%，AlF_3含量为 26%

4.3.5　850℃ $Na_3AlF_6-K_3AlF_6-AlF_3$熔体中电解腐蚀

表 4－13 为(Cu－Ni)/($NiFe_2O_4$－NiO)金属陶瓷惰性阳极在 850℃不同 $Na_3AlF_6-K_3AlF_6-AlF_3$熔体中电解腐蚀率。由数据可知，电解后阳极腐蚀存在较大的差异，电解质组成为 14#和 17#电解质组成时阳极表现较好的耐腐蚀性能，腐蚀率为 0.286 $cm \cdot a^{-1}$和 0.462 $cm \cdot a^{-1}$。15#、16#和 18#电解质组成时，阳极的腐蚀率较大，分别为 0.596 $cm \cdot a^{-1}$、0.625 $cm \cdot a^{-1}$、0.712 $cm \cdot a^{-1}$，相对于电解温度 920℃的电解时腐蚀率更大。腐蚀率的计算结果表明，850℃电解温度下的电解腐蚀率并没有呈现随温度降低继续减小的趋势。

表 4－13　850℃电解后阳极腐蚀率

序号	Al_2O_3浓度/%	原铝质量/g		杂质增量/ $\times 10^{-6}$			电解年蚀率/($cm \cdot a^{-1}$)
		电解前	电解后	Fe	Ni	Cu	
14#	4.12	112.32	121.28	2930	89	40	0.286
15#	4.26	102.70	116.88	3290	173	100	0.596
16#	4.62	95.61	110.03	2470	190	70	0.625
17#	4.98	107.38	122.51	2520	130	38	0.462
18#	5.38	109.25	123.68	2680	190	60	0.712

注：电解实验用阴极铝中杂质元素原始含量 Fe 为 1200×10^{-6}，Ni 为 16×10^{-6}，Cu 为 4×10^{-6}。

由图 4－17 可知，不同电解质条件下电解后阳极的微观形貌较电解前存在较大的差别。电解后的阳极较电解之前在表层都形成了分层，金属相有不同程度的消失，外层为不含金属相的一层，内层为阳极本体。部分阳极表层存在明显的晶界腐蚀，部分阳极表层有金属优先腐蚀留下的孔洞，个别阳极表层相对较为致密。并且电解后阳极一些较为有趣的现象。14#电解质组成时，阳极的电解腐蚀率最低，仅为 0.286 $cm \cdot a^{-1}$，但是阳极表层形成了均匀的一层孔洞，类似腐蚀层，对于此种现象在下面会进一步分析；15#、16#以及 18#电解质组成时，阳极表层都形成了腐蚀层，即存在一层金属相消失，并且留下了较多的腐蚀孔洞。这与腐蚀率的计算结果一致，腐蚀率较大的原因一方面是随着温度的降低电解质的黏度变化导致电解质与铝液难以分开，阳极与铝液发生铝热还原反应；另外一种可能的原因是电解质中 AlF_3 含量较高，促使了氟化反应的发生。17#电解质组成时，阳极表层金属相虽然也有较多的消失，但是在其最外层似乎有要致密的趋势，因此表现出相对低的电解腐蚀率。

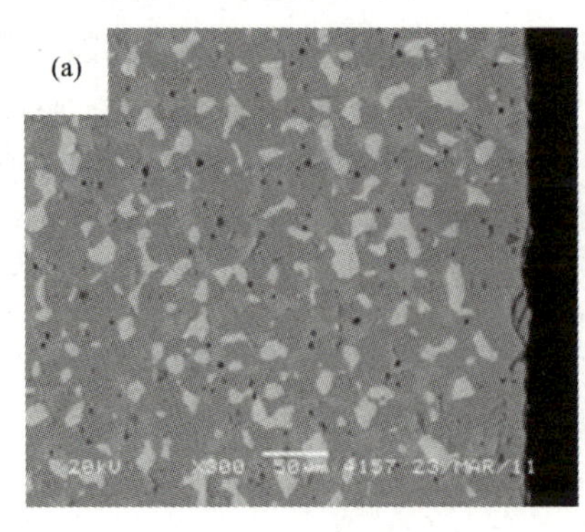

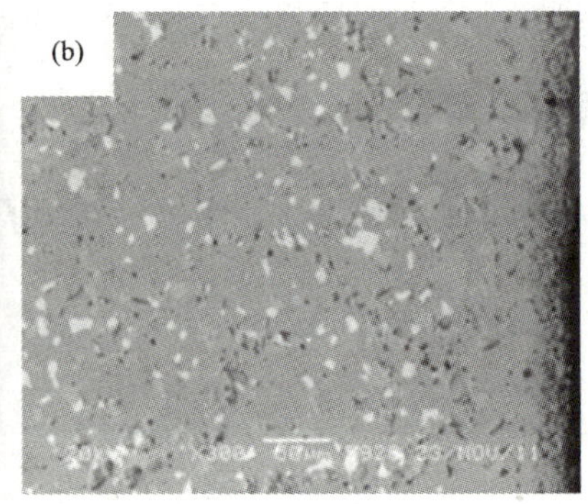

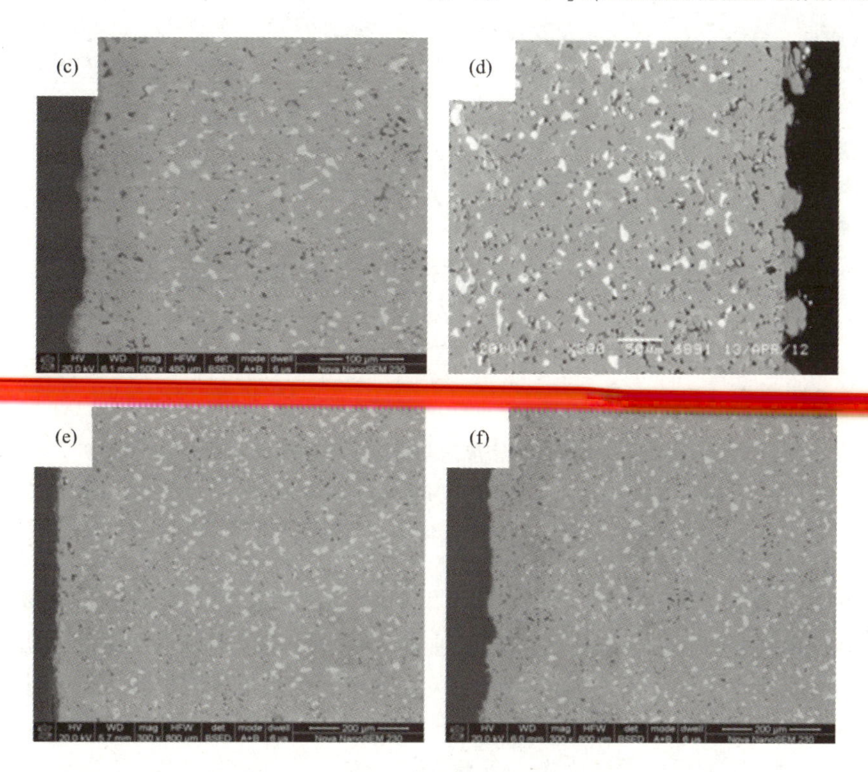

图4-17 850℃电解后阳极SEM照片

(a)电解前阳极；(b)*KR*为0，AlF_3含量为27%；(c)*KR*为18%，AlF_3含量为28%；(d)*KR*为25%，AlF_3含量为27%；(e)*KR*为30%，AlF_3含量为25%；(f)*KR*为40%，AlF3含量为24%

4.4 电解工艺参数对金属陶瓷腐蚀的影响

4.4.1 电流密度的影响

1）$NiFe_2O_4$基金属陶瓷腐蚀速率

图4-18所示为(Cu-Ni)/($NiFe_2O_4$-NiO)金属陶瓷惰性阳极在870℃的$Na_3AlF_6-K_3AlF_6-AlF_3$（*KR*为18%，AlF_3为26%）的熔体中10 h电解的结果。从图中看来，随着电流密度的增大，$NiFe_2O_4$基金属陶瓷阳极电解腐蚀率先减小后增加。当电流密度为从1.00 $A \cdot cm^{-2}$增加到1.60 $A \cdot cm^{-2}$时，阳极电解腐蚀率从1.22 $cm \cdot a^{-1}$降低到接近于0。此时，阳极电解腐蚀率达到最小。随着电流密度从1.60 $A \cdot cm^{-2}$增加到4.00 $A \cdot cm^{-2}$，阳极电解腐蚀速率从接近于0增加到4.96 $cm \cdot a^{-1}$。

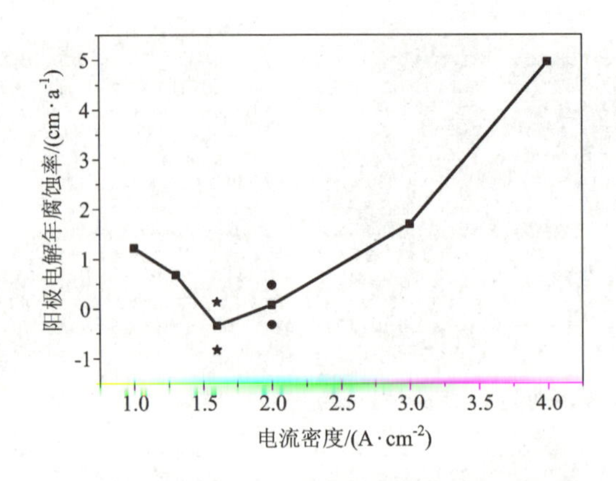

图 4-18　电流密度对阳极电解腐蚀率的影响

（■表示不同电流密度下阳极电解腐蚀率；★和●分别表示电流密度为 $1.60\ A \cdot cm^{-2}$、$2.00\ A \cdot cm^{-2}$时阳极腐蚀速率的重复试验结果）

电流密度为 $1.60\ A \cdot cm^{-2}$时，阳极电解腐蚀率几乎为0，此现象的主要原因是：在此电流密度下，金属陶瓷阳极腐蚀很少或者几乎没有腐蚀，进而阳极腐蚀组元在阴极铝液中的含量比较少，而阳极腐蚀组元不仅仅在阴极铝中有一定的溶解，在电解质以及电解质与铝液界面上也有一定的溶解。当阳极腐蚀很少或者几乎没有腐蚀，溶解后的原铝中杂质元素（Fe、Ni、Cu）可能会扩散传递到电解质，使得电解之后阴极铝中杂质元素含量降低，但是由于电解质与电解质-铝液界面层中腐蚀组元难以确定含量而没有参与阳极腐蚀率的计算，导致按照本书中式(3-35)计算得到的腐蚀率几乎为0。

由图4-18还可以得到，当电流密度过低或者过高时，金属陶瓷阳极腐蚀率均比较大。这种现象可能是因为：当电流密度过低时，阳极区域内电解质中铝的溶解含量会增加，能够促进铝热反应的发生，使得阳极腐蚀速率明显加快，阳极的腐蚀程度增加。此时，阳极腐蚀过程中可能发生的有以下反应：

$$Fe_2O_3 + 2Al = 2Fe + Al_2O_3 \quad (4-2)$$

$$3NiO + 2Al = 3Ni + Al_2O_3 \quad (4-3)$$

$$Fe_2O_3 + 2Na_3AlF_6(\text{或 } K_3AlF_6) = 2FeF_3 + Al_2O_3 + 6NaF(\text{或 KF}) \quad (4-4)$$

$$3NiO + 2Na_3AlF_6(\text{或 } K_3AlF_6) = 3NiF_2 + Al_2O_3 + 6NaF(\text{或 KF}) \quad (4-5)$$

或

$$Fe_2O_3 + 2AlF_3 = 2FeF_3 + Al_2O_3 \quad (4-6)$$

$$3NiO + 2AlF_3 = 3NiF_2 + Al_2O_3 \quad (4-7)$$

$$Al + FeF_3 = AlF_3 + Fe \quad (4-8)$$

$$2Al + 3NiF_2 = 2AlF_3 + 3Ni \quad (4-9)$$

当电流密度过高时，电极反应速率比较加快，阳极析出气体的速率加快，增加电解质的扰动程度，同时，阳极上焦耳热增加，使得阳极区域温度升高，最终导致包括物理溶解在内的阳极腐蚀程度增加。此时，电解过程中阳极的腐蚀反应除式(4-2)~式(4-9)之外，还可能发生金属相的氧化反应和陶瓷相的电化学腐蚀反应，如下所示：

$$Ni + [O] = NiO \tag{4-10}$$

$$2Cu + [O] = 2Cu_2O \tag{4-11}$$

$$Cu + [O] = CuO \tag{4-12}$$

$$2Fe_2O_3 + 4AlF_3 = 4FeF_3 + 4Al + 3O_2 \tag{4-13}$$

$$6NiO + 4AlF_3 = 6NiF_2 + 4Al + 3O_2 \tag{4-14}$$

2) $NiFe_2O_4$ 基金属陶瓷形貌

从阳极的外观来看，由图 4-19 可知，当电流密度为 1.00 A·cm^{-2}、1.30 A·cm^{-2}、1.60 A·cm^{-2}和 2.00 A·cm^{-2}时，阳极的外观完好，没有出现明显腐蚀的状况；而当电流密度为 3.00 A·cm^{-2}和 4.00 A·cm^{-2}时，金属陶瓷阳极表面出现了一层极易脱落的腐蚀层或者出现了肿胀、起泡、脱皮的现象。这说明电流密度比较大时，$NiFe_2O_4$基金属陶瓷材料的腐蚀比较严重。

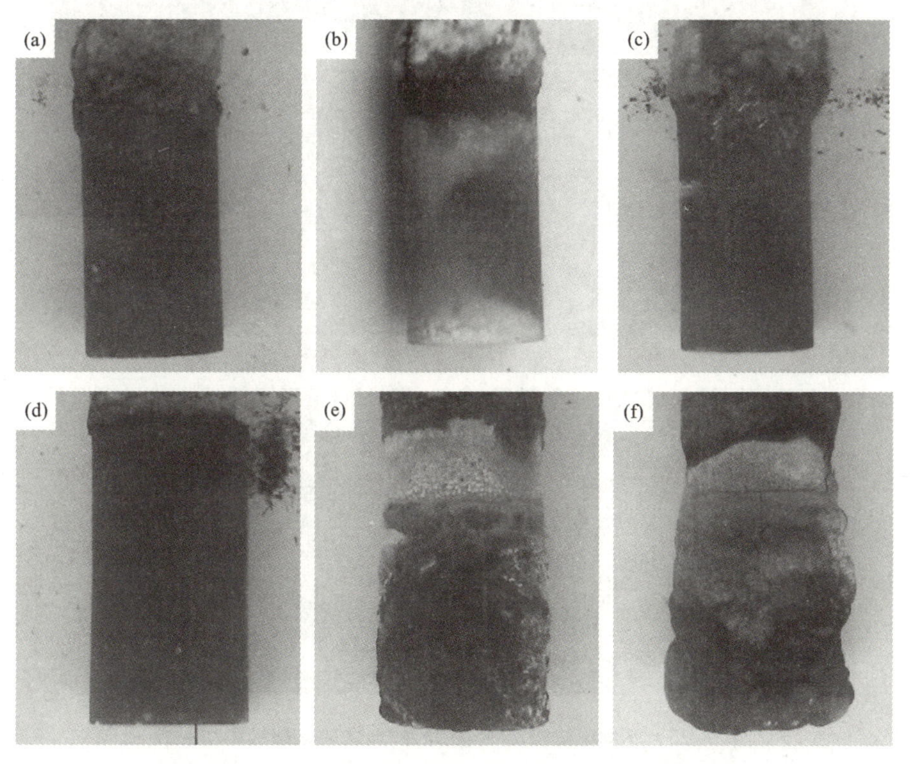

图 4-19　不同电流密度下电解后的金属陶瓷阳极表观形貌

(a)1.00 A·cm^{-2}；(b)1.30 A·cm^{-2}；(c)1.60 A·cm^{-2}；
(d)2.00 A·cm^{-2}；(e)3.00 A·cm^{-2}；(f)4.00 A·cm^{-2}

金属陶瓷惰性阳极的微观形貌中的灰色基体相为 $NiFe_2O_4$ 相，浅灰色区域为 NiO 相，而均匀分布的白色区域为金属相(Ni - Cu)。由图 4 - 20 可知，当电流密度太低或太高时，阳极都会产生一层明显的腐蚀层。当电流密度为 1.00 $A \cdot cm^{-2}$ 时[见图 4 - 20(a)]，阳极腐蚀层内金属相含量明显减小，并且基体相也出现了一定程度的变形；当电流密度增加到 1.30 $A \cdot cm^{-2}$ 时[见图 4 - 20(b)]，阳极腐蚀程度减弱，阳极腐蚀层内基体相 $NiFe_2O_4$ 几乎没有出现腐蚀，而金属相(Cu - Ni)周围出现被腐蚀的迹象，可能是 Ni 相出现了优先腐蚀。

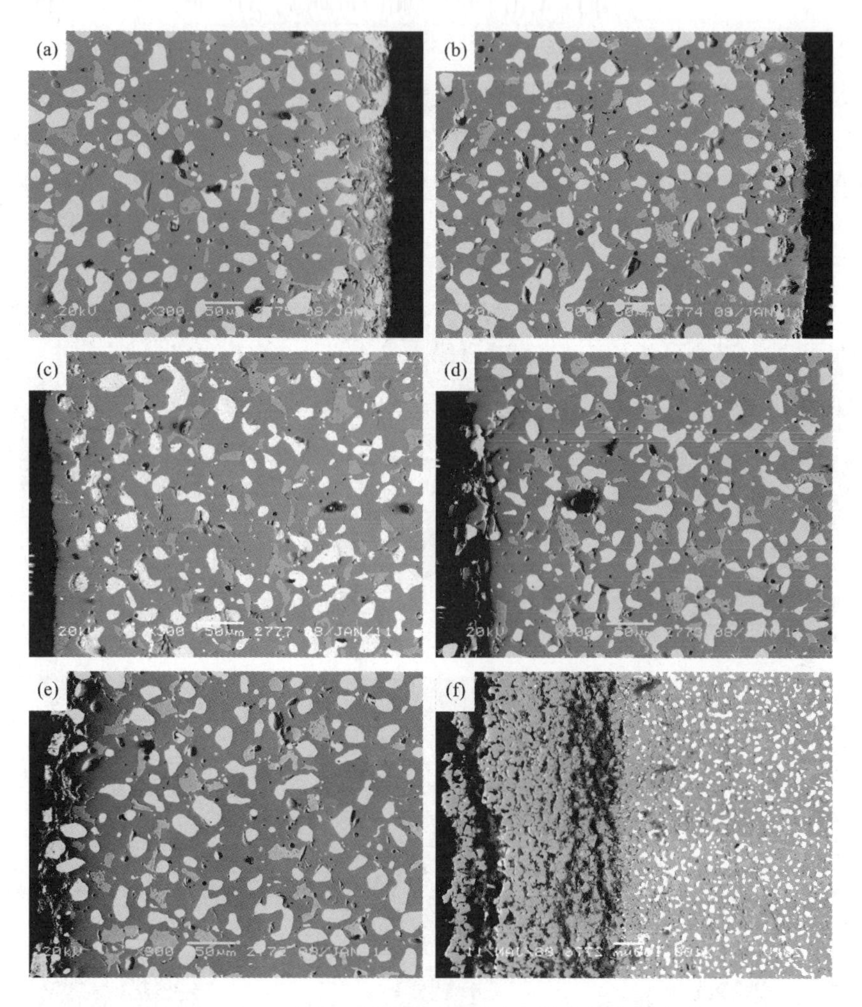

图 4 - 20　不同电流密度下电解后的金属陶瓷阳极微观形貌

(a)1.00 $A \cdot cm^{-2}$；(b)1.30 $A \cdot cm^{-2}$；(c)1.60 $A \cdot cm^{-2}$；(d)2.00 $A \cdot cm^{-2}$；(e)3.00 $A \cdot cm^{-2}$；(f)4.00 $A \cdot cm^{-2}$

随着电流密度的继续增加，阳极的腐蚀程度降低。如图 4－20(c)、图 4－20(d)所示，电解之后金属陶瓷阳极没有明显的腐蚀层，并且阳极与电解质直接接触的边缘处仍然弥散有均匀的金属相的存在，这说明金属陶瓷阳极在电流密度为 1.60～2.00 $A\cdot cm^{-2}$的范围内的低温电解过程中电解腐蚀速率比较小。这种现象的原因主要是：电流密度的适度增加，对阳极反应起到加速作用，使得阳极上析出气体的速率增加，在阳极表面形成一层气膜，对电解质起到一定的排斥作用，降低了阳极的化学腐蚀和陶瓷相的电化学腐蚀的程度。

然而，当电流密度比较高时[见图 4－20(e)、图 4－20(f)]，电解之后，阳极存在明显的腐蚀层，并且腐蚀层[illegible]较严重。如图 4－20([illegible])所示，腐蚀层内金属相(Cu－Ni)虽然保持比较完好，但陶瓷相 $NiFe_2O_4$和氧化物 NiO 相已经有明显的腐蚀坑或腐蚀槽出现。此外，在过高的电流密度下，如图 4－20(f)所示，阳极中的基体相和金属相均出现了腐蚀严重的情况，基体相严重变形，不能够维持阳极基本结构，而金属相已经完全流失。这种现象的原因可能是：高电流密度下，电解质循环加剧，同时阳极产生的气体对电解质也起到搅动作用，使得阳极的化学腐蚀、物理腐蚀均加剧，同时阳极气体——氧气的产生速率加快，使得新生态氧与金属相反应加快，导致金属相腐蚀严重。

对电解过程中电流密度为 4.00 $A\cdot cm^{-2}$的金属陶瓷阳极的腐蚀层进行了扫描电镜的能谱分析(见图 4－21)发现，腐蚀区域内存在 F、Na、Al、K、O，说明阳极区域内已经存在电解质的渗入情况。

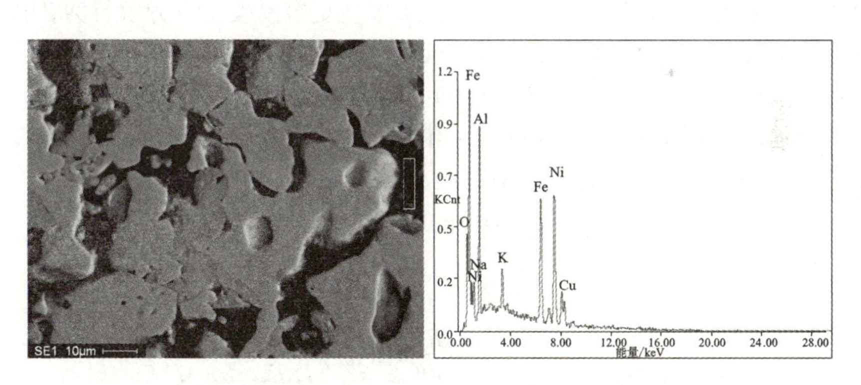

图 4－21　电流密度为 4.00 $A\cdot cm^{-2}$时，金属陶瓷阳极的 EDS 图谱

4.4.2　氧化铝浓度的影响

图 4－22 所示为(Cu－Ni)/($NiFe_2O_4$－NiO)金属陶瓷惰性阳极在 870℃的 Na_3AlF_6－K_3AlF_6－AlF_3(*KR* 为 18%，AlF_3为 26%)的熔体中 10 h 电解的结果。

从图 4－22 可知，随着电解质中氧化铝浓度的增加，金属陶瓷阳极电解腐蚀率逐渐降低，电解质对阳极的电解腐蚀逐渐变弱。当氧化铝浓度从 2.00% 增加到饱和状态时，阳极电解腐蚀率从 0.735 $cm \cdot a^{-1}$ 降低到 0.679 $cm \cdot a^{-1}$。氧化铝处于饱和状态时，阳极电解腐蚀速率最小，为 0.679 $cm \cdot a^{-1}$。

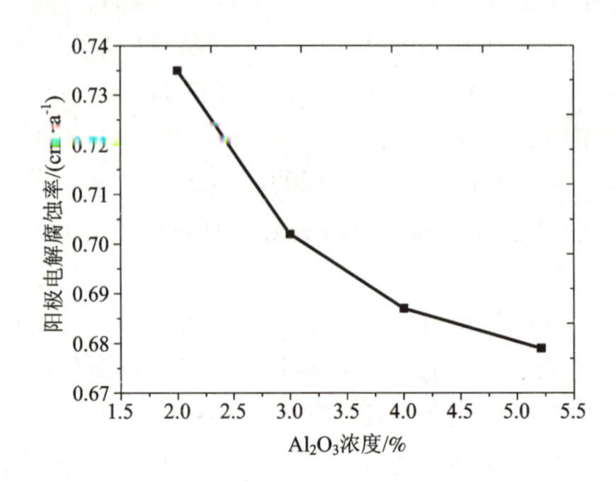

图 4－22　氧化铝浓度对金属陶瓷阳极电解腐蚀率的影响

阳极腐蚀速率随氧化铝浓度如此变化可能是因为：当电解质中氧化铝浓度比较低，尤其是，当氧化铝浓度小于 2% 时，阳极基体成分——金属相、陶瓷相和氧化物相在电解质中的溶解度急剧增大，阳极本体更容易发生自分解行为，电解质更容易向阳极内部渗透，加剧阳极的电解腐蚀；表 4－14 表示不同氧化铝浓度下氧化铝的分解电压，由式(4－15)和表 4－14 热力学计算结果可知，随着氧化铝浓度的增加，氧化铝的分解电压降低，有利于电解过程的进行，阳极析出气体更容易产生，能够一定程度上抑制阳极组分的电化学腐蚀反应式(4－13)、反应式(4－14)的进行，降低金属陶瓷阳极的电解腐蚀速率。

$$Al_2O_3 \xlongequal{} Al + \frac{3}{2}O_2$$

$$E = E^{\ominus} + \frac{RT}{nF}\ln a_{(Al_2O_3)} \tag{4-15}$$

式中：$a_{(Al_2O_3)} < 1$，则 $\ln a_{(Al_2O_3)} < 0$，同时计算时采用浓度值表示活度值。

表 4－14　不同氧化铝浓度下反应(4－15)的分解电压

电解温度/K	氧化铝浓度/%	氧化铝活度	分解电压/V
1143	5.21(饱和)	1.00	－2.270
1143	4.00	0.630	－2.278
1143	3.00	0.345	－2.288
1143	2.00	0.0068	－2.352

由图 4－23 可知，从阳极的外观来看，图 4－23(a)、图 4－23(b)中阳极电解之后腐蚀比较严重，阳极表面出现了脱皮、肿胀的现象。而图 4－23(c)和图 4－23(d)中阳极的外观保持比较完好，而阳极表面附有部分电解质或者插入熔盐部分的阳极呈红褐色，但整体来看，阳极腐蚀不明显。这种现象说明：当氧化铝浓度比较低时，金属陶瓷阳极的腐蚀比较严重，而氧化铝浓度比较高时，阳极电解腐蚀速率比较小。

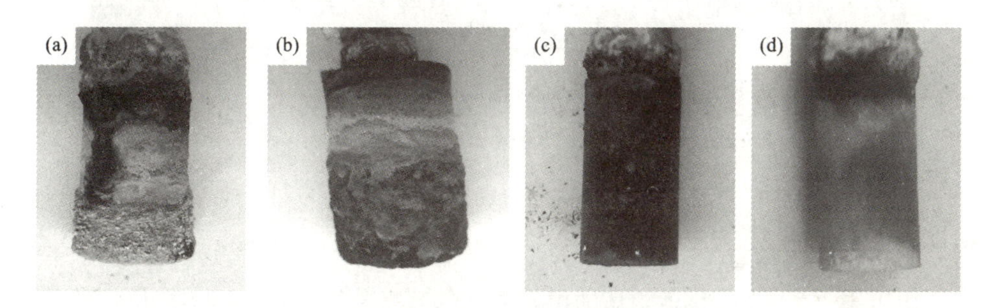

图 4－23　不同氧化铝浓度下金属陶瓷阳极的表观形貌

Al_2O_3浓度为：(a)2.00%；(b)3.00%；(c)4.00%；(d)饱和状态，5.21%

由图 4－24 可知，当电解质中氧化铝浓度比较低时[见图 4－24(a)]，金属陶瓷阳极的腐蚀比较严重，图 4－24(a)中的腐蚀层分为两层——外层和内层，其中内层的金属相完全消失，而外层腐蚀更严重，不但金属相流失，而且基体相也出现很大程度的腐蚀，出现了很多腐蚀孔洞。对于图 4－24(b)来说，腐蚀层内金属相也完全流失，但腐蚀层内几乎没有腐蚀孔洞或者很少有腐蚀孔洞出现。图 4－24(c)与图 4－24(a)、4－24(b)相比而言，腐蚀层的厚度明显减少，约为 70 μm。图 4－24(d)中的腐蚀程度比较小，腐蚀层边缘的金属相出现少量流失，可以认为金属相中的 Ni 相出现了优先腐蚀。

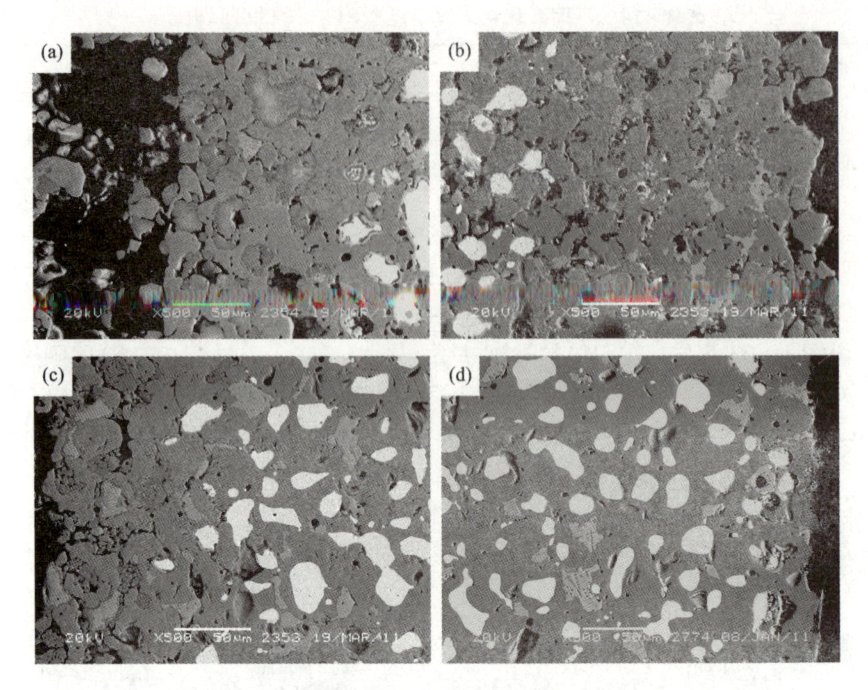

图 4-24 不同氧化铝浓度下金属陶瓷阳极的微观形貌

Al_2O_3浓度为：(a)2.00%；(b)3.00%；(c)4.00%；(d)饱和状态，5.21%

4.4.3 电解温度的影响

由表 4-15 可知，随着电解质电解温度的升高，金属陶瓷阳极的电解腐蚀速率逐渐增加，阳极的电解腐蚀程度增加。电解温度从 870℃ 增加到 890℃ 时，阳极电解腐蚀率从几乎为 0 增加到 0.638 $cm \cdot a^{-1}$。这种现象的原因可能是：电解温度的增加，能够加快阳极组元的化学腐蚀和电化学腐蚀，同时促进阳极腐蚀组元的溶解、扩散，最终导致阳极腐蚀速率的增加。

表 4-15 电解温度对金属陶瓷阳极电解腐蚀速率的影响

试验编号	过热度/℃	电解温度/℃	阳极电解腐蚀速率/($cm \cdot a^{-1}$)
G01	10	870	约 0
G02	20	880	0.146
G03	30	890	0.638

由图 4-25(a)、图 4-25(b)可知，在电解温度为 870℃、880℃ 下进行电解

时，金属陶瓷阳极的表观形貌保持比较好，没有出现起泡、肿胀的现象，但是与电解之前相比较而言，阳极表面呈红褐色。黄礼峰[121]在阳极腐蚀速率的研究中也发现了此现象，其对阳极表层成分进行XRD分析，发现表层有电解质渗入，同时还发现电解质中溶解的铝与阳极组成发生反应，生成了$Fe_{0.130}Al_{1.859}O_4$等化合物；而当电解温度为890℃时，阳极腐蚀很严重，其表观形貌变形很严重，出现肿胀现象。

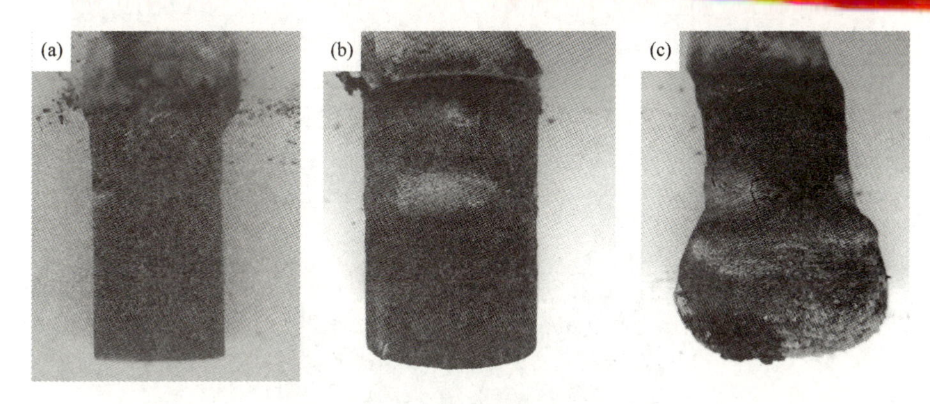

图4-25　不同电解温度下，金属陶瓷阳极电解之后的表观形貌

(a)870℃，(b)880℃，(c)890℃

由图4-26可知，电解温度为870℃时，阳极几乎没有被腐蚀，阳极边缘处的各种物相分布比较均匀；电解温度为880℃时，阳极的腐蚀层的厚度增加，约为40 μm，并且腐蚀层内的部分金属相出现被腐蚀的现象，本书认为其主要是阳极金属相中Ni相出现了阳极溶解所导致；当电解温度增加到890℃时，阳极的腐蚀层厚度进一步增加，并且腐蚀层内不仅金属相完全流失，基体相也出现了腐蚀，腐蚀严重处还出现腐蚀孔洞。总之，在研究范围内，随着电解过程中电解温度的增加，阳极电解腐蚀程度不断增加。

4.5　20 kA级惰性阳极铝电解槽试验

4.5.1　电解槽结构

根据深杯状$NiFe_2O_4$基金属陶瓷惰性阳极的特点，20 kA级惰性阳极电解槽采用与现行炭阳极电解槽相类似的水平电解槽结构（见图4-27和图4-28）。为确保侧部形成较好炉帮，抵挡钾盐对侧部炭块的腐蚀，延长槽寿命，侧部用碳化硅侧块。为减少阴极间缝以减少阴极物理缺陷及提高阴极炭块抗钾盐腐蚀能力，阴

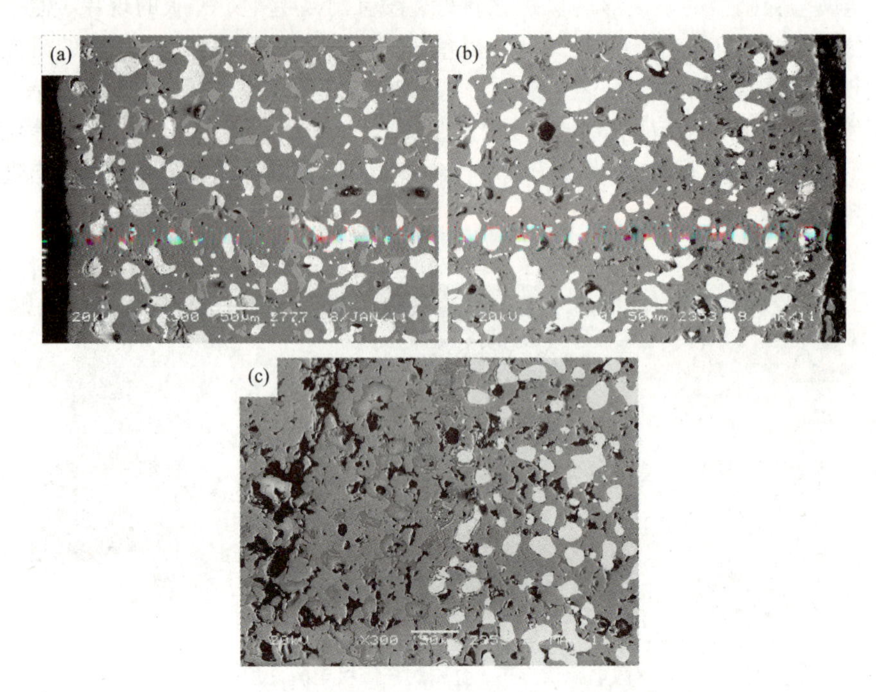

图 4－26　不同电解温度下，金属陶瓷阳极微观形貌

电解温度为：(a)870℃；(b)880℃；(c)890℃

极炭块规格为 1200 mm × 515 mm × 430 mm，数量为 6 组，阴极钢棒用双阴极钢棒。电解槽结构参数和工艺参数分别见表 4－16 和表 4－17。

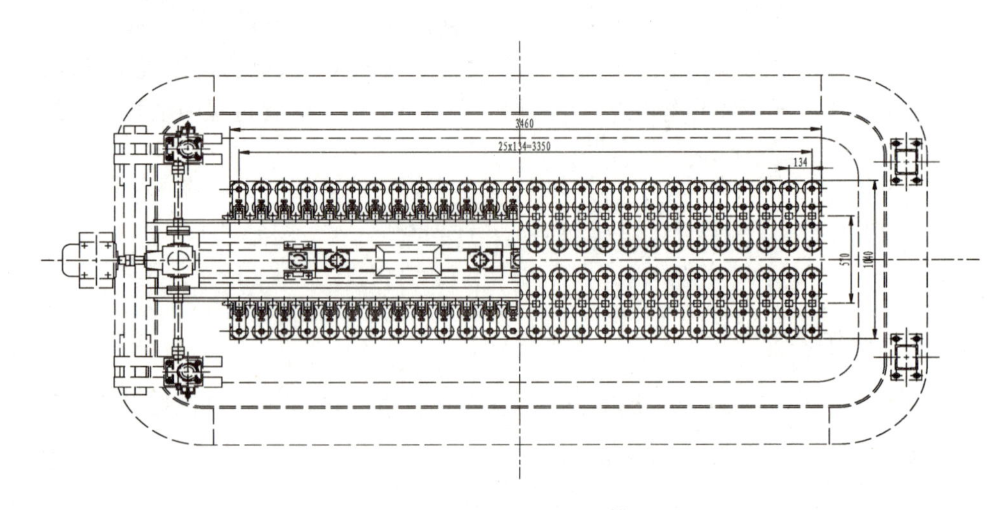

图 4－27　20 kA 级惰性阳极电解槽结构俯视图

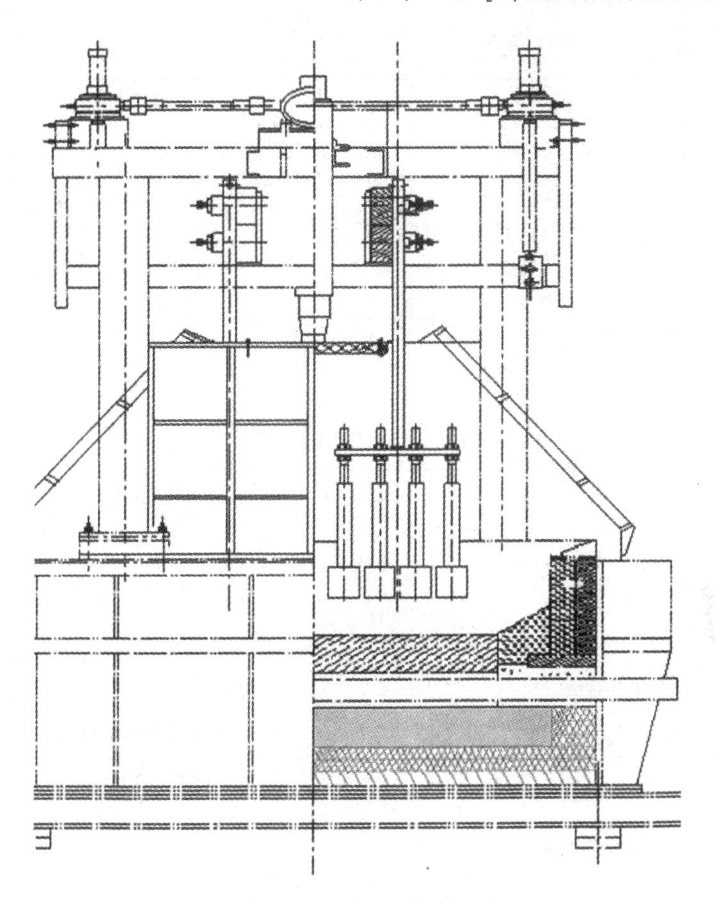

图4-28　20 kA级惰性阳极电解槽结构侧视图

表4-16　20 kA级惰性阳极电解槽基本结构参数

项目	结构参数
阳极数量/支	216
单组阳极尺寸(长×宽)	110 mm×230 mm
槽壳尺寸(长×宽×高)	4260 mm×1910 mm×1430 mm
大面加工距离	150 mm
小面加工距离	190 mm
侧部碳化硅块(厚度，层数)	110 mm，1
侧部耐火砖(厚度，层数)	65 mm，1
炉膛尺寸(长×宽×高)	3910 mm×1560 mm×500 mm

续表 4－16

项目	结构参数
阴极(长×宽×高，数量)	1200 mm×515mm×430 mm，6 块
钢棒(截面长×宽)	截面 180 mm×90 mm，双钢棒
底部防渗料层(厚度，层数)	230 mm，1
底部保温砖(厚度，层数)	65 mm，2
底部纤维板(厚度，层数)	80 mm，1

表 4－17　20 kA 级惰性阳极电解槽基本工艺参数

项目	工艺参数
槽电流强度	20 kA
阳极电流密度	$0.975\ A \cdot cm^{-2}$
阴极电流密度	$0.443\ A \cdot cm^{-2}$
槽工作电压	5～8 V
电解质水平	150～170 mm
铝水平	150～170 mm
惰性阳极浸入电解质深度	100 mm
极距	5～7
电解质体系	*KR* 为 18%～20%；AlF_3介于 24%～26%
氧化铝浓度	2.5%～3.5%
初晶温度	850℃
过热度	15℃
电流效率	30%～70%

4.5.2　电解槽的启动与运行

20 kA 级惰性电极铝电解槽的启动借助于现行碳素阳极电解槽启动方法(见图 4－29)。先采用碳素阳极将电解槽进行焙烧启动，并对 $Na_3AlF_6-K_3AlF_6-AlF_3-Al_2O_3$电解质进行调整至目标成分：*KR* 为 18%～22%，过剩氟化铝 24%～26%(*CR* 为 1.82～1.88)，LiF 含量为 1%，CaF_2含量为 3%，氧化铝浓度控制为 6%～8%。

图 4－29　碳素阳极启动电解槽

此后，将电解温度调整控制在 870℃～890℃，阳极电流密度为 0.9～0.95 $A \cdot cm^{-2}$。待电解槽稳定运行后，将预热好的 $NiFe_2O_4$基金属陶瓷惰性阳极组更换对应的碳素阳极（见图 4－30）。当惰性阳极更换完毕，电解质 $Na_3AlF_6-K_3AlF_6-AlF_3-Al_2O_3$中的氧化铝低于 4.0%时，槽电压从 7.20 V 迅速升高至 8.03 V。此时，采用现行铝电解槽的阳极效应处理方式（插入效应棒并添加氧化铝），槽电压降低至7.38 V。这种槽电压变化以及出现的尖峰值等现象，与碳素阳极铝电解槽发生阳极效应时极其相似。

图 4－30　运行中的 20 kA 级惰性阳极铝电解槽

为了避免这种类阳极效应的再次发生，电解槽运行过程中将氧化铝浓度维持在 5.0%～6.0%，槽电压控制 7.4～7.6 V，电流强度为 18.5 kA，长时间的电解温度为 870～910℃，最低运行温度 860℃，而最高运行温度达 960℃。尽管 20 kA 级惰性阳极铝电解槽连续运行超过 100 d，但电流分布不是很均匀（见图 4－31），而且电解过程中由于金属导杆的腐蚀而易引起阳极脱落至电解槽中。需要指出的是，这种脱落不是发生在 $NiFe_2O_4$ 基金属陶瓷与金属导杆间的焊接结构处，而是由于惰性阳极上部与金属导杆的连接处(见图 4－32)。这证实了所采用的金属陶瓷阳极与金属导杆间连接结构的可靠性。

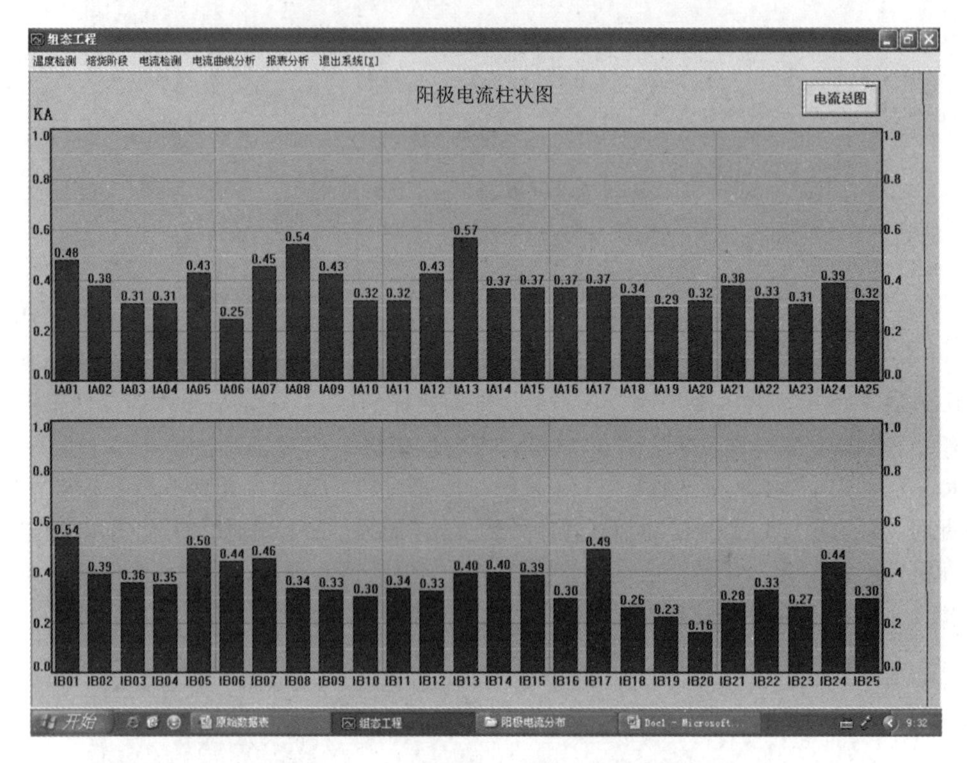

图 4－31　电解槽运行过程阳极电流分布

从电解后停止通电后惰性阳极的表观形貌来看(见图 4－33)，在所采用的电解工艺条件下，$NiFe_2O_4$ 基金属陶瓷惰性阳极在 $Na_3AlF_6-K_3AlF_6-AlF_3-Al_2O_3$ 熔体中表现出良好的耐腐蚀性能，阳极未出现电解膨胀的现象。电解后阳极底部出现了界面层、过渡层和致密层。

4.5.3　存在的主要问题

铝电解惰性阳极尽管近年来获得了较大的进步，但还存在一些有待解决的问题，主要包括：①阳极电流分布均匀性不够，导致个别阳极电流过载，致使过载阳极腐蚀加速，与金属导杆电连接失效，并由此带来恶性循环；②工况条件下，氧化铝难以快速溶解和分散，电解质中因悬浮氧化铝颗粒存在而难以实现对氧化

图 4 - 32　电解过程脱落至槽中的阳极

图 4 - 33　停电后电解槽上的阳极

铝浓度的准确控制。

为此，需要从以下几方面开展相应的研究工作：①优化惰性阳极的性能，提高阳极对电流密度和氧化铝浓度的适应范围；②加大惰性阳极尺寸、加大金属导杆的尺寸、增强导杆与惰性阳极和阳极母线间的连接强度，以便有利于单个阳极及阳极组的电流管理与控制；③优化电解质组成、电解槽结构以及阳极结构，加速氧化铝的溶解与扩散，减小槽内氧化铝浓度分布的不均匀性。

参考文献

[1] RAY S P. Composition for Inert Electrodes[P]. US, 4399008[P]. 1983 - 8 - 16.

[2] Gregg J S, Frederick M S, Vaccaro A J. Pilot Cell Demonstration of Cerium Oxide Coated Anodes[C]// In: K. D. Subodh, eds. Light Metals 1993. Warrendale, PA: TMS (The Minerals, Metals &

Materials Society), 1993: 465 - 473.

[3] Deyoung D H. Solubilities of Oxides for Inert Anodes in Cryolite - Based Melts[A]. In: Miller R E, eds. Light Metals[C]//Warrendale, PA: TMS(The Minerals, Metals & Materials Society), 1986: 299 - 307.

[4] RAY S P. Effect of Cell Operating Parameters on Performance of Inert Anodes in Hall - Héroult Cells[C]//In: Zabreznik R D, eds. Light Metals1987, Warrendale, PA: TMS (The Minerals, Metals & Materials Society), 1987: 367 - 380.

[5] 秦庆伟. 铝电解惰性阳极及腐蚀率预测研究[D]. 长沙: 中南大学, 2004.

[6] Tracy G P. Corrosion and Passivation of Cermet Inert Anodes in Cryolite - Type Electrolyte[C]. In: R. E. Miller, eds. Light Metals 1986. Warreudale PA: TMS (The Minerals, Metals & Materials Society), 1986: 309 - 320.

[7] Olsen E, Thonstad J. Nickel Ferrite as Inert Anodes in Aluminum Electrolysis: Part Ⅰ Material Fabrication and Preliminary Testing. Journal of Applied Electrochemistry, 1999, 29 (3): 293 - 299.

[8] Olsen E, Thonstad J. Nickel Ferrite as Inert Anodes in Aluminum Electrolysis: Part Ⅱ [J]. Material Performance and Long - Term Testing. Journal of Applied Electrochemistry, 1999, 29 (3): 301 - 311.

[9] Lorentsen, Thonstad J. Electrolysis and Post - Testing of Inert Cermet Anodes[C]. In: Schneider W, eds. Light Metals 2002. Warreudale PA: TMS (The Minerals, Metals & Materials Society), 2002: 457 - 462.

[10] Christini R A, Dawless R K, Ray S P, et al. Phase Ⅲ Advanced Anodes and Cathodes Utilized in Energy Efficient Aluminum Production Cells [R]. DE - FC07 - 98ID13666, PA: Alcoa Inc., November 2001.

[11] Lai Yanqing, Tian Zhongliang, LI Ji, et al. Results from 100h Electrolysis Testing of $NiFe_2O_4$ Based Cermet as Inert Anode in Aluminum Reduction [J]. Transactions of Nonferrous Metals Society of China, 2006(4): 970 - 974.

[12] 焦万丽. $NiFe_2O_4$/Ag 惰性阳极的熔盐腐蚀性能[J]. 硅酸盐学报, 2006(11): 1351 - 1355.

[13] 何汉兵. $NiFe_2O_4$ - 10NiO 基陶瓷的致密化、导电和腐蚀性能研究[D]. 长沙: 中南大学, 2009.

[14] 张雷. 气氛对 $NiFe_2O_4$烧结致密化的影响[J]. 粉末冶金材料科学与工程, 2004(9): 65 - 71.

[15] 孙小刚. Ni - $NiFe_2O_4$ - NiO 金属陶瓷惰性阳极的致密化及力学性能研究: [D]. 长沙: 中南大学, 2005.

[16] Blinov V, Polyakov P, Krasnoyarsk, et al. Behavior of inert anodes for aluminium electrolysis in a Low Temperature Electrolyte, Part I[C]//Aulminium, 1997, 73(12): 906 - 910.

[17] Xu Junli, Shi Zhongning, Gao Bingliang, et al. Aluminum Electrolysis in a Low Temperature Heavy Electrolyte System with Fe - Ni - Al_2O_3 Composite Anodes[C]//In: Morten S, eds. Light Metals 2007, Orlando, Florida, : TMS (The Minerals, Metals & Materials Society),

2007: 507 - 511.

[18] 王兆文，罗涛，高炳亮，等. 大型铁酸镍基金属陶瓷惰性电极电解腐蚀研究[J]. 东北大学学报(自然科学版)，2004，25(10)：991 - 993.

[19] Grjotheim K, Kvande H. Physico - Chemical Prosperities of Low - Melting Baths in Aluminum Electrolysis[J]. Metal, 1985, 39(6): 510 - 513.

[20] 黄礼峰. $NiFe_2O_4$基金属陶瓷惰性阳极在 Na_3AlF_6 - K_3AlF_6 - AlF_3熔体中的低温电解腐蚀研究 [D]. 长沙：中南大学，2008.

[21] Sterten A, Rolseth S, Skybakmoen E, et al. Some Aspects of Low - Melting Baths in Aluminium Electrolysis[C]//In: Paul G C eds. Light Metals 1988, Warrendale, PA, TMS (The Minerals, Metals & Materials Society), 1988: 663 - 670.

[22] D. H. DeYong. Solubilities of Oxides for Inert Anode in Cryolite - Based Melts[C]//In: Miller R. E., eds. Light Metals 1986, New Orleans, Louisiana, USA: TMS, 1986: 299 - 307.

[23] 赖延清，田忠良，秦庆伟，等. 复合氧化物陶瓷在 Na_3AlF_6 - Al_2O_3熔体中的溶解性[J]. 中南工业大学学报(自然科学版)，2003，34(3)：245 - 248.

[24] E. Olsen, J. Thonstad. Nickel ferrite as Inert Anodes in Aluminum Electrolysis: part Ⅰ, Material Fabrication and Preliminary Testing[J]. Journal of Applied Electrochemistry, 1999, 29(3): 293 - 299.

[25] E. Olsen and J. Thonstad. Nickel ferrite as inert anodes in aluminum electrolysis: part Ⅱ, material performance and long - term testing[J]. Journal of Applied Electrochemistry, 1999, 29(3): 301 - 311.

[26] Wang Huazhang, J. Thonstad. The Behavior of Inert Anodes as a Functin of Some Operating Parameters[J]. In: G. C. Paul, eds. Light metals 1989. Warreudale PA: TMS, 1989: 283 - 290.

[27] E. Olsen and J. Thonstad. Nickel Ferrite as Inert Anodes in Aluminum Electrolysis: Part Ⅰ Material fabrication and Preliminary Testing[J]. Journal of Applied Electrochemistry, 1999, 29(3): 293 - 299.

[28] E. Olsen and J. Thonstad. Nickel Ferrite as Inert Anodes in Aluminum Electrolysis: Part Ⅱ Material Performance and Long - Term Testing[J]. Journal of Applied Electrochemistry, 1999, 29(3): 301 - 311.

[29] 刘恺. $NiFe_2O_4$基金属陶瓷的烧结气氛及其变气氛烧结制备技术研究[D]. 长沙：中南大学，2010：16 - 57.

[30] 于先进，邱竹贤，杨百梅. $ZnFe_2O_4$基惰性阳极在微型槽铝电解中的腐蚀行为. 中国稀土学报，2004，(22)：294 - 296.

[31] Galasiu I, Galasiu R, Thonstad J. Inert Anodes for Aluminum Electrolysis. Printed in Germany at breuerdruck, D - sseldorf, 2007.

[32] Thonstad J, Olsen E. Cell Operation and Metal Purity Challenges for the Use of Inert Anodes [J]. JOM, 2001(5): 36 - 38.

[33] Liu Jianyuan, Li Zhiyou, Tao Yuqiang, et al. Phase Evolution of 17(Cu - 10Ni) - ($NiFe_2O_4$ -

10NiO) Cermet Inert Anode During Aluminum Electrolysis[J]. Transaction of Nonferrous Metals Society of China. 2011, 21(4): 566 - 572.

[34] Wicks E, Block F. Thermodynamic Properties of 65 Elements - their Oxides, Halides, Carbides, and Nitrides[J]. Washington, U. S. Govt. Print. Off., 1963.

[35] 黄礼峰. $NiFe_2O_4$基金属陶瓷阳极在 Na_3AlF_6 - K_3AlF_6 - AlF_3熔体中的电解腐蚀研究[D]. 长沙: 中南大学, 2008.

图书在版编目(CIP)数据

金属陶瓷惰性阳极低温铝电解/田忠良,赖延清编著.
—长沙:中南大学出版社,2016.1
ISBN 978-7-5487-2242-7

Ⅰ.金... Ⅱ.①田... ②赖... Ⅲ.金属陶瓷-阳极-惰性材料-氧化铝电解-研究 Ⅳ.TG148

中国版本图书馆 CIP 数据核字(2016)第 093816 号

金属陶瓷惰性阳极低温铝电解

JINSHU TAOCI DUOXING YANGJI DIWEN LÜDIANJIE

田忠良　赖延清　编著

□**责任编辑**　刘颖维
□**责任印制**　易红卫
□**出版发行**　中南大学出版社
社址:长沙市麓山南路　　邮编:410083
发行科电话:0731-88876770　　传真:0731-88710482
□**印　　装**　长沙鸿和印刷有限公司

□**开　　本**　720×1000　1/16　□**印张** 11.5　□**字数** 225 千字
□**版　　次**　2016 年 1 月第 1 版　　□**印次**　2016 年 1 月第 1 次印刷
□**书　　号**　ISBN 978-7-5487-2242-7
□**定　　价**　58.00 元